新农村规划与建设丛书

村镇建筑设计

丛书主编　张国兴
本书主编　邵　旭
副 主 编　董海荣　黄　娟

中国建材工业出版社

图书在版编目(CIP)数据

村镇建筑设计/邵旭主编.—北京:中国建材工业出版社. 2008.4 (2010.3 重印)
(新农村规划与建设丛书/张国兴主编)
ISBN 978-7-80227-330-6

Ⅰ.村… Ⅱ.邵… Ⅲ.乡镇—建筑设计—中国 Ⅳ. TU26

中国版本图书馆 CIP 数据核字(2008)第 036133 号

内 容 简 介

本书根据国家"十一五"规划和《国务院关于推进社会主义新农村建设的若干意见》对建设社会主义新农村的部署与具体要求,结合我国村镇建设的现状与实际,系统地阐述了在建设社会主义新农村的新时期村镇建筑设计的内容与特点,重点介绍了村镇住宅、村镇公共建筑以及村镇生态建筑的设计方法与案例。全书共七章,主要内容包括:村镇建筑设计基本知识、建筑施工图、结构施工图、建筑构造、村镇住宅设计、村镇公共建筑设计和村镇生态建筑设计。本书还附有多种村镇住宅的设计方案以及村镇太阳能利用建筑设计实例等,供读者参考。

本书可供村镇建筑设计人员、各级村镇规划建设的管理人员使用,也可作为相关技术人员的培训教材,还可供大专院校相关专业师生参考。

村镇建筑设计

主编 邵 旭

出版发行:中国建材工业出版社
地　　址:北京市西城区车公庄大街 6 号
邮　　编:100044
经　　销:全国各地新华书店
印　　刷:北京鑫正大印刷有限公司
开　　本:787mm×1092mm　1/16
印　　张:16.75
字　　数:426 千字
版　　次:2008 年 4 月第 1 版
印　　次:2010 年 3 月第 3 次
书　　号:ISBN 978-7-80227-330-6
定　　价:**32.00 元**

本社网址:www. jccbs. com. cn
本书如出现印装质量问题,由我社发行部负责调换。联系电话:(010)88386906

出 版 前 言

　　整治落后的村容村貌,为农民提供良好的人居环境,是社会主义新农村建设的一个重要方面。我国幅员辽阔,东西南北地域差异明显,各地风俗、气候、环境,以及经济发展条件与现状各不相同,因此,必须因地制宜、突出特色地进行村镇的规划与建设。长期以来,由于我国城乡建设与发展的"二元化",农村建设远远滞后于社会发展;而某些快速发展起来的村镇则由于缺乏科学、合理、有效的规划指导与建设管理,出现了千篇一律、了无特色,建设高标准,盲目求新、求大,不注重对历史及人文遗迹的保护,环境污染等一系列问题。所以,新农村的规划和建设,问题多,难度大,需要科学的方法进行指导,有效的制度予以保障。

　　国家"十一五"规划提出建设社会主义新农村的重大历史任务之后,党和政府相继出台了一系列相关政策,强调"加强对农村建设工作的指导",并要求发展资源型、生态型、城镇型新农村,这为我国农村建设的发展指明了方向。同时,这也对进行村镇建设的规划、设计、施工、管理等工作的村镇建设与管理工作者提出了更高的要求。为了推进社会主义新农村建设,提高村镇建设的质量和效益,我们组织人员编写了《新农村规划与建设丛书》。

　　这套丛书包括《村镇规划》《村镇建筑设计》《村镇建设管理》和《建筑材料与施工》,主要针对村镇建设的规划、设计、施工与监督管理环节,系统地介绍和讲解了相关理论知识、科学方法及实践,尤其注重基础设施建设与安全防灾,新能源、新材料、新技术的推广与使用,生态环境的保护,历史文化资源的利用与开发,村庄改造与规划建设的管理。

　　这套丛书依据国家"十一五"规划和《国务院关于推进社会主义新农村建设的若干意见》等有关社会主义新农村建设的政策、法规对新农村建设的部署与具体要求,并结合我国村镇建设的现状而编写,在内容方面,突出时代性、应用性,力求浅显易懂,简洁而全面,既将"新农村建设""科学发展观""五个统筹""节能省地""生态环保""乡土文化保护"等思想、原则贯彻到书中,又注重实践应用,多以实例说明,力求最大限度地贴近村镇建设与管理工作的实际。

解决"三农"问题,改变农村的落后面貌,建立健康、安全、舒适、节约、环保、特色鲜明的和谐型新农村,不可能一蹴而就,既需要各级政府有关部门、规划界、建筑界等多方的长期关注与努力,也需要广大村民的理解、支持和参与。而直接负责和参与村镇规划、设计、施工、管理的广大村镇建设与管理工作者,尤其需要掌握科学的方法、先进的技术,才能更好地为农村的整治与建设服务。为广大村镇建设与管理工作者提供科学、系统的技术方法及实践参考,使广大村民了解相关政策及知识,以使农村人居环境建设做得更好,令村民更满意,就是我们出版本套丛书的目的。

《新农村规划与建设丛书》编辑部

2008 年 2 月

前　　言

随着我国社会与经济的快速发展,我国村镇的基本建设呈现出不断发展的态势,但由于缺乏科学的规划指导和合理的设计,不少村镇在建设过程中也出现了布局混乱、千篇一律、缺乏地方特色等问题。国家"十一五"规划提出了建设社会主义新农村的重大历史任务,并强调"加强对农村建设工作的指导",要求发展资源型、生态型、城镇型新农村,为我国农村建设的发展指明了方向。同时,这一规划也对村镇建设的设计工作者、管理工作者等村镇建设人员提出了更高的要求。本书依据"十一五"规划和《国务院关于推进社会主义新农村建设的若干意见》对建设社会主义新农村的部署与具体要求,结合我国村镇建设的现状,介绍了村镇建筑设计的特点、设计基础知识,重点介绍了村镇住宅、村镇公共建筑以及村镇生态建筑的设计方法与案例。编写本书的目的是为了向村镇建设的设计工作者、管理工作者等村镇建设人员提供一些专业方面的技术指导,扩展村镇建设人员的有关知识,提高其专业技能,以使其适应我国村镇建设的不断发展,更好地进行村镇建设的实践活动。

本书在编写时,力求理论与实践相结合,既突出村镇建筑的地方特色,也注重设计方案及实例的实用性。同时,本书还考虑了我国广大村镇的基本建设的发展趋势,对节能建筑、生态建筑的概念、设计方法等内容也进行了介绍与讲解。本书内容循序渐进,图文并茂,文字则力求通俗易懂,便于自学。

本书由邵旭(河北建筑工程学院)担任主编,董海荣(河北建筑工程学院)、黄娟(华北科技学院)任副主编。第一章由董海荣、邵旭、黄娟编写;第六章由邵旭编写;第二章至第四章由黄娟编写;第五章、第七章和附录由董海荣编写。河北建筑工程学院建筑系学生庄欣、刘振军、李华、喻芳和华北科技学院学生刘建忠、南硕、杨明为本书绘制了部分插图,在此一并表示感谢。

本书在编写过程中,参考了有关文献与资料,在此向相关作者表示诚挚的谢意。

本书作者虽竭尽全力，但因水平有限，不妥之处在所难免，恳请广大读者提出宝贵意见，以便进一步改进和完善。

邵　旭
2007 年 12 月

目　　录

第一章　村镇建筑设计基本知识

村镇建设,特别是小城镇建设的发展,将进一步提高农村人口的居住水平和生活环境质量,改观农村形象。其建设的每一项具体工程都要求精心设计、精心施工,确保工程质量。村镇建设有其自身的规律和特点,从事村镇建设工作,就要掌握村镇建筑设计原理及方法,掌握建筑物的空间组成和构件组成,树立正确的建筑观点。

第一节　建筑及其基本要素

建筑,在人类社会发展的早期阶段就已经出现,从早期的模仿天然洞穴到现在的土木建筑活动,人们对建筑的理解有着不同的看法,在建筑设计中也形成了各种不同的流派。

一、建筑的含义

"建筑"这个词的含义很广,也很模糊,既表示建造房屋和从事其他土木工程的活动,又表示这种活动的成果,在这层含义上,建筑等同于建筑物,是工程技术和艺术的产物。建筑是建筑物和构筑物的统称。建筑物是人们为了生产、生活和进行社会活动的需要,利用所掌握的物质技术条件,运用科学规律和美学法则而创造的社会生活环境,如住宅、教室、办公楼、影剧院、商场等。仅仅为满足生产、生活的某一方面的需要而建造的工程设施,如水塔、堤坝、烟囱等是构筑物。

建筑首先是物质产品,其次是精神产品,建筑要具有物质功能方面的要求和艺术审美的要求。在建筑的设计过程中,需要对建筑在适用的基础上进行艺术加工,以获得美的建筑形象。

从建筑的艺术特点来看,建筑形象不仅使人产生美感和丰富的联想,在一定程度上也反映出社会经济基础、地方风貌和民族特色,引发人们思想、精神上的共鸣,具有综合、实用艺术的特点,可以说,建筑在一定程度上体现着社会和时代的精神风貌。

二、建筑的基本要素

构成建筑的基本要素主要有三个:建筑功能、建筑的物质技术条件和建筑形象。

(一)建筑功能

建筑功能是指建筑物的实用性,在物质和精神方面的具体使用要求。任何建筑都有为人所用的功能,这也是人们建造房屋的主要目的。例如:住宅供人们生活起居;宾馆、饭店供人休息、居住、娱乐;学校宿舍楼供学生住宿;办公建筑是工作的场所等。

(二)建筑的物质技术条件

建筑的物质技术条件包括建筑材料、建筑结构、建筑设备、建筑施工(生产技术)等。建筑材料和结构是构成建筑空间的骨架,材料是构成建筑的物质基础,建筑结构是运用建筑材料通过一定的技术手段构成的建筑骨架,它们形成了建筑空间的实体。建筑设备是保证建筑达到某种要求的技术条件。建筑的生产技术则是实现房屋建造的过程和方法。

新的建筑材料是新型结构产生的物质条件,比如钢和钢筋混凝土材料的问世,产生了框架结构,出现了前所未有的大跨度和高层建筑。电梯和大型起重运输设备的运用也促进了高层建筑的发展。

建筑的物质技术条件是受社会的生产水平和科学技术水平制约的。建筑物质技术条件的发展,必然为建筑功能和建筑形象带来新的变化。新技术的产生为建筑新的功能提供了保证,例如多功能大厅、超高层建筑;材料、结构的改变也使新的建筑形象出现,例如薄壳结构、悬索形式的建筑形象。建筑在满足物质要求和精神要求的同时,也会反过来向物质条件提出新的要求,推动物质技术条件的发展。

(三)建筑形象

建筑在满足人们使用要求外,在一定程度上又以它不同的空间组合、建筑造型、细部处理,构成一定的建筑形象反映建筑的性质、时代风采、民族风格以及地方特色,满足着人们的精神需求,使人们生存的环境赏心悦目。例如,故宫的雄伟壮丽,纪念碑建筑的庄严肃穆,地方民居的简洁、亲切,现代建筑的朴素、明朗等(图1-1)。

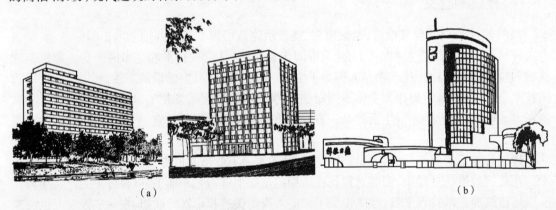

(a)   (b)

图1-1　建筑实例
(a)两种线条分割的宾馆;(b)某报社立面图

上述三个基本构成要素中,满足建筑功能要求是建筑的主要目的,建筑的物质技术条件是达到建筑功能即目的的手段,而建筑形象则是建筑功能、建筑技术和艺术的综合表现。建筑功能占主导地位,对建筑的物质技术条件和建筑形象起决定作用。建筑形象是在同样功能和物质技术条件下,应将建筑形象做得更美观。在优秀的建筑作品中,这三者是辩证统一的。

三、建筑方针

1986年,我国在《建筑政策纲要》中提出"适用、安全、经济、美观"的建筑方针。在该政策纲要中对方针进行了如下论述:

(1)适用。是指恰当地确定建筑面积,合理的布局,必需的技术设备,良好的设施以及保温、隔热、隔声的环境;

(2)安全。是指结构的安全度、建筑物耐火及防火设计、建筑物的耐久年限等;

(3)经济。主要是指经济效益,它包括节约建筑造价,降低能源消耗,缩短建设周期,降低

运行、维修和管理费用,既要注意建筑物本身的经济效益又要注意建筑物的社会和环境综合效益;

(4)美观。是在适用、安全、经济的前提下,把建筑美和环境美列为设计的重要内容。不同建筑物、不同的环境有不同的美观要求。

建筑设计应当处理好适用、安全、经济和美观的关系,建筑方针既是建筑设计工作的指导,也是评判建筑优劣的标准和尺度。

第二节　建筑的分类和分级

设计人员和管理人员应掌握好建筑的分类和分级,以掌握各种建筑的一般特征,总结各种类型建筑设计的特殊规律。

一、建筑的分类

(一)按建筑的使用性质分类

按建筑的使用性质即用途将建筑分为三类。

1. 民用建筑

指非生产性建筑,又包括居住建筑和公共建筑两大类。居住建筑是指满足家庭和集体生活起居用的建筑。如住宅、宿舍、公寓等。公共建筑是指满足人们进行政治、文化、福利、服务等社会活动的建筑。表 1-1 所示为公共建筑按使用功能划分的建筑类型。

表 1-1　公共建筑按使用功能划分的建筑类型

建筑类型	使用功能	建筑类型	使用功能
生活服务性建筑	食堂、菜场、浴室、服务站等	交通建筑	汽车站、火车站、地铁站等
文教建筑	学校、图书馆等	通信广播建筑	邮电所、广播电台、电视塔等
托幼建筑	托儿所、幼儿园等	体育建筑	体育馆、体育场、游泳池等
科研建筑	研究所、科学实验楼等	观演建筑	电影院、剧院、杂技场等
医疗建筑	医院、门诊所、疗养院等	展览建筑	展览馆、博物馆等
商业建筑	商店、商场等	旅馆建筑	各类旅馆、宾馆等
行政办公	各种办公楼等	园林建筑	公园、动植物园等
纪念性建筑	纪念堂、纪念碑等		

2. 工业建筑

指各种生产和生产辅助用房,如机械加工、修理等。

3. 农业建筑

指农副业生产建筑,如农机站、种子仓库、粮食加工等。

(二)按建筑层数分类

民用建筑按建筑物层数分为低层、多层、高层,如表 1-2 所示。
工业建筑有单层、多层、混合层三种类型。

表 1-2 民用建筑高度与层数划分

公 共 建 筑		住 宅 建 筑	
非高层	建筑物总高度 24m 以下	低层	1 ~ 3 层
		多层	4 ~ 6 层
		中高层	7 ~ 9 层
高层	建筑物两层以上,高度 24m 以上	高层	10 层及 10 层以上

(三)按建筑规模大小分类

1. 大量性建筑

指量大面广,与人们生活密切相关的建筑,如住宅、学校、商店、卫生院等,修建的数量很大,故称为大量性建筑。

2. 大型性建筑

指规模宏大的建筑,如大型文化馆、影剧院,规模大、耗资大,而建设量是很有限的。

(四)按承重结构材料分类

1. 砖木结构

用砖墙、木楼层和木屋架建造的房屋。这种结构耐火性能差、耗费木材多,已很少用,主要用于古建复原、维修。

2. 砖混结构

用砖墙、钢筋混凝土楼板层、钢木屋架或钢筋混凝土屋面板建造的房屋,又称混合结构。主要用于 6 层及 6 层以下的中小型民用建筑和小型工业厂房。

3. 钢筋混凝土结构

建筑物的主要承重构件均用钢筋混凝土制作,可称为钢筋混凝土框架结构。主要用于公共建筑和多层工业厂房。

二、建筑的分级

(一)质量类别

民用建筑的设计使用年限应符合表 1-3 的规定。

表 1-3 建筑耐久年限

类 别	设计使用年限(年)	示 例
1	5	临时性建筑
2	25	易于替换结构构件的建筑
3	50	普通建筑和构筑物
4	100	纪念性建筑和特别重要的建筑

(二)建筑的耐火等级

按我国现行《建筑设计防火规范》(GB 50016—2006)建筑的耐火等级分为四级。耐火等级是按组成房屋的主要构件(墙柱、梁、楼板、屋顶等)的燃烧性能和其耐火极限划分的,建筑物构件的燃烧性能和耐火极限,如表1-4所示。

表1-4　建筑物构件的燃烧性能和耐火极限

构 件 名 称		耐 火 等 级			
		一级	二级	三级	四级
墙	防火墙	不燃烧体3.00	不燃烧体3.00	不燃烧体3.00	不燃烧体3.00
	承重墙	不燃烧体3.00	不燃烧体2.50	不燃烧体2.50	难燃烧体0.50
	楼梯间和电梯井的墙	不燃烧体2.00	不燃烧体2.00	不燃烧体1.50	难燃烧体0.50
	疏散走道两侧的隔墙	不燃烧体1.00	不燃烧体1.00	不燃烧体0.50	难燃烧体0.25
	非承重外墙	不燃烧体0.75	不燃烧体0.50	难燃烧体0.50	难燃烧体0.25
	房间隔墙	不燃烧体0.75	不燃烧体0.50	难燃烧体0.50	难燃烧体0.25
柱	支承多层的柱	不燃烧体3.00	不燃烧体2.50	不燃烧体2.00	难燃烧体0.50
梁		不燃烧体2.00	不燃烧体1.50	不燃烧体1.00	难燃烧体0.50
楼板		不燃烧体1.50	不燃烧体1.00	不燃烧体0.75	难燃烧体0.50
屋顶承重构件		不燃烧体1.50	不燃烧体1.00	难燃烧体0.50	燃烧体
疏散楼梯		不燃烧体1.50	不燃烧体1.00	不燃烧体0.75	燃烧体
吊顶(包括吊顶搁栅)		不燃烧体0.25	难燃烧体0.25	难燃烧体0.15	燃烧体

注:二级耐火等级建筑的吊顶采用不燃烧体时,其耐火极限不限。

燃烧性能将构件分为燃烧体、不燃烧体、难燃烧体三种。

耐火极限是指对任一建筑构件按时间-温度标准曲线进行耐火试验,从受到火的作用时起,到失去支持能力或完整性破坏或失去隔火作用时为止的这段时间,用小时表示。

第三节　建筑设计的内容和程序

一、基本建设程序

房屋建造是一个比较复杂的物质生产过程,需要多方面的配合。基本建设程序是指一栋房屋由开始拟定计划至建成投入使用所必须遵循的程序。这个过程,涉及了建设单位(甲方)、施工单位(乙方)、设计单位(丙方)等。基本建设的程序一般包括以下环节:建设项目的可行性研究,计划任务书(包括设计任务书)的编制,主管部门和规划管理部门审批,基地的选用、勘察和征用,建筑设计,建筑施工,设备安装,交付使用和回访总结等。其中,设计工作是关键环节,是具体体现建筑方针和政策的主要工作。

二、建筑设计内容

建筑设计包括建筑设计、结构设计和设备设计这三方面的内容。

(一)建筑设计

建筑设计是在总体规划的基础上,根据设计任务书的要求,综合考虑基地的环境、建(构)筑物的使用功能、材料、设备、建筑经济及艺术等问题,着重解决建筑物内部各种使用功能和使用空间的合理安排、建筑物与周围环境及外部条件的协调配合、内部和外部的艺术效果、细部的构造方案等问题,创作出既符合科学性又具有艺术性的生活和生产环境。

建筑设计在整个工程设计中,起主导和先行作用。在进行建筑设计时,除考虑上述要求外,还应考虑建筑与结构及设备专业的技术协调问题,最终,使设计出的建筑物达到适用、安全、经济、美观的要求。

建筑设计包括总体设计和单体设计,这些设计一般是由建筑师来完成。

(二)结构设计

结构设计主要是结合建筑设计,选择切实可行的结构方案,进行结构计算及构件设计,完成全部结构施工图设计,一般由结构工程师来完成。

(三)设备设计

设备设计主要包括给水排水、电气照明、通信、采暖、空调通风、动力等方面的设计,由相关的设备工程师配合建筑设计来完成。

各专业设计既有分工,又密切配合,形成一个设计团队。汇总各专业设计的图纸、计算书、说明书和预算书,就完成了一项建筑工程的设计文件。设计文件是建筑工程施工的依据。

三、建筑设计任务书及基础资料

(一)设计任务书及必要文件

设计单位接受设计任务,在正式签订设计协议书前,必须核实下列文件:

(1)主管部门的批文。设计任务书一般由建设单位提出报告,经有关主管部门正式批准。主管部门的批文应明确建设任务的使用要求、建筑面积、单方造价、投资总额等问题;

(2)建设管理部门同意设计的批文。为了加强村镇建设的统一规划和管理,建设任何建设项目均需得到建设部门的批文。批文确定了建筑的用地范围(红线划定),依照村镇规划提出对该建筑的设计要求等;

(3)工程设计任务书。工程设计任务书目前一般是由建设单位根据使用要求提出的。包括建筑物名称、目的、规模和各类房间的组成、大小、地形、供电、供水、采暖以及对建筑设计的特殊要求等。

(二)设计基础资料

(1)地形图。地形图是正确处理建筑设计与土石方、道路以及原有建筑物、树木等关系的依据。

(2)地质和水文资料。建筑地点的土层、地基承载力、地下水位高低等。

(3)气象资料。所在地的温度、日照、风向、风速及冻土深度等。

(4)水电设备管线资料。基地的给水、排水管道,输电线路等。

(5)当地的风俗习惯和地区特点。

四、建筑设计程序

依据建设项目的规模和情况,村镇建筑设计一般分为两个设计阶段:初步设计阶段和施工图设计阶段。

(一)初步设计阶段

初步设计是第一阶段,主要任务是提出设计方案,即在已有的基地范围内,按照设计任务书的要求,确定建筑物的总体布局、单体建筑平面、空间布局和外部形象。设计单位一般提供多个方案加以比较,以选择最佳方案。

初步设计内容应完善,以满足上级主管部门和建设管理部门的要求,并考虑主要材料、设备定货、控制投资等要求。

初步设计的图纸和设计文件有:

(1)建筑总平面。建筑物所在基地的位置、标高、道路、绿化及基地上设施的布置和说明,比例1:500~1:2000;

(2)各层平面、主要立面、剖面。表明房间主要尺寸、面积、建筑形象及结构布置和构造等情况,比例1:100~1:200;

(3)说明书。说明设计方案的主要意图,主要结构的方案及构造特点,主要技术经济措施;

(4)工程概算书。工程造价投资的依据;

(5)根据设计任务的需要,辅以建筑透视图或建筑模型。

(二)施工图设计阶段

施工图设计是在初步设计的基础上,综合建筑、结构、设备电气等专业工种,各专业设计人员互提要求、相互交底、核实核对,了解材料供应、施工技术设备等条件,把满足工程施工的各项具体要求反映在图纸中,做到整套图纸齐全、统一,明确无误。

施工图设计图纸及设计文件有:

1. 建筑部分

(1)建筑总平面图。详细标明基地上建筑物、构筑物、道路、设施等所在位置的尺寸、标高并附说明,一般以此为首页图,比例1:500(或1:1000)。

(2)建筑各层平面图。注明房间、门窗位置、尺寸,墙厚及所用材料,室内设备的位置尺寸,走道、楼梯间形式、尺寸,各层楼地面标高、室外踏步、散水等,比例1:100或1:50。

(3)建筑立面图。表达建筑物的外部空间位置和形状,并标明外装修的具体构造做法、标高尺寸等,比例1:100。

(4)建筑剖面图。表示房屋内部在高度方向各部位的形状、标高及各构件的竖向尺寸和位置。一般绘制楼梯间剖面和构造复杂的部位,比例1:100。

(5)建筑构造节点详图。檐口、墙身、门窗以及各部分的装饰大样等,比例1:5~1:20。

(6)建筑说明。应放在第一张总平面图上,是施工图设计的总说明。

2. 结构部分

(1)基础平面图及基础详图。

(2)各层楼板结构及屋顶结构平面布置图。

(3)结构构件详图。

(4)结构计算书及说明书。

3. 设备部分

(1)暖通设备施工图,采暖平面和系统图,散热器位置,数量等。

(2)室外给排水管线、室内上下水平面系统图等。

(3)室内外电器照明或动力配线图。

(4)设备各专业计算书、说明书。

4. 预算部分

(1)工程预算书。

(2)工料分析表。

第四节　建筑设计的要求和依据

一、建筑设计的要求

(一)满足建筑的功能要求

满足建筑的功能要求,为人们的生活和生产活动创造良好的环境,是建筑设计的首要任务。

(二)采用合理的技术措施

根据建筑空间组合的特点,选择合理的结构、施工方案,正确选用建筑材料,使房屋坚固耐久,建造方便。

(三)符合经济要求

在设计中应注意根据总投资控制单方造价和建筑标准,因地制宜,就地取材,节省劳动力、建筑材料和建设资金,达到良好的经济效果。

(四)符合总体规划要求

单体建筑是总体规划的组成部分,应符合村镇规划提出的要求。建筑物的设计要充分考虑和周围环境的关系,充分考虑待建建筑与周围道路,原有建筑,需要保留的地形,地物的协调关系。

(五)考虑建筑美观的要求

建筑物是社会的物质和文化财富,它在满足使用要求的同时,还需要考虑人们对建筑在美观方面的要求,考虑建筑赋予人们的精神上的感受。

二、建筑设计的依据

(一)人体尺度与人体活动空间

人体尺度与人体活动空间直接或间接影响着建筑空间及建筑构件的尺度,成为建筑设计的依据之一。建筑物中家具、设备的尺寸,楼梯、走道的宽度,门洞的高宽,栏杆扶手及窗台的高度等都是由人体尺度与人体活动空间决定的。例如,建筑室内净空高度要求不小于2200mm。人体活动和人体尺度所需的空间如图1-2所示。

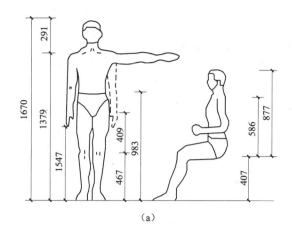

（a）

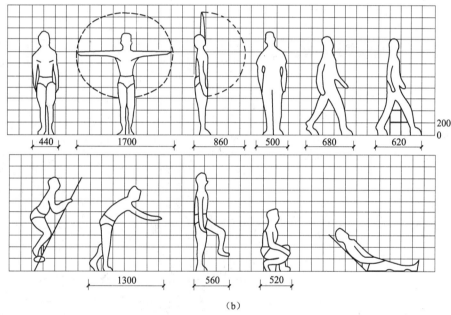

（b）

图 1-2　人体活动和人体尺度所需的空间（mm）

（a）人体尺度；（b）人体活动所需空间尺度

（二）家具、设备的尺寸和使用空间

家具、设备的尺寸，以及人们在使用家具和设备时，必要的活动空间，是确定房间内部使用面积的重要依据。建筑设计人员应掌握一些常见的家具尺寸，如图 1-3 所示。

（三）自然条件

1. 气象条件

温度、湿度、雨雪、风向、风速、日照等是建筑设计的重要依据，对建筑设计有较大的影响。建筑设计应根据不同的气候条件，采用不同的布置措施。现代科学技术虽能够创造人工气候环境，但终究要受经济和技术条件的限制。从生活习惯上，人们更偏爱自然环境，因此保证房屋适宜的间距和朝向，争取良好的日照、天然采光和自然通风等，是房屋总体和单体空间组合

图 1-3 家具、设备的尺寸(mm)

设计的主要任务。如寒冷地区应体形紧凑,缩小建筑周长以利于保温;而湿热地区则应注意通风、防潮、散热,布置应分散,房间应开敞等。

(1)建筑的朝向和日照间距

选择有利的建筑朝向不仅可以保证日照时数,对加强自然通风也有着重要的作用,在建筑设计中应全面考虑。日照是确定房屋间距的重要依据,保证一定的日照,又不能使日照过度,还应考虑遮阳与隔热,需进行日照设计。

在寒冷地区,建筑朝向可采取南向、南偏东、南偏西布置,应避免北向,以便在冬季获得必要的日照。在建筑设计中应根据各房间性质、使用要求争取尽量多的房间有较好的朝向。房屋日照间距的要求,是确定房屋间距的主要因素,这是因为房屋前后之间的日照间距通常大于房屋在室外使用、防火或其他方面要求的间距,如居住小区建筑物的用地指标主要和日照间距有关。

房屋日照间距,一般是以后排房屋底层窗台处,室内在冬季有一定的日照,日照长短是由房间和太阳的相对位置的关系决定的,是以太阳的高度角和方位角表示,它和建筑物所在的地理纬度、建筑方位以及季节时间有关。通常是将当地冬至日正午十二时太阳的高度角作为确定日照间距的依据。图 1-4 为太阳运行轨迹图,图 1-5 为建筑物的日照间距。

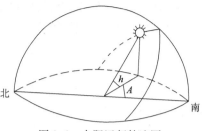

图 1-4　太阳运行轨迹图

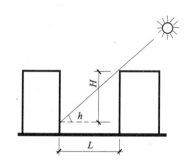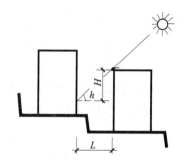

图 1-5　建筑物的日照间距

计算式为

$$L = \frac{H}{\tan h}$$

式中　　L——房屋间距;

H——前排房屋檐口和后排房屋底层窗台的高差;

h——太阳高度角。例如依据《城市居住区规划设计规范》(GB 50180—93),河北省在1994 年下发通知,规定全省均采用大寒日为日照标准日,有效日照时间带为8:00 ~ 16:00,建筑日照时数应符合《城市居住区规划设计规范》(GB 50180—93)表 5.0.2-1 的规定。

对于重建、改建的旧城镇区,在基础设施容量允许的条件下,可酌情放宽日照间距,即可比新建区降低一个档次,但不得小于大寒日 1 小时的日照时间。

在建筑总体和单体设计中,既要节约用地又要满足日照与通风要求,设计时应从以下几方面考虑:

1)降低房屋背面建筑高度或加大底层窗面积,缩小日照间距(图 1-6);

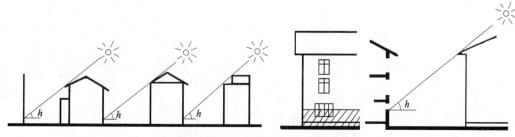

图 1-6　用降低房屋背面总高度或加大底层窗面积来缩小间距

2）檐口出挑不宜太多，尽量不做挑檐和女儿墙；

3）层高大对缩小房屋间距不利，而加大进深能提高建筑密度，却不增加间距；

4）建筑偏正南布置，在获得同样日照条件下，缩小间距；

5）不同的建筑体型，如条形住宅比点式住宅节省用地；

6）在总体布置中往往利用不同层数和不同高低建筑布置，低层房屋布置在高层房屋向阳的一面；

7）单体平面设计中应根据房间的性质、使用要求合理安排位置，争取尽可能多的房间有较好的朝向。

（2）自然通风

通风是使建筑内外部空气流动，可以采用机械通风和自然通风。民用建筑中主要采用自然通风。良好的自然通风能提供新鲜空气，降低室温，改善小气候环境。自然通风是通过在平面设计、剖面设计和总平面设计中合理安排进排气口位置、单体建筑和风向的位置关系。

总体平面布置时，应考虑当地的常年主导风向和夏季主导风向。图1-7所示为我国部分城市的风向频率玫瑰图，村镇建筑总体平面布置时可参照相近城市的风向频率玫瑰图。确定主导风向、选择建筑方位对自然通风和减少太阳辐射热有着重要影响。图1-8所示为建筑总体布置与通风的关系。

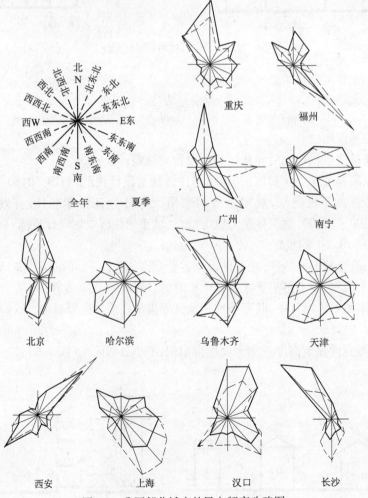

图1-7 我国部分城市的风向频率玫瑰图

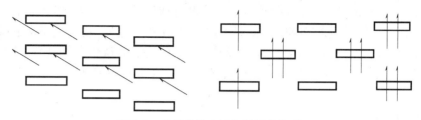

图 1-8　建筑总体布置与通风的关系

　　合理安排门窗在建筑平面中的位置和尺寸是自然通风的措施之一。房屋的夏季通风主要是利用风压差组织穿堂风。进出风口的位置,决定通风效果的好坏(图 1-9)。

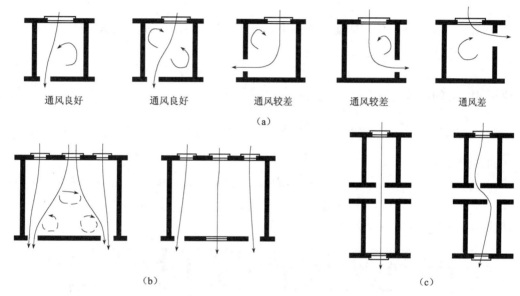

图 1-9　进出口位置对通风的影响
(a)一般房间门窗相互位置;(b)教室门窗相互位置;(c)内廊式平面房间门窗相互位置

　　主要使用房间应布置在夏季迎风面,门窗位置应使气流通过室内面积大,气流通畅。在剖面中合理安排窗洞口高度、方向、位置及确定适当的进排风口面积。

　　2. 地形、水文地质及地震烈度

　　基地地形、地质构造、土壤特性和地耐力的大小,对建筑物的平面组合、结构布置、建筑构造处理和建筑体型都有明显的影响。坡度陡的地形,常使房屋结合地形采用错层、吊层或依山就势等较为自由的组合方式。复杂的地质条件,要求基础采用相应的结构和构造处理。

　　水文条件是指地下水位的高低及地下水的性质,直接影响建筑物基础及地下室。一般应根据地下水位的高低及地下水的性质确定是否对建筑物采用相应的防水和防腐蚀措施。

　　地震烈度表示当发生地震时,地面及建筑物遭受破坏的程度。烈度在 6 度以下时,地震对建筑物影响较小;9 度以上的地区,地震破坏力很大,一般应尽量避免在此类地区建造房屋。因此,按《建筑抗震设计规范》(GB 50011—2001)和《中国地震烈度区规划图》的规定,地震烈度为 6 度、7 度、8 度、9 度地区均需进行抗震设计。

　　(四)建筑的技术经济影响

　　技术经济问题在建筑设计的各个阶段都有不同的要求,从基地选址、总体布置、空间组合、材料和结构形式的选择,建筑形式的处理及设备选用等,都应考虑技术经济的影响。建筑技术经济是一项综合性经济问题,贯穿于房屋建造的全过程,设计人员和村镇建设人员不仅要了解建筑设计方面的要求,对经济问题也应有一定的认识。在选择、审定建筑设计方案时,除了考虑功能要求、建筑形象以外,必须注意建筑的经济性。一般从下列几个方面考虑:

1. 平面形状的选择

建筑平面形状的选择,对占地面积多少和围护墙体的长度有直接关系。

(1)用地经济分析

用地经济是很复杂的问题,这里主要从建筑平面的外形比较建筑用地的空缺率来分析用地的经济性。

针对面积相同的两栋住宅楼建筑平面进行分析,如图1-10所示。依据公式,建筑用地空缺率 $=\dfrac{L \times B}{S}$,其中 L 为长度,B 为宽度,S 为建筑面积。

图1-10(a)的建筑用地空缺率为: $\dfrac{16.14 \times 9.14}{147.5} = 1$

图1-10(b)的建筑用地空缺率为: $\dfrac{15.84 \times 12.84}{147.5} = 1.38$ 空缺率值越大,用地越不经济。

(2)围护结构

图1-10(a)外围护结构总长105.16m,单位建筑面积墙体长度为0.713m;图1-10(b)外围护结构总长113.6m,单位建筑面积墙体长度为0.77m。砌砖工程量(a)比(b)经济。再者围护结构墙体,冬季易散失热量增加经常性费用。

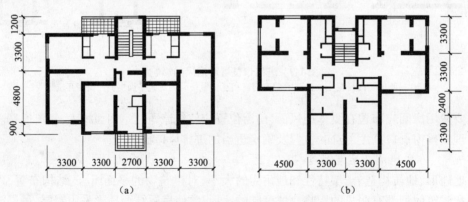

图1-10 面积相同的住宅平面

2. 建筑物的开间(面阔)、进深及其长度

建筑物的开间相同、进深不同对建筑的经济也有一定影响,图1-11为开间不变、进深加大,单位面积墙体周长值的变化。图1-11(a)中,单位面积墙体周长值为 $\dfrac{15}{14.04} = 1.07$;

图1-11(b)中,单位面积墙体周长值为 $\dfrac{16.2}{16.2} = 1$;图1-11(c)值为 $\dfrac{17.4}{18.36} = 0.95$。

在开间不变的情况下,进深加大,是有一定的经济意义的:

(1)建筑物的长度一定时,加大建筑物进深,单位面积的外墙长度减少;

(2)建筑物进深不变时,单位面积的外墙长度随着建筑长度的增加而减少。

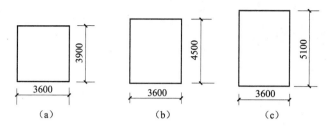

图 1-11 开间相同、进深加大,单位面积墙体周长值的变化

3. 建筑物的层高和层数

不同类型的建筑物在空间使用合理的情况下,选择适宜的层高对降低造价、节约用地影响较大。据统计,北京地区的住宅层高每降低 10cm,可节约造价的 1.2% ~ 1.5%,节约居住用地 2%。

4. 用地与经济

村镇建筑方案的选择应从总体规划用地的经济性、单体建筑与基地的关系以及用地的多少等方面来决定,可以从建筑物的层高、层数及进深来进行分析。

(1)建筑物层数与用地的关系

以五层作为比较对象,如表 1-5 所示:随着层数的增加,节约用地的效果越好。

表 1-5 建筑物层数与用地关系的比较(考虑采光间距和山墙间距)

层数	平均每户用地(m²/户)	与五层住宅用地比的百分比(%)	与五层住宅用地相比较(%)
一	215.46	254.1	多用地 154.1
二	133.80	157.8	多用地 57.8
三	107.02	126.2	多用地 26.2
四	92.97	109.6	多用地 9.6
五	84.80	100	0

(2)建筑物进深与用地的关系

以进深 9.84m 作为比较对象,如表 1-6 所示,当进深减少到 8m 时,要多用地 15.9%;而进深增加到 12m 时,则可节约用地 12.5%。

表 1-6 建筑物进深与用地关系的比较

进深(m)	平均每户用地(m²/户)	与进深 9.84m 住宅用地比的百分比(%)	与进深 9.84m 住宅用地相比较(%)
8.00	42.15	115.9	多用地 15.9
9.84	36.36	100	0
11.0	33.7	92.7	节约用地 7.3
12.00	31.81	87.5	节约用地 12.5

(3)建筑物层高与用地的关系

以层高 2.8m 为比较对象,如表 1-7 所示,层高由 2.8m 降低至 2.7m,可节约用地 7.7%;层高由 2.8m 升高到 2.9m 时多用地 2.1%,升高到 3m 时多用地 4.5%。在满足功能要求的前提下,尽量降低层高,节约用地的效果显著。

表 1-7　建筑物层高与用地关系的比较

层高（m）	平均每户用地（m²/户）	与层高2.8m住宅用地比的百分比（%）	与层高2.8m住宅用地相比较（%）
2.7	33.56	92.3	节约用地7.7
2.8	36.36	100	0
2.9	37.14	102.1	多用地2.1
3.0	37.98	104.5	多用地4.5

（五）建筑设计的有关规范

国家有关部委颁发的建筑设计规范、标准、通则等是建筑设计中应遵循的准则，设计人员应对规范有总体的了解，以免设计成果和规范发生冲突。

现行建筑设计规范有几十种，涉及各专业的制图标准、模数协调标准、防火、防雷、热工、暖通、隔声及各类建筑的设计要求，作为建筑设计人员，都应有所了解，并有所侧重地掌握。

规范分为两大类：一类是通用性的，如《民用建筑设计通则》（GB 50352—2005）、《建筑设计防火规范》（GB 50016—2006）、《房屋建筑统一制图标准》（GB/T 50001—2001）等，这类规范带有普遍性；另一类是专项性的，针对各种建筑提出具体的要求，现已颁布的有《住宅设计规范》（GB 50096—1999）、《住宅建筑规范》（GB 50368—2005）、《宿舍建筑设计规范》（JGJ 36—2005）、《托儿所、幼儿园建筑设计规范》（JGJ 39—87）、《中小学建筑设计规范》（GBJ 99—86）、《文化馆建筑设计规范》（JGJ 41—87）、《图书馆建筑设计规范》（JGJ 38—99）、《办公建筑设计规范》（JGJ 67—2006）、《疗养院建筑设计规范》（JGJ 40—87）、《旅馆建筑设计规范》（JGJ 62—90）、《商店建筑设计规范》（JGJ 48—88）、《综合医院建筑设计规范》（JGJ 49—88）等。在此，简单介绍《村镇建筑设计防火规范》（GBJ 39—90）。

1. 规划与建筑布局

村镇消防车通道之间的距离，不宜超过160m，消防车道可利用交通道路，并与其他道路相连通，路面宽度不应小于3.5m，转弯半径不应小于8m，当各种障碍跨越道路时其净高不应小于4m。

打谷场的面积不宜大于2000m²，打谷场之间及其与建筑物（看场房除外）的防火间距不应小于25m。林区的村镇和企事业单位，距成片林边缘的防火安全距离不宜小于300m。村镇的农贸市场不宜布置在影剧院、学校、医院、幼儿园等场所的主要出入口处和影响消防车通行的地段。

2. 民用建筑防火

村镇民用建筑的耐火等级、允许层数、允许占地面积、允许长度如表1-8所示。

表 1-8　民用建筑耐火等级、允许层数、允许占地面积、允许长度

耐火等级	允许层数	允许占地面积（m²）	防火分区允许长度（m）
一、二级	五层	2000	100
三级	三层	1200	80
四级	一层	500	40
	二层	300	20

托儿所、幼儿园的儿童用房和养老院的宿舍应设在一、二层。公共建筑的耐火等级不宜低于三级，三级耐火等级的电影院、剧院、礼堂、食堂建筑的层数不应超过二层。

公共建筑安全出口数不应少于两个,但符合下列条件之一的可设一个:

(1)一个房间的面积不超过 $60m^2$ 且人数不超过 50 人;

(2)除幼儿园、托儿所、学校教室外,位于走道尽端的房间,室内最远一点到房门的直线距离不超过 14m 且人数不超过 80 人时,可设一个门,其净宽不应小于 1.4m;

(3)除医院、托儿所、幼儿园、学校教学楼以外的二、三层公共建筑,当符合表 1-9 规定的条件时,可设一个疏散楼梯,其净宽不应小于 1.1m。

表 1-9 设置一个疏散楼梯的条件

耐火等级	层 数	每层最大建筑面积(m^2)	人 数
一、二级	二、三层	400	二、三层人数之和不超过 80 人
三级	二层	200	第二层人数不超过 20 人

3. 民用建筑的安全疏散距离

本距离不应大于表 1-10 的规定。

表 1-10 民用建筑的安全疏散距离规定

疏散距离 名称 \ 类别	房门至外部出口的距离(m)					
	位于两个外部出口或楼梯之间的房间			位于袋形走道两侧或尽端的房间		
	耐火等级			耐火等级		
	一、二	三	四	一、二	三	四
托儿所、幼儿园	20	15	—	18	13	—
医院、疗养院	30	25	—	18	13	—
学校	30	25	—	20	18	—
其他民用建筑	35	30	20	20	18	13

剧院、电影院、礼堂的安全疏散应符合下列要求:

(1)观众厅对外安全出口不少于两个,每个出口的平均疏散人数不超过 250 人;

(2)观众厅的疏散走道的总宽度按每百人不小于 0.6m 计,走道净宽不应小于 1.0m,边走道不小于 0.8m;

(3)疏散门外开,不设门槛,门口处 2m 内不设踏步,门宽不小于 1.4m,疏散楼梯净宽不小于 1.1m;

(4)横走道之间不宜超过 20 排,纵走道之间座位不宜超过 22 个。

学校、商店、办公楼等民用建筑每个疏散楼梯、走道、底层疏散门最小净宽,不应小于1.1m,并符合表 1-11 的规定。

表 1-11 楼梯、走道、底层疏散门的宽度指标

宽度指标 (m/100 人) \ 耐火等级 层数	一、二级	三级	四级
一层	0.65	0.75	1.00
二、三层	0.75	1.00	—
四、五层	1.00	—	—

封闭式农贸市场的疏散门不应少于两个,每门净宽不应小于 3.5m;场地面积超过 $1000m^2$ 时,每增加 $500m^2$,应增设一个疏散出口。场内主要疏散通道的净宽不应小于 3.5m。

(六)21 世纪建筑的发展方向

建筑的原始功能就是"庇护所",从天然洞穴、人工穴居(如窑洞)到现代建筑,都突出显示了这一功能。21 世纪的建筑仍然脱离不了"庇护所"的功能,只不过现代建筑已从古代简陋的洞穴形式发展为更加科学、完善、舒适的建筑形式而已。

在《美国大百科全书》的"建筑"条目中,建筑的含义已延伸为:"建筑不仅指房屋,还包括工厂、道路、桥梁、河港、码头、海湾、运河、航空港等建筑工程。"回顾 20 世纪的建筑历程,建筑在获得巨大发展的背后,其对土地、能源的大量消耗和对环境的影响,也引起了人们的关注。从 20 世纪 70 年代起,人们对建筑的功能要求从传统的"庇护所"发展到节能建筑,再到节能、节地建筑,直到现在的生态与可持续建筑。生态建筑与可持续建筑是 21 世纪建筑发展的方向,其具体设计方法参见本书第七章"村镇生态建筑设计"。

第二章　建筑施工图

建筑施工图是按照工程制图原理和制图方法,依照现行制图标准绘制的具有约束效应的工程图样。任何一项建筑工程,仅靠语言和文字是无法将其表达清楚的,而通过绘制一系列图形、尺寸标注,辅以必要的文字说明,则能准确、详细地表明建筑物的形状、各组成部分的位置和关系、结构类型、构造做法、施工技术要求等多方面的内容。工程图样是设计人员和参与房屋建筑的各相关人员传递信息的载体,是进行技术交流并对施工行为具有约束力的重要技术文件。

为了适应国际和国内技术行业的系统化、规模化、简单化,在从事技术经济活动中需制定和共同遵循的规定和准则即称之为"标准",一般是由国家职能部门制订、颁布的国家标准。制图标准只是其中一小部分,现行制图标准有《房屋建筑制图统一标准》(GB/T 50001—2001)、《建筑制图标准》(GB/T 50104—2001)、《总图制图标准》(GB/T 50103—2001)、《建筑结构制图标准》(GB/T 50105—2001)等。依据国家制图标准,本章主要介绍建筑施工图的表示方法和阅读建筑施工图的方法与步骤。

第一节　房屋建筑图的基本内容

一、房屋建筑施工图

房屋建筑是根据一整套能反映建筑物整体及细部的建筑工程图建造的。无论是城市建设还是村镇建设,都必须是在当地政府规划管理部门制订的总体规划约束下,依据国家现行法规、规范标准和建设程序有计划、有秩序地进行。

针对一栋建筑物的建造来说,进入设计阶段后,首先进行初步设计,在此阶段提出方案,详细说明该建筑的平面布置、建筑造型与立面处理、结构选型等内容;而施工图设计主要是将已经批准的初步设计,从满足施工的要求予以具体化,为编制施工图预算、材料设备采购和非标准构配件的制作、工程施工及安装等提供完整、正确的图纸依据。

建筑工程图因专业内容不同,一般分为建筑施工图、结构施工图和设备施工图。各专业施工图,根据表达的内容和作用不同,又分为基本图和详图两部分。

一套房屋施工图的编排顺序是:建筑施工图、结构施工图、设备施工图。各专业施工图应按内容的主次顺序排列,一般是全局性或整体性的图纸在前,局部的图纸在后;先施工的在前,后施工的在后;主要的在前,次要的在后。

(一)建筑施工图

建筑施工图主要表达建筑总体布局、外部造型、内部空间布置、细部构造、装修和施工要求等。图纸内容包括首页图(设计说明)、总平面图、建筑平面图、建筑立面图、建筑剖面图和详图。以上内容的图纸由建筑专业设计人员完成。

(二)结构施工图

结构施工图主要反映承重结构布置、构件类型以及结构做法等。图纸内容包括设计说明、结构平面布置图及构件详图。基本图纸包括基础图、结构平面布置图等,详图有反映各类构件位置及反映构件相互关系的构件详图。构件详图包括基础详图和柱、梁、楼梯等构件的配筋图。以上内容的图纸由结构专业设计人员完成。

(三)设备施工图

它包括室内给水排水及采暖通风施工图、建筑电气施工图等,主要表示管道、线路的布置走向,设备安装及技术要求等。图纸由设计说明、平面图、系统图和安装详图等组成,这部分由设备专业人员设计完成。也有设备施工图只包含室内给水排水及采暖通风施工图,电气施工图不列入的分类方法。

二、房屋建筑图的表示方法

房屋建筑是人们进行生产、生活、工作、学习及娱乐的场所。房屋建筑图是表示一栋房屋内部和外部形状的图纸,有建筑平面图、建筑立面图和建筑剖面图等,这些图都是按照国家建筑制图标准绘制的。图 2-1 为建筑平面图、建筑立面图和建筑剖面图的形成。

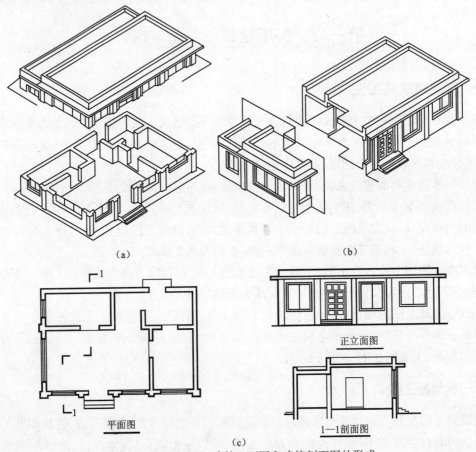

（a）　　　　　　　　　　　　　（b）

正立面图

平面图

1—1剖面图

（c）

图 2-1　建筑平面图、建筑立面图和建筑剖面图的形成
（a）平面图的形成；（b）剖面图的形成；（c）建筑平、立、剖面图

（一）建筑平面图

建筑平面图是反映房屋各组成部分大小和相互关系的最基本图纸，是用一水平的剖切平面沿门窗洞口位置将建筑物剖开，对剖切面以下的部分所做的正投影图，就形成了建筑平面图，这也是整套图纸中最主要的图纸。图2-1（a）为建筑平面图的形成。

房屋有几层就应画出几个平面图，若其中几个楼层平面布置相同时，可用一个平面图表示，称为标准层或中间层平面图。底层也称为首层平面，底层平面图表明房屋室内外联系和室外设施等内容。屋顶平面是房屋顶面的水平投影，表明屋面排水情况。

（二）建筑立面图

建筑立面图是将建筑物从前后、左右各个方向分别在与房屋立面平行的投影面上所作的正投影图，如图2-1（c）所示。建筑立面图主要是表示建筑物外形轮廓、屋顶形式、立面装修等。反映房屋主要外貌特征的立面图称为正立面图，与其相对的称为背立面图，其他两方向可称为侧立面图；也可按房屋朝向来划分，称南立面图、北立面图、东立面图、西立面图；有时也按轴线编号来命名，如①～⑦立面图、⑦～①立面图等。

（三）剖面图

假想用一铅垂的剖切面将建筑物剖开，对剖切面后保留下的部分所做的正投影图，称建筑剖面图，图2-1（b）显示了剖面图的形成，图2-1（c）绘制了1-1剖面图。建筑剖面图的作用是反映建筑物的结构形式、分层情况、内部构造、各部分的联系及高度方向尺寸等信息内容，是与平面图、立面图相互配合不可缺少的重要图样之一。

剖面图的剖切位置，应选择在内部结构和构造比较复杂的部位，一般选在楼梯间并应通过门窗洞口的位置。

三、施工图中常用的符号

（一）定位轴线

将房屋的基础、墙、柱、梁、屋架等承重构件的轴线画出，并对其进行编号以便于施工放线定位和查阅图纸之用，这些轴线就称为定位轴线。

横向定位轴线自左至右依次用阿拉伯数字1，2，3……进行编号，纵向定位轴线自下而上依次用大写拉丁字母A，B，C……进行编号，其中I，O，Z三个字母不能使用，以免和1，0，2混淆。对于与主要承重构件相联系的次要构件，采用附加轴线定位，编号可用分数表示；分母表示前一轴线，分子表示附加轴线的编号。图2-2为定位轴线的各种注法。

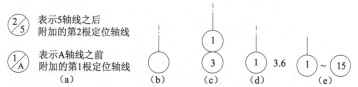

图2-2　定位轴线的各种注法

（a）附加轴线；（b）通用详图的轴线号只画圆圈，不注编号；
（c）详图用于两个轴线时；（d）详图用于三个或三个以上轴线时；
（e）详图用于连续编号的轴线时

(二)标高

在总平面图、平面图、立面图和剖面图上,经常用标高符号表示某一部位的高度。标高符号为细实线绘制的等腰直角三角形,高约为3mm。标高数值以米为单位,注至小数点后三位数,在总平面图中可注写两位小数。总平面图中的室外地坪标高采用涂黑的等腰直角三角形,建筑施工图中标注的标高表示其完成面的数值。

标高又分绝对标高和相对标高。

1. 绝对标高

绝对标高是以我国青岛市外的黄海海平面为标高零点,各地的标高都是以此作为基准度量的,总平面图中的室外地坪标高常采用绝对标高。

2. 相对标高

除总平面图以外,包含建筑、结构、设备图等一般都采用相对标高,是以房屋底层室内主要房间地面定为相对标高的零点,称正负零(±0.000)。在建筑设计说明和总平面图中注明相对标高和绝对标高的关系。如标高数字前有"-"号的,表示该处完成面标高低于相对标高的零点。图2-3为标高符号绘制和基本使用方法。

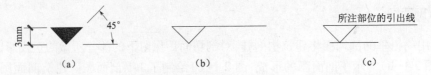

(a)　　　　　　　　　(b)　　　　　　　　　(c)

图2-3　标高符号附加轴线
(a)总平面图上的室外地坪标高符号;(b)平面图上的楼地面标高符号;
(c)立面图、剖面图各部位的标高符号

(三)索引符号与详图符号

为方便施工时查阅图样,在图样中的某一局部或构件如需另见详图时,常常有索引符号注明绘制详图的位置、详图编号以及详图所在图纸的编号。

1. 索引符号

用一引出线引出要画详图的部位,在线的另一端画10mm细实线圆,上半圆中用阿拉伯数字注明该详图编号。由于索引图样及详图位置不同,下半圆中的内容也各不相同。

如详图与被索引的图样在同一张图纸内,则在下半圆中画一水平细实线;如详图与被索引的图样不在一张图纸内,则在下半圆中用阿拉伯数字注明该详图所在图纸的编号;索引详图如采用标准图集,在下半圆中应注明详图所在图集内的图样编号,还应在索引符号水平直径的延长线上注写该标准图册的编号。索引符号使用如图2-4所示。

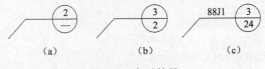

(a)　　　　　　(b)　　　　　(c)

图2-4　索引符号

如索引剖面详图,应在被引出线一侧加绘一短粗线,引出线所在一侧为剖视方向。图2-5(a)为向下剖视。

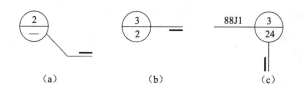

图 2-5　索引剖面详图的索引符号

2. 详图符号

详图符号表示详图的位置和编号,以粗实线绘制的 14mm 圆表示。详图与被索引的图样如在同一张图纸内,可在详图符号中直接注写详图编号;如不在同一张图纸内,可在上半圆中注明详图编号,在下半圆中注明被索引的图纸号,也可不注被索引纸的图纸号,详图符号使用如图 2-6(a)、(b)所示。

3. 零件、杆件、钢筋设备等的编号

应以直径 6mm 的细实线圆绘制,采用阿拉伯数字顺序编写。

(四)指北针与风向频率玫瑰图

指北针是用细实线绘制,直径为 24mm 的圆,指针尖端为北向,指针尾部宽宜为 3mm,如图 2-7 所示。首层平面图中应标有指北针以表明建筑物朝向。

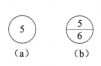

图 2-6　详图符号

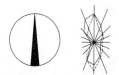

图 2-7　指北针和风向频率玫瑰图

风向频率玫瑰图,即风玫瑰图。图上的风向是由外吹向地区中心,如由北吹向中心的风即称为北风。风向频率玫瑰图是依据某地区多年来统计的各个方向吹风的平均日数的百分数按比例绘制而成,采用 16 个罗盘方位表示。

(五)剖切符号

绘制剖面图应在平面图上绘制剖切符号。剖切符号有剖切位置线和剖视方向线,前者表明剖面图的剖切位置,后者表明剖切后的投射方向即剖面图的投影方向。剖切符号宜采用阿拉伯字母编号,按自左至右、自下至上连续编排,如图 2-8 所示。

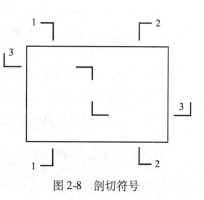

四、常用建筑术语

为了学习方便和工作需要,下面将常用的建筑专业术语作一介绍。

图 2-8　剖切符号

建筑物:范围广泛,一般多指房屋。

构筑物:一般指附属的建筑设施,如烟囱、水塔、筒仓等。

红线:规划部门批给建设单位的建筑用地范围,一般用红笔圈在图纸上,具有一定约束效应。

纵向:指建筑物的长轴方向,即建筑物的长度方向。

横向:指垂直建筑物的长轴即其短轴方向,亦即建筑物的宽度方向。

定位轴线:确定建筑物承重构件相对位置的纵向、横向的控制线,如承重墙、柱子、梁等都要用轴线定位。

横向定位轴线:沿建筑物横向设置的轴线,用以确定墙体、柱、梁和基础等的位置和尺寸。采用阿拉伯数字自左至右进行编号。

纵向定位轴线:沿建筑物纵向设置的轴线,也是用以确定墙体、柱、梁基础的位置和尺寸。采用大写拉丁字母自下而上进行编号,但 I,O,Z 不得使用。

开间:一间房屋的面宽,即两条横向定位轴线间的距离。

进深:一间房屋的深度,即两条纵向定位轴线间的距离。

标高:确定建筑竖向定位的相对尺寸数值。建筑总平面图和建筑平面图、立面图、剖面图以及需要竖向设计的图纸都要注标高。

层高:相邻两层楼地面之间的垂直距离。

净高:指房间的净空高度,即楼地面至上层楼板底的高度,有梁或吊顶时到梁底或吊顶底部。净高等于层高减去楼地面厚度、楼板厚度或梁高及吊顶厚度。

建筑高度:指设计室外地坪至檐口顶部的高度,也称建筑总高度。

建筑面积:指建筑物长度、宽度外包尺寸的乘积再乘以层数,包括使用面积、结构面积、交通面积,单位 m^2。

使用面积:指主要使用房间和辅助使用房间的净面积。是轴线尺寸减去墙皮厚度所得净尺寸的乘积。

结构面积:指墙体、柱等所占的面积。

交通面积:指走道、楼梯间、电梯间等交通联系设施的净面积。

使用面积系数:指使用面积占建筑面积的百分数,比值小于 1。

地坪:多指室外自然地面。

地物:地面上的建筑物、构筑物、河流、森林、道路、桥梁等。

地貌:地面上的一切自然状况。

地形:地球表面上地物和地貌的总称。

竖向设计:根据地形、地貌和建设要求,拟定各建设项目的标高、定位及相互关系的设计,如建筑物、构造物、道路、地坪、地下管线等标高和定位。

构造柱:砖混结构中为抗震而设的钢筋混凝土柱。

预埋件:建筑物或构筑物中可事先埋置作某种特殊用途的小构件。

强度:建筑材料或构件抵抗破坏的能力。

标号:建筑材料每平方厘米上能承受的拉力或压力。

五、常用建筑材料图例

房屋建筑体量都比较大,绘图时均采用缩小的比例,而组成房屋构配件的建筑材料、设施等只能借助图形符号表示,这些图形符号就称为工程制图图例,在《房屋建筑制图统一标准》(GB/T 50001—2001)中均有规定。表 2-1 是常用建筑材料图例。

表 2-1 常用建筑材料图例

名 称	图 例	名 称	图 例
自然土壤		夯实土壤	
砂、灰土	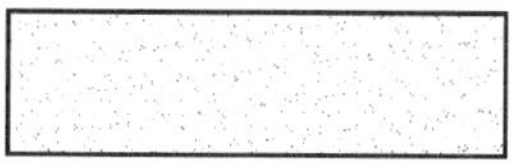	毛石	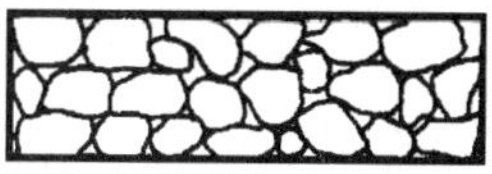
普通砖	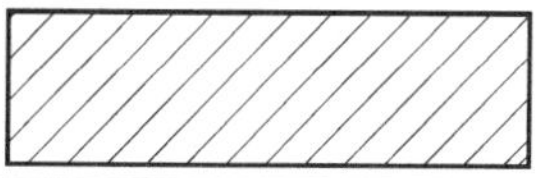	金属	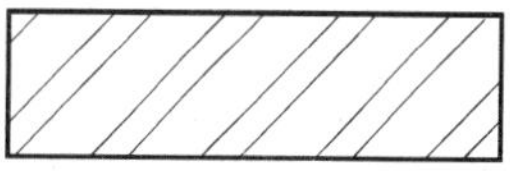
混凝土		木材	
钢筋混凝土	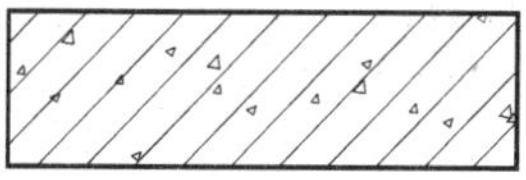	玻璃	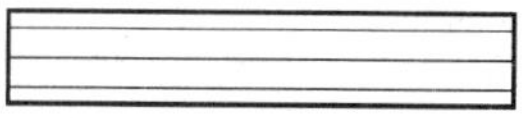
饰面砖	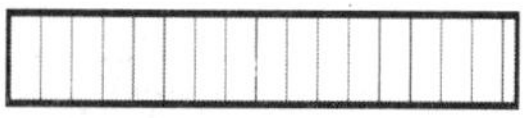	粉刷	

注:本表摘自《房屋建筑制图统一标准》(GB/T 50001—2001)。

六、阅读施工图的步骤

施工图是按照上述图示方法,并综合运用相关专业知识和相关规范、标准绘制而成的,要读懂施工图就要做好下面的准备工作:

(1)应掌握投影制图原理和房屋建筑图的表示方法;

(2)要熟识施工图中常用的图例、符号、线型、尺寸和比例的意义;

(3)施工图会涉及一些专业上的问题,在学习过程中还应善于观察和了解房屋的组成和构造上的一些基本情况。

阅读施工图时,首先应根据图纸目录,检查和了解这套图纸有多少类别,每类有多少张,如有缺损或需用标准图,应及时配齐。检查无缺后,按图纸目录顺序通读一遍,对建筑物所处建设地点、周围环境、建筑物的大小及形状、结构形式和建筑主要部位等情况先有一个概括的了解。阅读时,应按先整体后局部、先文字说明后图样、先图形后尺寸的方法仔细阅读,还应特别注意各类图纸之间的联系以避免发生矛盾而造成质量事故和经济损失。

第二节 建筑总平面图

一、总平面图的用途

建筑总平面图是表示新建房屋与周围环境总体布置的图纸,可以在画有等高线或坐标方格网的地形图上进行绘制。工程简单的总平面图可不画等高线或方格网。

总平面图应能反映出新建、拟建工程的总体布局,原有建筑物、构筑物的情况及相互关系,周围环境布置等,如建筑的具体位置、高程,道路系统,管线的走向以及绿化、地形、地貌等情况。总平面图可以作为新建房屋和其他设施的定位、施工放线、土方开挖以及水、暖、电、管线等施工的依据。

总平面图常用图例如表2-2所示。

表 2-2 总平面图中常用图例

名　称	图　例	备　注	名　称	图　例	备　注
新建建筑物	 ▼ ▭9	①需要时,可用▼表示出入口,在图形内右上角用点或数字表示层数。②建筑物外形用粗实线表示	新建的道路	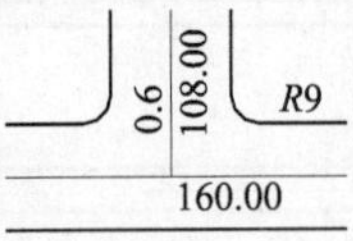 0.6 108.00 R9 160.00	R9 表示道路转弯半径为9m,160.00 为路面中心控制点标高,0.6表示 0.6% 的纵向坡度,108.00 表示变坡点间距离
原有建筑物	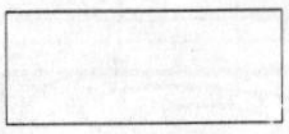 ▭	建筑物外形用细实线表示	原有道路	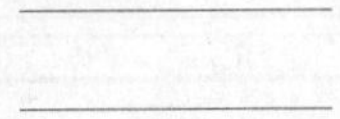	
计划扩建的预留地或建筑物	▭	建筑物外形用中粗虚线表示	计划扩建的道路		
拆除的建筑物	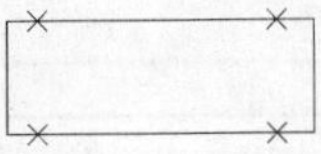 ▭	用细实线表示	围墙及大门	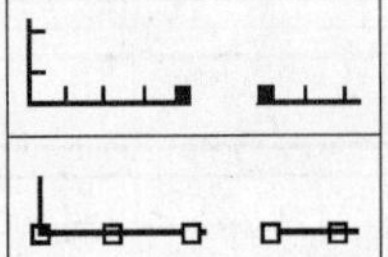	上图为实体性质的围墙,下图为通体性质的围墙。仅表示围墙时不画大门
填挖边坡	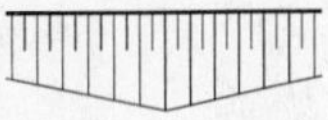	①边坡较长时,可在一端或两端局部表示。②下边线为虚线时表示填方	坐标	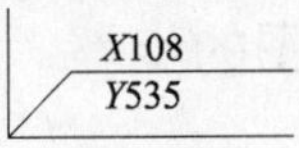 X108 Y535	测量坐标
护坡	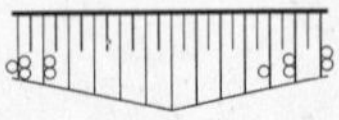			 A108 B535	建筑坐标
室内标高	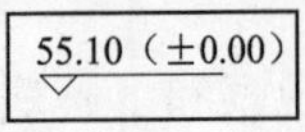 55.10（±0.00）		室外标高	 ▼ 165.00	室外标高也可采用等高线表示

注:本表摘自《总图制图标准》(GB/T 50103—2001)。

二、总平面图的基本内容

(1)表明红线范围,新建建筑物及构筑物的具体位置、标高,道路及各种管线布置系统等的总体布局。

(2)表明原有房屋、道路的位置,作为新建工程定位的参照物,如利用道路的转折点或某一原有房屋的某个拐角点作为定位依据。

(3)表明标高,主要包括建筑物的首层地面标高、室外设计地坪标高、道路中心线的标高等。通常把总平面图上的标高,全部推算成以海平面为零点的绝对标高。根据标高可以看出地势坡向、水流方向,并可计算出施工中土方填挖工程量。

(4)表示新建房屋朝向,通常采用风向频率玫瑰图。它既能表示朝向,又能显示出该地区的常年风向和主导风向。

在一张总平面图中,若应该表示的专业内容过多,则可分画几张总平面图,如绿化布置、各类管网布置的总平面图等。

图 2-9 所示为村落的总平面图。

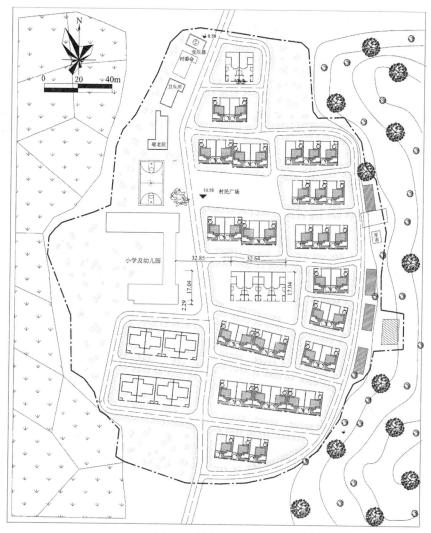

图 2-9　村落的总平面图

三、总平面图读图注意事项

（1）总平面图的内容，多数是用图例符号表示的，看图之前要先熟悉总图图例的含义。

（2）查看总平面图的比例，以了解工程规模。一般常用比例为 1:500,1:1000,1:2000。

（3）看清用地范围内的新建、原有、拟建、拆除建筑物或构筑物的位置,新、旧道路布局,周围环境和建设地段内的地形、地貌情况。

（4）查看新建建筑物的室内、外地面标高和道路标高,地面坡度及排水走向。

（5）根据风向频率玫瑰图搞清新建建筑朝向。

（6）弄清图中尺寸是以坐标网形式表现的,还是一般表现形式,以清楚建筑物或构筑物自身占地尺寸及相对距离。

（7）总平面图中的各种管线要仔细阅读,管线上的窨井、检查井,要看清编号和数目,管径中心距离、坡度,从何处引进到建筑物或构筑物,要看准具体位置。

（8）绿化布置要看清楚草坪、树丛以及各种设施的具体尺寸、做法及建造要求等。

第三节　建筑平面图

一、建筑平面图的用途

　　建筑平面图反映建筑物各功能空间位置、大小和相互间联系,墙或柱等承重构件布置以及门窗类型和位置的基本图样。建筑平面图可作为结构计算、编制预算、施工放线、安装门窗、预留孔洞、预埋构件、室内装饰、施工备料等的重要依据。

　　图 2-10 所示为平面图中常用门窗图例。表 2-3 所示为建筑平面图中部分建筑配件图例。

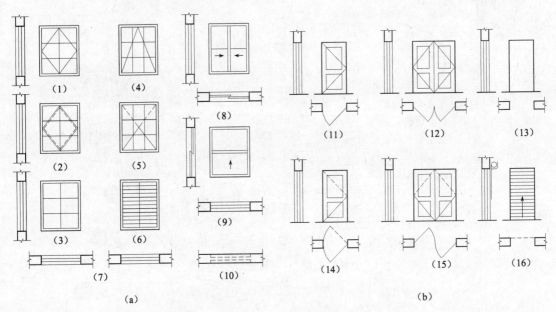

图 2-10　常用门窗图例

(a)窗;(b)门

(1)单层外开平开窗;(2)双层内外开平开窗;(3)固定窗;(4)上悬窗;
(5)中悬窗;(6)百叶窗;(7)窗平面;(8)水平推拉;(9)上推窗;
(10)高窗;(11)单扇平开门;(12)双扇平开门;(13)空门洞;(14)单扇双向弹簧门;
(15)双扇双向弹簧门;(16)卷帘门

表 2-3　建筑平面图中部分建筑配件图例

名称	图　例	名称	图　例	名称	图　例	名称	图　例
通风道		烟道		坑槽		空洞	
楼梯	底层　中间层　顶层			坐便器		洗脸盆	
				墙预留洞			$\dfrac{宽×高或\phi}{底(顶或中心)标高}$

注:本表摘自《房屋建筑制图统一标准》(GB/T 50104—2001)。

28

图 2-11 所示为两户联体农宅的透视图,图 2-12 所示为其院落平面布置图。

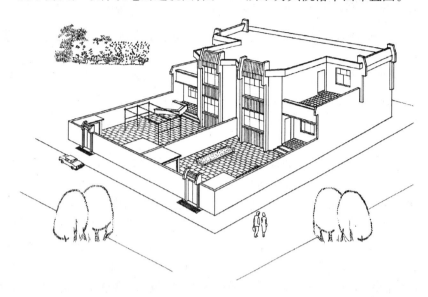

图 2-11 联体农宅透视图

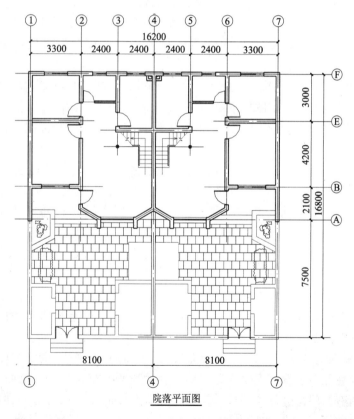

院落平面图

图 2-12 院落平面布置图

二、建筑平面图的基本内容

（1）表明建筑物的平面形状及内部各房间组合排列情况,平面图内还应注明房间名称和房间净面积。

（2）首层平面图中绘制指北针符号,表明建筑朝向;在首层平面图中还应表达室外设施,如花池、台阶、坡道等;特别应表达出剖面图的剖切位置和详图索引符号等内容。

（3）表明建筑结构形式和所使用的建筑材料,在平面图中可以看出建筑物是砖混结构还是框架结构或其他结构形式。

（4）表明外形和内部空间的主要尺寸,平面图中的轴线是房屋长宽方向的定位依据,以轴线来确定平面图中所有各个部位的细部尺寸。

外部尺寸常常标注三道:建筑物的总长度和总宽度尺寸,称为外包尺寸;中间是轴线尺寸,表示房屋开间(柱距)和进深(跨度);第三道尺寸称为细部尺寸,表示门、窗洞口及墙垛等细部尺寸。如房屋前后左右不对称时,在平面图四周均应注明尺寸及轴线。局部尺寸标注还有首层平面图的室外台阶、花池、散水、门廊等。

为了表明平面图内部房间的净空尺寸和室内的门窗洞口、墙厚及固定设施的大小和位置,还应标注房屋内部尺寸。

（5）平面图中可以看到表明房屋所处竖向位置的标高。以首层平面图主要房间地面为±0.000,二层以上均为正数标高,首层以下均用负数标高。屋顶平面和有排水要求的房间要注明坡度表示流水方向。如卫生间地面标高为 - 0.020,表明该处地面比底层地面低20mm。

（6）图中还表达了楼梯、门窗、卫生设备等的配置情况。图例表达内容参见常用建筑构配件图例,更详尽的请参阅建筑制图标准。

（7）表明门窗编号、门的开启方向。凡使用标准门窗的不必另画详图,只要在图中注明相应的门窗编号即可。

（8）表明给排水、采暖通风、煤气、电气等对土建的要求。这些配套工种需要设置水池、地沟、配电箱、消火栓、检查井、预埋件等,需要在墙或楼板上开洞,平面图中要表示其位置和尺寸。如配电箱等凹进墙内部件,还要在图中用虚线表示并标注洞口尺寸及下皮标高。

（9）文字说明。凡在平面图中无法用图来表示的内容,都要注写文字说明,如砖和砂浆标号及选用的标准图集等。

图 2-13 所示为联体农宅的底层平面图。

由图 2-13 右下角的指北针和房屋平面外形可知,该农宅为坐北朝南、两户联排的砖混结构建筑。①~④轴为与④~⑦轴完全对称的另一住户,见图中的对称符号。

一层由向东的入口进入客厅,客厅中设置通往二层的 L 形楼梯,围绕客厅设有朝向南、北的两个居室,另外在北向还设有卫生间和厨房。客厅的 C-1 窗为在突出墙面的八角墙体开设的窗户,图中对所有的门窗进行了编号。梯段宽为 1050mm,上至二层需两梯段,共计 17 步踏步。首层室内地面标高为±0.000,室外地面标高为 - 0.300,表明室内外高差为 300mm,设有三步台阶。

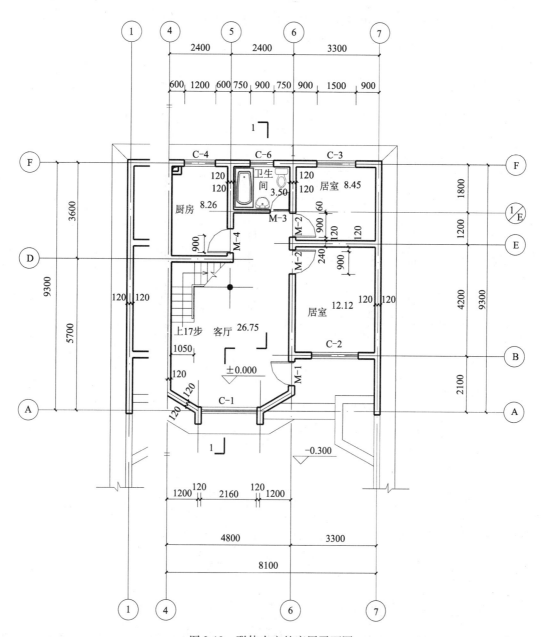

图 2-13　联体农宅的底层平面图

图 2-14 所示为二层平面图,同样设有居室和卫生间等房间,并以一层南向居室屋顶为二层凉台。和一层平面相比,二层平面少了指北针、剖切符号和室外设施,其他内容同底层平面。二层楼面标高为 3.000,表明建筑层高为 3m。

31

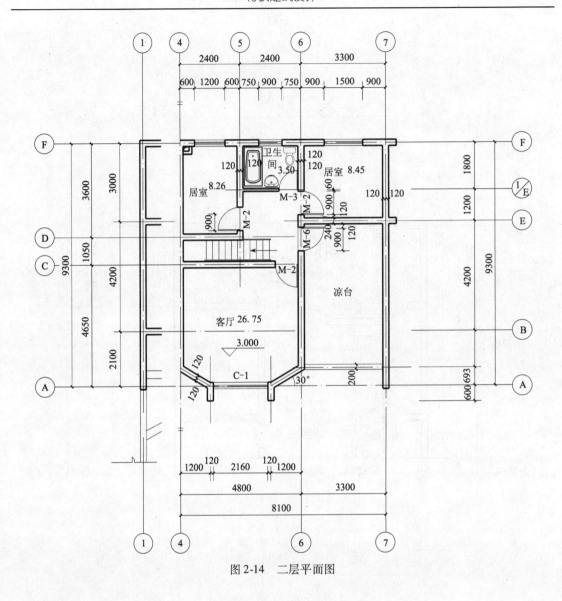

图 2-14　二层平面图

第四节　建筑立面图

一、建筑立面图的用途

建筑物的外观特征、艺术效果依赖立面设计表现,建筑立面图就是反映房屋建筑的外貌和立面装修的图样。

二、建筑立面图的基本内容

(1)表达建筑物外形上可以看到的全部内容,如台阶、花池、勒脚、门窗、雨篷、阳台、檐口等部位。

(2)表明高度方向的三道尺寸线,即建筑总高度,分层高度,门窗、勒脚、檐口细部的高度。还需在长度方向注明轴线编号。

（3）表明外墙各部位建筑装修材料做法，可从图中的文字说明得知其具体构造做法，也可从工程做法表中查知。如图中的外墙1和外墙2代表墙面不同的装修做法。

（4）表明局部或外墙索引。针对一些饰面装修构造，需绘制详图的要引出索引符号并绘制详图。

图2-15所示为正立面图，图2-16所示为背立面图。

从图2-15可以看出，由图名和两端轴线可知，是建筑物的南向立面图，比例和平面图一致。正背立面图为两户农宅联体的立面图。正立面图借助平面图所设置的八角墙体突出墙面，并设有外挑坡檐，东西两侧也设有外挑坡檐。

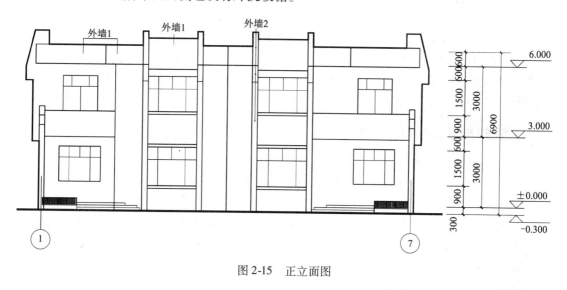

图2-15　正立面图

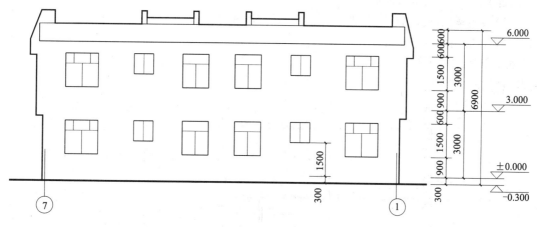

图2-16　背立面图

三、建筑立面图的读图注意事项

（1）立面图与平面图有着密不可分的关系，各立面图中的轴线编号均应与平面图严格一致，并应校核勒脚、雨篷、檐口等所有细部构造是否正确无误。

（2）各立面图之间在材料做法上有无不相符或不协调之处，并应检查房屋整体外观、外装修有无矛盾之处。

33

第五节　建筑剖面图

一、建筑剖面图的用途

建筑剖面图主要表示房屋内部构造、结构形式、分层情况和房屋各部分之间的竖向联系及高度方向尺寸等内容。

二、建筑剖面图的剖切位置

建筑剖面图的数量应根据房屋的复杂程度和施工需要来确定,建筑剖面图的剖切位置来源于首层建筑平面图,一般选在房屋内部构造较为复杂与典型的部位,或层高不同、层数不同的部位,并应通过门窗洞口位置。至少应有一个剖面剖切到楼梯间。剖面图的图名应与平面图上所标注剖切符号的编号一致。

三、建筑剖面图的基本内容

(1)表明建筑物墙或柱、楼板等结构及定位轴线。

(2)表明建筑物被剖切面剖到和看到的内容,如墙体、楼梯、地面、阳台、雨篷、各层楼面、女儿墙或挑檐、室外设施等图形内容。如本图中建筑物各层梁、板和墙或柱的具体位置关系。

(3)表明高度方向尺寸和标高,如室内净高、楼面构造、门窗等细部尺寸和楼地面标高等。剖面图中应沿垂直方向注写三道外部尺寸,自内而外依次为细部尺寸、层高尺寸、建筑总高尺寸,内部尺寸包含室内门窗、栏杆、壁柜、搁板等高度尺寸。水平方向应标注轴线尺寸和总尺寸,构造复杂时还应标注细部尺寸。

(4)表明室内地面、楼面、顶棚、踢脚等装修构造和尺寸。

图 2-17 所示为 1—1 剖面图,将剖面图的图名和轴线编号与底层平面图上的剖切位置进行对照,可看出剖面是自南而北剖开 C-1 窗进入客厅后切平面平行转换剖切卫生间的门窗,看到 M-4 门及楼梯的一部分,得到的阶梯剖面图。

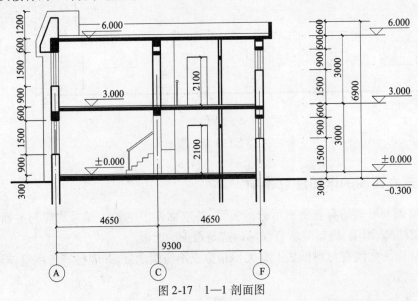

图 2-17　1—1 剖面图

读图时宜从左至右、从下至上。1—1 剖面图外侧轴线主要表达了外墙、C-1 窗、窗台、过梁和圈梁等。对应平面图看各层楼地面标高是否一致。

四、建筑剖面图的读图注意事项

（1）阅读剖面图，首先要校核首层平面图的剖切位置与剖面图表达内容是否一致，轴线标注是否和平面图一致。

（2）图中尺寸标注应表明内外高度尺寸、标高，当然还有水平方向尺寸。应校核图样、尺寸是否和平面图、立面图尺寸一致。

剖面图应和平面图、立面图对照阅读。

第六节　建筑详图

建筑平面图、立面图、剖面图虽然已将房屋建筑设计的主要内容表达出来，但由于比例较小，无法把所有详细内容表述清楚，需要用较大比例绘制局部部位的详尽构造和尺寸的图样，以方便施工。我们把这种图样就称为建筑详图，是建筑平面图、立面图、剖面图的补充。

一、详图特点

详图的图示方法和数量，要看建筑细部构造的复杂程度来定。一般情况下绘制剖面详图，如外墙墙身大样；可能还需绘制平面详图，如楼梯间；而针对异型门窗等可能还应绘制立面详图。还可以在建筑剖面图外墙各节点处绘制索引符号，以节点详图方式绘制，按详图编号进行排序。详图选用标准图集的，必须配合相应标准图集才能完整使用。

详图特点是比例较大、图样内容详尽、尺寸齐全。

外墙详图实际上是建筑剖面图的局部放大，表达外墙从基础以上到屋顶所涉及的各节点细部构造和尺寸，诸如室内外装修、楼地面装修、门窗洞口、楼板和墙的连接、檐口及建筑配件安装等，是进行施工的重要依据。

二、外墙详图的基本内容

（1）外墙详图要和平面图的剖切位置或立面图上的详图索引标志、轴线编号完全一致。

（2）表明外墙厚度与轴线关系。

（3）表明室内外地面处的节点构造、室内外高差、散水、台阶坡道、墙身防潮层等做法和详尽尺寸，如楼面 1、屋面 1 等做法编号。

（4）表明楼层处节点构造做法，当楼层为若干层，而节点构造又完全相同时，可用一个图样表示，但需标注若干层楼面标高。

（5）表明屋顶檐口处节点细部做法。

（6）尺寸标注和标高注写和剖面图一样，标注三道尺寸，说明各个部位的尺寸，注意应与立面图和剖面图的标注完全一致。

图 2-18 所示为墙身详图，主要表达了室外地面、散水、防潮层、窗台构造做法，屋顶坡檐的形状、材料及各部分尺寸与相互关系。

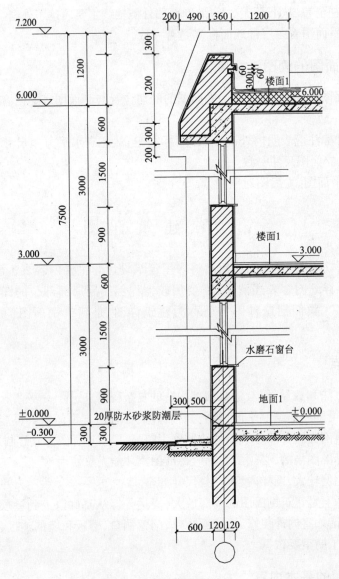

图 2-18　墙身详图

三、外墙详图读图的注意事项

(1)认真读图,将全部细部构造内容、做法弄清,并与其他建筑图纸结合起来阅读。

(2)应反复校核图中尺寸与标高是否一致,并应和建筑图或结构图结合以校核细部尺寸,避免出现矛盾之处。

第三章　结构施工图

第一节　概　述

一、结构施工图

结构设计是配合建筑设计进行结构选型和构件布置,经结构计算完成各承重构件的设计工作,此项工作通常由结构工程师完成。现行《建筑结构制图标准》(GB/T 50105—2001)等相关规范、标准是进行结构设计和结构绘图的依据。

将结构设计的最终结果绘制成图就称为结构施工图。组成房屋的承重构件如基础、墙或柱、梁、板等的形状、材料选用、大小以及内部构造和施工说明等,都应由结构施工图表述清楚。结构施工图是构件制作、安装,编制预算,备料及指导施工的重要依据。

二、结构施工图的主要内容

1. 结构设计说明书

应说明主要设计依据和技术要求,如地基承载力、风雪荷载、地下水位、冰冻线、抗震设防烈度、材料选用、施工要求等。

2. 结构平面布置图

包括基础平面图、楼层结构图和屋面结构平面图。楼层结构表明钢筋混凝土板的配筋或排板情况。

3. 结构构件详图

包括基础详图,梁、板、柱构件详图,楼梯结构详图等。

三、建筑工程结构简介

村镇建筑常选用砖混结构和框架结构,结构形式不同,工程的复杂程度不同,施工图纸数量也不尽相同。砖混结构是砖墙承重、钢筋混凝土梁板及钢筋混凝土屋面板承重的结构形式,而框架结构是采用柱、梁、板骨架承重,墙只作为围护和分隔构件的结构形式。以钢筋混凝土材料做承重骨架称钢筋混凝土框架结构。本章以砖混结构为例讲述结构施工图。

(一)钢筋混凝土材料

混凝土是用水泥、砂、石子和水按一定配合比拌合,经养护、硬化后所形成的人工石材。混凝土的抗压强度高、抗拉强度低,而钢材的抗压和抗拉强度都很高。钢筋混凝土就是由不同性质的两种材料组合共同受力,使钢筋混凝土能正常工作。钢筋混凝土材料的优点是经久耐用、刚度好、整体性强、抗震性能优越,并可根据使用要求制成不同形状的构件。采用钢筋混凝土制作的梁、板、柱、基础等构件,称为钢筋混凝土构件,分为现浇和预制。

混凝土的强度等级划分为十二级，自C7.5至C60，单位 N/mm²。钢筋混凝土结构中的混凝土强度等级不宜低于 C15。当采用 HRB335 级钢筋时，混凝土强度等级不宜低于 C20。钢筋的种类及代号如表 3-1 所示。

表 3-1　钢筋的种类及代号

钢筋种类	代　号	备　注	钢筋种类	代号	备　注
HPB235 级钢筋	φ	光圆钢筋	HRB400 级钢筋	Φ	带肋钢筋
HRB335 级钢筋	Φ	带肋钢筋	RRB400 级钢筋	ΦR	热处理钢筋

1. 钢筋的分类和作用

钢筋要求抗拉强度高、塑性性能好，能与混凝土牢固粘结，便于加工焊接。钢筋混凝土结构中所用钢筋，按其作用不同分为以下几种，如图 3-1 所示。

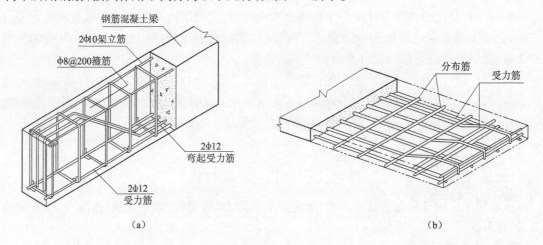

图 3-1　钢筋混凝土梁、板配筋示意图
（a）钢筋混凝土梁配筋示意图；（b）钢筋混凝土板配筋示意图

（1）受力筋

钢筋混凝土梁、板、柱等构件中承受拉、压应力的钢筋，分为直筋和弯筋。

（2）架立筋

用以固定梁内钢箍位置并构成钢筋骨架的钢筋。

（3）箍筋（钢箍）

主要固定受力筋位置，并承受截面内的剪力，多用于梁和柱内。

（4）分布筋

楼板或屋面板等水平构件内所配与受力筋垂直布置的钢筋。

（5）其他

因构造要求或施工需要配置的构造筋，如预埋锚固筋、吊环等。

为了保护钢筋、防止钢筋锈蚀、防火及加强钢筋和混凝土的粘结力，钢筋不能暴露，应留有一定的混凝土保护层厚度。按《混凝土结构设计规范》（GB 50010—2002）的规定，梁柱的混凝土保护层最小厚度为 25mm，板和墙的混凝土保护层最小厚度为 15mm。钢筋又有光圆钢筋和带肋钢筋，受力筋采用光圆钢筋时其两端要有弯钩，用以增强钢筋和混凝土之间的粘结力，避免构件受力时钢筋在混凝土中滑动。

2. 钢筋的图例表示

表 3-2 列出了钢筋的表示方法。

表 3-2 钢筋的表示方法

名 称	图 例	说 明
钢筋的横断面	●	
无弯钩的钢筋端部		下图表示长短钢筋投影重叠时,可在短钢筋的端部用45°短斜线表示
无弯钩的钢筋搭接		
带半圆形弯钩的钢筋端部		
带半圆形弯钩的钢筋搭接		
带直弯钩的钢筋端部		
带直弯钩的钢筋搭接		
带丝扣的钢筋端部		

3. 钢筋标注

钢筋的标注方法如图 3-2 所示。

图 3-2 钢筋标注法

(二)常用构件代号

组成房屋结构的各类结构构件,类型多,结构布置起来又比较复杂,为了使绘图便捷和提高设计效率,有关规范规定结构构件采用统一代号,常用房屋结构的基本构件代号如表 3-3 所示。

表 3-3 常用房屋结构的基本构件代号

序号	名 称	代号	序号	名 称	代号	序号	名 称	代号
1	板	B	11	过梁	GL	21	柱	Z
2	屋面板	WB	12	圈梁	QL	22	框架柱	KZ
3	空心板	KB	13	连系梁	LL	23	构造柱	GZ
4	槽型板	CB	14	基础梁	JL	24	基础	J
5	楼梯板	TB	15	楼梯梁	TL	25	设备基础	S
6	盖板或沟盖板	GB	16	框架梁	KL	26	桩	ZH
7	墙板	QB	17	屋架	WJ	27	梯	T
8	梁	L	18	天窗架	CJ	28	雨篷	YP
9	屋面梁	WL	19	框架	KJ	29	阳台	YT
10	吊车梁	DL	20	刚架	GJ	30	檩条	LT

（三）钢筋混凝土构件配筋

1. 梁的配筋

梁分为简支梁、连续梁和悬臂梁。简支梁是支撑在两个支点上的单梁。在荷载作用下，上部受压，下部受拉，钢筋配在受拉区，沿构件纵向布置，称为受力钢筋或主筋。受力钢筋在支座端弯起的又称为弯起钢筋。架立钢筋一般在截面上部的两角，横向筋又称为箍筋，和主筋、架立筋组成钢筋骨架，如图 3-1 所示。

阅读梁的配筋图时，应对照阅读梁的立面图和断面图，立面图表示了梁的立面轮廓、跨度尺寸以及钢筋在梁内上下及左右的配置情况；断面图表示了梁的断面形状、宽度和高度尺寸，钢筋在梁内的排列等。图 3-3 所示为梁的配筋图、断面图等，梁的上部有两根编号为①的 φ10 的架立筋；梁的下部有四根编号为②、③的 Φ20 受力筋，其中两根②号筋在支座处弯起；箍筋是编号为④的 HPB235、直径为 8mm、间距为 200 的钢筋。

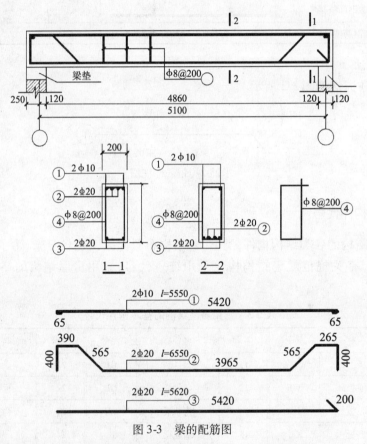

图 3-3　梁的配筋图

2. 板的配筋

钢筋混凝土板分为简支板、连续板、悬臂板等。简支板与简支梁受力基本相同，板底受拉，配有受力钢筋和分布钢筋，分布钢筋垂直于受力钢筋并固定受力钢筋在板中的位置，如图 3-1 所示。图 3-4 所示为板的配筋图。按现行《建筑结构制图标准》（GB/T 50105—2001），水平方向钢筋弯钩向上的、竖直钢筋弯钩向左的，都是在板底部的钢筋；水平方向钢筋弯钩向下的、竖直钢筋弯钩向右的，都是靠近板顶部的钢筋。从图 3-4 中可知，XB-1 中在板下部沿板的短向配置了 φ8 间距 170（弯钩向上）、沿板的长向配置了 φ6 间距 200（弯钩向左）的钢筋，可知此板

40

为双向板;板顶部在墙支撑处配置有 φ6 间距 200 的分布筋。板厚为 80mm,从重合断面看,两房间的楼板结构标高不一样,说明两房间楼面有高差。

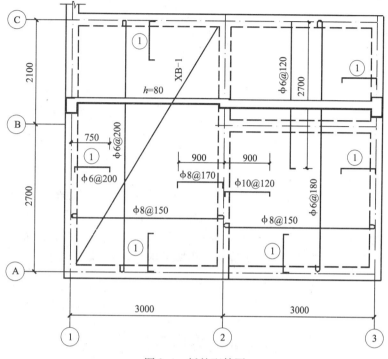

图 3-4 板的配筋图

3. 预制钢筋混凝土构件

预制钢筋混凝土构件各地区均有标准图集,设计时予以选用即可。图 3-5 所示为预制钢筋混凝土过梁的表示方法。

(1)墙厚 ×。用 A、B、C 代表不同的墙身厚度,A 为 120mm 墙厚,B 为 240mm 墙厚,C 为 360mm 墙厚。

(2)跨度 × ×。例如:06 表示 600mm 净跨,10 为 1000mm 净跨。

(3)截面 ×。以 1、2、3、4 分别表示矩形板、矩形块、短 L 形、L 形等截面形式。

(4)荷载等级 ×。荷载等级为四级。

具体使用可参见本章第三节"钢筋混凝土结构图"的内容。

图 3-5 预制钢筋混凝土
过梁的表示方法

第二节 基 础 图

基础图是建筑物室内地面以下承重结构的施工图,包括基础平面图和基础详图,是施工放线、开挖基槽、砌基础、计算基础工程量的依据。

一、基础平面图

(一)基础平面图的形成

假想用水平切平面在地面与基础之间剖切,移去剖切平面以上部分,将遗留部分去除周围其他物体作平面投影,就称为基础平面图。

(二)基础平面图的内容

(1)表明纵横定位轴线、编号及轴线尺寸,应和建筑施工图中的底层平面图一致。

(2)表明基础的平面布置、基槽宽度与轴线的关系及管沟宽度、位置等。

(3)表明基础墙上留洞的位置、洞的尺寸及洞底标高以及预制过梁的编号等。

(4)注明基础大小尺寸及定位尺寸。大小尺寸指基础墙的宽度、柱子外形尺寸和基础底面尺寸;定位尺寸就是基础墙、基础底宽与轴线间的尺寸,并应在平面图中注明基础详图的断面号及编号。

(三)阅读例图

图 3-6 所示为农宅的基础平面图。从图示可知,定位轴线与建筑平面图完全相同,图中的粗实线表示被剖切的墙体,墙两侧的细实线表示条形基础开挖的基槽宽度。一层设独立柱 Z_1,其基础底宽为 $1100mm \times 1100mm$;条形基础和基础墙均采用砖砌,构造及尺寸不同的基础都要绘制断面图,图 3-6 中 1—1,2—2 等为断面图的编号。

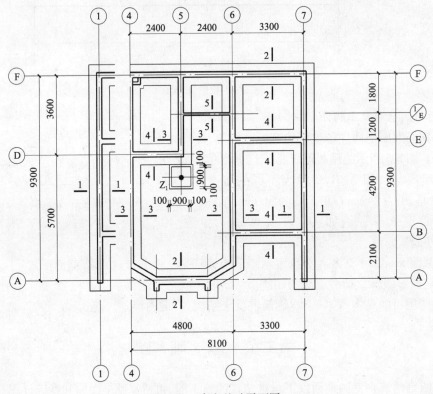

图 3-6 农宅基础平面图

二、基础详图

基础详图是反映基础各部分的形状、大小、材料、构造及埋深的图样,一般采用断面图表示。对于柱下独立基础,还可加绘基础平面图和断面图。

（一）详图的内容

（1）表明基础的断面形状、大小、所用材料及基础圈梁的配筋。
（2）基础详图适用于多个基础的断面，可不注轴线编号。
（3）标注基础各部分的详细构造尺寸和标高。
（4）表明防潮层的位置和做法，构造柱大小和配筋。

（二）阅读例图

图 3-7（a）所示为横向外墙即山墙的基础断面图，图 3-7（b）所示为柱下独立基础的断面及配筋图。图 3-8 所示为底层隔墙下的构造处理。

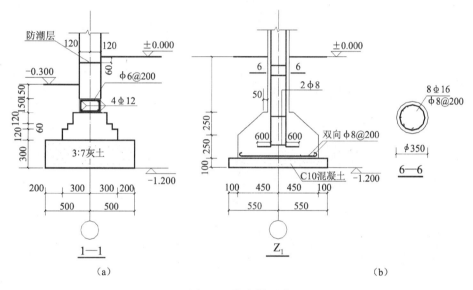

图 3-7　基础断面图
（a）山墙的基础断面图；（b）柱下独立基础的断面及配筋图

条形基础下设 3：7 灰土垫层，基础埋深 900mm。Z_1 柱基础为阶梯形基础，下设 C10 混凝土垫层。柱断面尺寸为直径 350mm，箍筋为 $\phi 8@200$，竖向受力钢筋为 8Φ16 的钢筋，并伸到基础底部，而基础底板配有两个方向的钢筋 $\phi 8@200$，将柱和基础连成整体。

第三节　钢筋混凝土结构图

钢筋混凝土结构图包括平面图和构件详图。结构平面图是表示建筑物各层楼面及屋顶承重构件布置的图样，包括楼层结构布置图、屋顶结构平面布置图等；构件详图是梁、柱等构件的配筋图、模板图、预埋件图等。钢筋混凝土结构图是制作梁、板、柱及编制预算的依据。

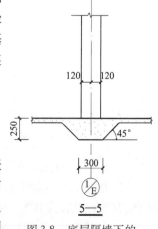

图 3-8　底层隔墙下的构造处理

43

一、结构平面布置图

结构平面布置图主要表示楼层、屋顶的梁、板、墙柱、门窗过梁等承重构件及圈梁的平面布置情况,现浇板的构造与配筋以及它们之间的结构关系。

(一)结构平面布置图的形成

假定在楼板顶面将房屋水平剖开,移去上面部分,向下所作水平投影而得到的水平剖面图称楼层结构平面图,如图3-9所示。屋顶结构平面图和楼层结构平面图基本一致。

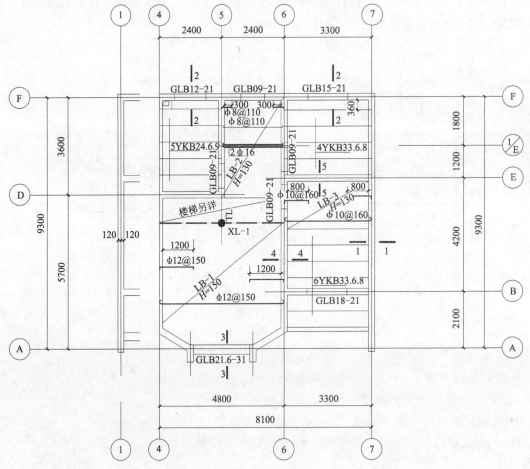

图3-9　楼层结构平面图(二层结构平面)

(二)结构平面图的内容

(1)纵横定位轴线编号和轴线尺寸与建筑平面图一致。

(2)现浇钢筋混凝土板应注明受力筋、分布筋。如图3-9中LB-1为单向板,受力筋为Φ12间距150的钢筋,板厚为150mm。

(3)门窗洞口处,预制钢筋混凝土过梁的代号及楼板上预留孔洞的位置尺寸。

(4)圈梁平面布置图可用较小比例另行绘制,也可在图中标出。

楼梯间画两条交叉的或一条斜的细实线,表示另有结构详图。

44

二、构件详图

构件详图即梁、柱的局部剖面、断面详图等。局部剖面、断面详图是反映梁、板、圈梁与墙体间的连接关系和构造处理的图样,如板的支撑、断面形状、尺寸及配筋等。图 3-10 所示为二层结构平面图中的各断面详图。图 3-11 所示为二层结构平面图中 XL-1 梁的配筋图和断面图。

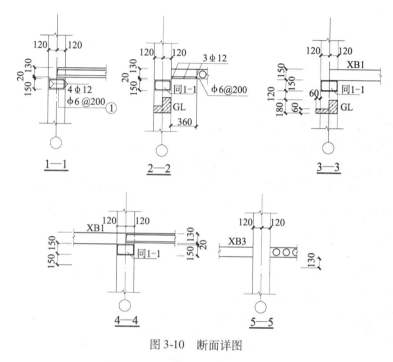

图 3-10　断面详图

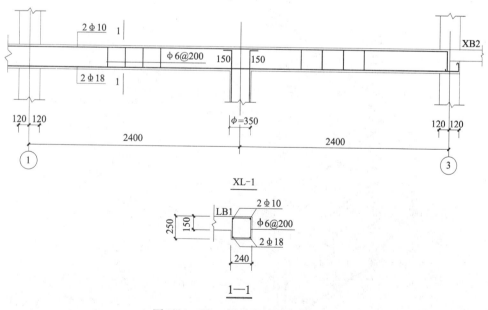

图 3-11　XL-1 梁的配筋图和断面图

第四章 建筑构造

第一节 概　　述

　　建筑构造是系统介绍建筑物各组成部分的设计原理、构造要领和工程做法的应用技术学科,目的是为了学习建筑构造的基本原理,初步掌握房屋建筑的一般构造做法,完成施工图设计。村镇建设技术人员的职责在于掌握构造原理和常用构造做法后,能查阅房屋建筑施工图的内容和施工图设计深度、施工图是否体现了初步设计的意图,从材料的选用和构造做法、施工技术要求等几方面进行设计审查,从实用、经济方面为村镇建设提供有价值的参考意见。

　　建筑构造以建筑材料、建筑工程制图等基本内容为基础,同时建筑构造又是进行建筑施工和村镇建设管理等所需知的基础知识。

一、建筑物的组成

　　不同类型的建筑物虽然使用功能不同、建筑平面形状和体型各不相同,但建筑物一般都是由基础、墙或柱、楼地层、楼梯、屋顶和门窗六大部分组成,如图4-1所示。此外,根据建筑物的使用要求还可设置阳台、雨篷、台阶、通风道等配件和设施。

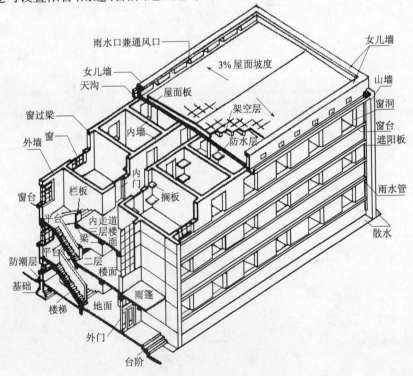

图 4-1　建筑物的构造组成

建筑构造所涉及的无非是两种起不同作用的建筑构件和建筑配件。建筑构件是按照一定规律,应用建筑材料组成结构体系的各个部分,如基础、墙、柱、楼板、楼梯等;建筑配件则是出于满足使用要求的需要而增加的部分,如地面、门窗、栏杆扶手、顶棚和屋面等。建筑构造侧重于建筑配件的学习,以此进行建筑施工图设计。

(一)地基与基础

基础位于墙或柱的下部,是建筑物埋在地下起承重作用的扩大构件;地基是基础下面的土层。基础承受建筑物上部荷载并把荷载传给地基。基础必须坚固耐久、稳定可靠、经济合理。

(二)墙或柱

承重墙或柱是建筑物的竖向承重构件,承受由屋顶、楼板等传来的荷载并连同其自身重量一起传给基础,应保证其足够的强度和刚度要求。此外,外墙还起围护作用,内墙起分隔建筑空间作用。由于建筑物自身特点和结构上的要求,可以采用墙承重的砖混结构或柱承重的框架结构形式。

(三)楼地层

楼板是水平方向的承重构件,并将建筑物分隔成若干楼层空间。同时楼板对墙身还起着水平支撑的作用。楼板层包括面层、结构层和顶棚等基本层次。地层是指房屋底层室内地坪,室内防潮要求比较高。楼板的面层和地层的面层做法均应满足坚固、耐磨、清洁、防滑等要求。

(四)楼梯

楼梯是楼房中联系上下层的垂直交通设施,更是发生意外时的紧急疏散通道,应具备足够的通行能力和防火要求。

(五)屋顶

屋顶是建筑物顶部的承重结构和围护结构,由起承重作用的结构层和屋面组成,同时屋顶和外墙构成房屋的外壳。结构层承受自重、风雪荷载和施工荷载等,屋面承担保温、防水等要求。

(六)门窗

门的主要作用是交通联系,窗的主要作用是采光通风,门窗同时也起着空间分隔和联系的作用。当它们设于外墙上具有围护作用时,门窗应满足隔声、防风沙等要求。必要时,将门开启可兼有采光通风之功效。

二、影响建筑构造的因素

(一)外界环境的影响

1. 外界作用力的影响

作用在建筑物上各种外力统称为荷载,按荷载作用的不同分为恒荷载和活荷载。荷载包括结构自重、风力、地震力和雪的重量以及人、家具和设备自重等,其中如楼板、墙体等荷载大小不变的称为恒荷载,而风力和地震力等荷载称为活荷载。荷载是结构设计的依据,也是进行建筑构造设计非常重要的依据。

2. 自然界的影响

指自然气候如日晒雨淋、风雪冰冻、地下水等因素给建筑物带来的影响,为此必须在相应的建筑部位采取一定的防水、保温、防潮等构造措施,以免影响建筑物的正常使用。

3. 人为因素的影响

指人们从事生产和生活活动所带来的不利因素,如机械振动、火灾、爆炸等,同样也应在构造上给予相应的防护措施。

(二)建筑技术条件的影响

建筑技术是指建筑材料技术、结构技术和施工技术等方面对建筑构造产生的影响。随着建筑业的不断发展,新材料、新技术、新工艺的不断涌现,也同样对建筑构造设计带来很大的影响。

(三)建筑标准的影响

建筑构造的选材、选型和细部做法均应根据建筑标准的高低来确定。一般来讲,大量性建筑多属于一般标准的建筑,构造方法常选用常规做法;而大型性公共建筑的标准相应高一些,构造方法可采用较高标准的做法。

三、建筑构造设计的要求

在进行建筑设计的过程中,始终应贯彻我国"适用、经济、安全、美观"的建筑方针,体现在建筑构造设计上应符合坚固实用、技术先进、经济合理、美观大方的设计要求。

在《建筑工程施工质量验收统一标准》(GB 50300—2001)中,将建筑工程划分成为分部工程、分项工程,以利于建筑施工和工程质量验收。部分建筑工程分部(子分部)工程、分项工程按照表4-1划分。

本章结合分部、分项工程分类,介绍房屋建筑组成部分的构造原理和构造做法。

表4-1　建筑工程分项、分部工程名称

序号	分部工程	子分部工程	分项工程
1	地基与基础	无支护土方	土方开挖、土方回填
		有支护土方	排桩、降水、排水、地下连续墙、锚杆、土钉墙、水泥土桩、钢及混凝土支撑
		地基处理	灰土地基、砂和砂石地基、碎砖三合土地基、土石合成材料地基、粉煤灰地基、重锤夯实地基、强夯地基、振冲地基、砂桩地基、预压地基、高压喷射注浆地基、土和灰土挤密桩地基、注浆地基、水泥粉煤灰碎石桩地基、夯实水泥土桩地基
		桩基	锚杆静压桩及静力压桩、预应力离心管桩、钢筋混凝土预制桩、钢桩、混凝土灌注桩(成孔、钢筋笼、清孔、水下混凝土灌注)
		地下防水	防水混凝土、水泥砂浆防水层、卷材防水层、涂料防水层、金属板防水层、塑料板防水层、细部构造、喷锚支护、复合式衬砌、地下连续墙、盾构法隧道;渗排水、盲沟排水、隧道、坑道排水;预注浆、后注浆;衬砌裂缝注浆
		混凝土基础	模板、钢筋、混凝土、后浇带混凝土、混凝土结构缝处理

续表

序号	分部工程	子分部工程	分项工程
1	地基与基础	砌块基础	砖砌块、混凝土砌块砌体、配筋砌体、石砌体
		劲钢（管）混凝土	劲钢（管）焊接、劲钢（管）与钢筋的连接、混凝土
		钢结构	焊接钢结构、栓接钢结构、钢结构制作、钢结构安装、钢结构涂装
2	主体结构	混凝土结构	模板、钢筋、混凝土、预应力、现浇结构,装配式结构
		劲钢（管）混凝土结构	劲钢（管）焊接、螺栓连接,劲钢（管）与钢筋连接,劲钢（管）制作、安装,混凝土
		砌块结构	砖砌块、混凝土小型空心砌块砌体、石砌体、填充墙砌体、配筋砖砌体
		钢结构	钢结构焊接、紧固件连接、钢零件加工、单层钢结构安装、多层及高层钢结构安装、钢结构涂装、钢构件组装、钢构件预拼装、钢网架结构安装、压型金属板
		木结构	方木和原木结构、胶合木结构、轻型木结构、木构件防护
		网架和索膜结构	网架制作、网架安装、索膜安装、网架防火、防腐涂料
3	建筑装饰装修	地面	整体地面:基层、水泥混凝土地面、水泥砂浆面层、水磨石面层、防油渗面层,水泥钢（铁）屑面层、不发火（防爆）面层; 板块面层:基层、砖面层（陶瓷锦砖、缸砖、陶瓷地砖和水泥花砖面层）、大理石面层和花岗岩面层,预制板块面层（预制水泥混凝土、水磨石板块面层）,料石面层（条石、块石面层）、塑料板面层、活动地板面层、地毯面层; 木竹面层:基层、实木地板面层（条材、块材面层）、实木复合地板面层（条材、块材面层）、中密度（强化）复合地板面层（条材面层）、竹地板面层
		抹灰	一般抹灰、装饰抹灰,清水砌体勾缝
		门窗	木门窗制作与安装,金属门窗安装,塑料门窗安装,特种门窗安装,门窗玻璃安装
		吊顶	暗龙骨吊顶,明龙骨吊顶
		轻质隔墙	板材隔墙、骨架隔墙、活动隔墙、玻璃隔墙
		饰面板（砖）	饰面板安装,饰面砖粘贴
		幕墙	玻璃幕墙、金属幕墙,石材幕墙
		涂饰	水性涂料涂饰、溶剂型涂料涂饰、美术涂饰
		裱糊与软包	裱糊,软包
		细部	橱柜制作与安装,窗帘盒、窗台板和暖气罩制作与安装,门窗套制作与安装,护栏和扶手制作与安装,花饰制作原装
4	建筑屋面	卷材防水屋面	保温层,找平层,卷材防水层,细部构造
		涂膜防水层	保温层,找平层,涂膜防水层,细部构造
		刚性防水层	细石混凝土防水层,密封材料嵌缝,细部构造
		瓦屋面	平瓦屋面,细毡瓦屋面,金属板屋面,细部构造
		隔热屋面	架空屋面,蓄水屋面,种植屋面

第二节 地基与基础

地基与基础工程作为建筑工程的分部工程,包括诸多分项工程,本节主要依照地基、基础概念、基础类型和构造做法等内容进行讲述。

一、地基与基础的关系

(一)地基与基础的概念

地基与基础具有密不可分的联系,但却是两个不同的概念,地基与基础的关系如图4-2所示。基础是建筑物的墙或柱深入土中的扩大部分,属于建筑物组成部分,起着承上传下的作用。地基则是指基础下部承受由基础传递荷载的土(岩石)层,它不属于建筑物。建筑物的总荷载(包括建筑物自重和外加的活荷载)通过基础传给地基,地基因此产生变形。

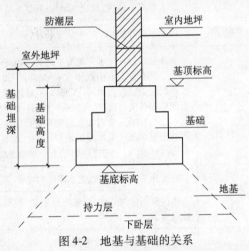

图4-2 地基与基础的关系

(二)地基允许承载力

在房屋建造中,地基土质的好坏对基础影响很大,地基承受荷载是有一定限度的。地基在房屋荷载作用下,单位面积上能承受基础传递荷载的能力,称为地基允许承载力或地耐力。为了房屋的稳定和安全,必须保证基础传给地基的压力不超过地基的允许承载力,在房屋建造之前,应进行工程地质勘察。

地基的承载力一般都比砖、石、混凝土等基础材料的抗压强度低很多,基础下部通常做成逐步加宽的形式,以扩大基础底面与地基的接触面积,减少基础传给地基单位面积上的压力,使其能与地基的承载力相适应。当建筑荷载加大,基础底面积也应相应加大。

(三)天然地基与人工地基

按现行《建筑地基基础设计规范》(GB 50007—2002),天然地基土分为五大类,有岩石、碎石土、沙土、黏性土、人工填土。地基按土层承载力分为天然地基和人工地基两大类。

天然土层具有足够的承载力,不需对土层进行加固,直接在其上建造房屋的地基称为天然地基,如岩石、碎石土。天然土层必须经过人工加固提高土层的承载力之后,才能在其上建造房屋的地基称为人工地基,如淤泥、回填土等。地基加固方法一般采用压实法(夯实或重锤法)、换土法以及桩基等提高地基承载力。

二、地基与基础的设计要求

基础应有足够的强度承受建筑物的全部荷载,地基应具有良好的稳定性,保证建筑物在建造和使用中均匀沉降。其次,基础材料、基础形式等应与建筑整体的耐久等级相适应,防止基础提前破坏。再者,基础的工程量、造价比重份额一般占总造价的 10% ～ 35% ,应选择合理的基础形式及恰当的构造方案,以降低基础工程造价。

三、基础的埋置深度

建筑物室外设计地坪至基础底面的垂直距离称为埋置深度,简称埋深(图 4-2)。基础的埋深对建筑物的耐久年限、工期、造价和施工技术等都产生很大的影响,既要保证建筑物的坚固耐久、又要降低造价加快施工工期,宜选择合理适宜的埋置深度。基础宜浅埋,但埋深应不小于 500mm。

(一)地基土层对埋置深度的影响

地基通常由若干种土层组成,各土层的承载能力有可能各不相同,一般情况下,基础底面应坐落在坚实可靠的土层上,避免设置在耕植土或淤泥等软弱土层之上。图 4-3 所示为不同的地基土层分布与埋深的关系。土层的好坏是相对的,对于荷载较小的房屋可能是承载力高的坚硬土层,而对于荷载较大的房屋,却认为是不能满足承载力要求的软弱土层。

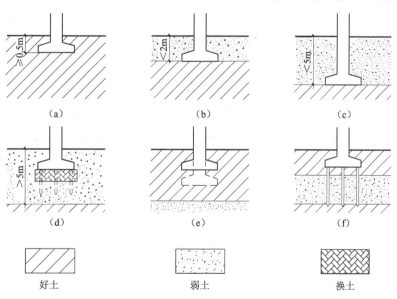

图 4-3　基础埋深与土层的关系

(二)地下水位对埋置深度的影响

地下水对地基土层影响较大,含有侵蚀性的地下水会对基础产生破坏作用。基础在地下水位以下施工,还应采取可靠的防水措施,所以基础应尽可能埋在地下水位以上(图4-4a)。

地下水位一般随季节的变换而涨落,有最高地下水位和最低地下水位之分。地下水位高,基础无法埋在地下水位以上时,应将基础底面埋在最低地下水位以下 200mm 处,如图 4-4(b)所示。切记不应使基础底面处于地下水位变化范围之内。基础材料应选用石材、混凝土等耐水材料。

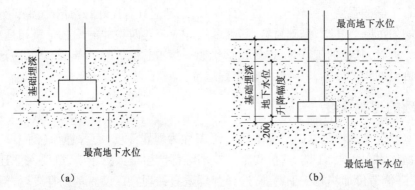

（a）　　　　　　　　　　（b）

图 4-4　地下水位与基础埋深

（三）土壤冻结深度对埋置深度的影响

冬季土壤冻结与不冻结的分界线称为冰冻线。室外设计地坪到冰冻线的距离称为冻结深度,是土壤冻结的最大深度,同时也是冻结和解冻现象交替出现,对基础产生影响的土层。土冻结以后是否对建筑物产生不利影响,主要看土冻结后是否产生冻胀现象。按照土壤的冻胀程度将土分为不冻胀土、弱冻胀土、冻胀土和强冻胀土四类,对于冻胀土和强冻胀土基础底面应埋在冻结深度以下 200mm 处。

（四）相邻建筑物的基础埋深

新建房屋和原有房屋基础的埋深必须考虑两基础之间的相互影响。一般情况下,新建房屋的基础埋深不宜深于原有房屋基础。而由于建筑荷载和地基土质因素的影响必须深于原有建筑基础埋深时,两基础之间应保持一定的距离或采取一定措施加以处理。图 4-5 所示为相邻建筑物基础的埋深,L 应根据原有建筑荷载大小、基础形式、土质情况等进行确定。也可在此设置沉降缝,新建建筑采用悬挑基础形式。

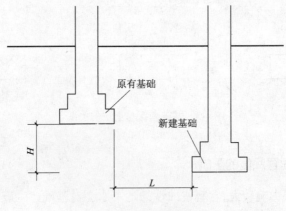

图 4-5　相邻建筑基础的埋深

为了保护基础,基础顶面应低于室外地坪至少100mm,以免基础外露。确定基础埋深必须全面考虑上述各方面因素的影响。基础既要坚固耐久,又要降低造价、方便施工。

四、基础的类型和构造

(一)基础的类型

1. 按材料性能分类

按材料性能基础分为刚性基础和柔性基础。常用的砖、毛石、灰土、混凝土基础等都属于刚性基础,钢筋混凝土基础为柔性基础。刚性基础因材料性能关系受刚性角限制(图4-6),其台阶的宽高比容许值不能超过表4-2中的规定。刚性基础常用于地基承载力较好、压缩性较小的中小型民用建筑。

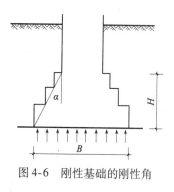

图4-6 刚性基础的刚性角

表4-2 刚性基础台阶宽高比的允许值

基础材料	质 量 要 求		台阶宽高比的允许值		
			$P \leqslant 100$	$100 < P \leqslant 200$	$200 < P \leqslant 300$
混凝土基础	C10 混凝土		1:1.00	1:1.00	1:1.25
	C7.5 混凝土		1:1.00	1:1.25	1:1.50
毛石混凝土基础	C7.5 ~ C10 混凝土			1:1.25	1:1.50
毛石基础	M2.5 ~ M5 砂浆		1:1.25	1:1.50	
砖基础	砖不低于 MU7.5	M5 砂浆	1:1.5		
		M2.5 砂浆	1:1.5		
灰土基础	体积比为 3:7 或 2:8 的灰土,其最小干密度: 黏土:1.45t/m^3; 粉土:1.55t/m^3; 粉质黏土:1.50t/m^3		1:1.25	1:1.50	
三合土基础	体积比 1:2:4 ~ 1:3:6(石灰:砂:集料),每层约虚铺220mm,夯至150mm		1:1.50	1:2.00	

注:P 为基础底面外的平均压力,单位为 kPa(kN/m^2)。

2. 按构造类型分类

按构造类型基础分为条形基础、独立基础、联合基础(图4-7)。联合基础类型较多,有柱下条形基础、井格基础、浮筏基础、箱形基础等,联合基础可跨越软弱地基,适用于土质较差、土质不均匀且建筑荷载大等场地。连续墙体的基础常采用条形基础,墙下条形基础由垫层、大放脚组成,图4-7(d)所示即为砖砌条形基础。

(二)基础构造

1. 砖基础

目前,砖基础可采用灰砂砖等材料,用混合砂浆或水泥砂浆砌筑而成。砖基础价格低廉、施工简便,适合多层建筑物选用。基础的大放脚做法可采用等高退台或间隔退台,等高式也叫两皮一收,即每砌筑两皮砖收进60mm;间隔式也叫二一间收,即两皮一收和一皮一收交替,均收进60mm。但在间隔式中,大放脚的底部应采用两皮砖砌筑。图4-8所示为砖砌基础大放脚构造的两种做法。

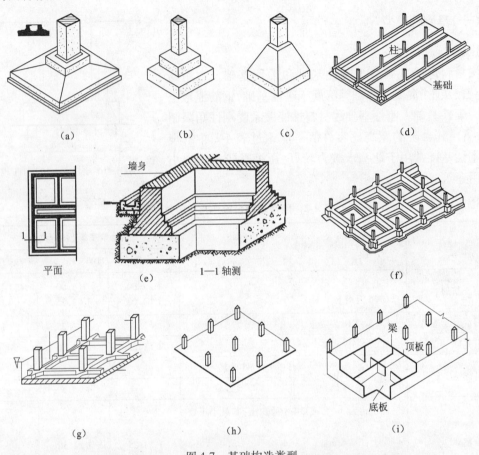

图 4-7　基础构造类型

(a)杯形独立基础;(b)阶梯形独立基础;(c)锥形独立基础;
(d)联合基础-柱下条形基础;(e)条形基础;(f)联合基础-井格基础;
(g)联合基础-浮筏基础;(h)联合基础-板式基础;(i)联合基础-箱形基础

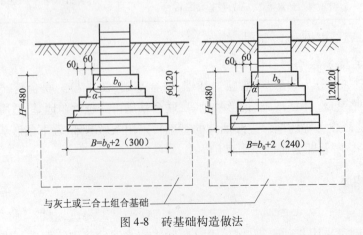

图 4-8　砖基础构造做法

地下水位较低或中小型建筑的基础,可在基础下面设置灰土垫层。灰土垫层常采用三七灰土,是石灰和黏土按3∶7的体积比加适量水掺对而成的。灰土虚铺220mm,夯实厚度150mm称为一步,基础下可做一步、两步垫层等。当基础埋深不同时,基础应做成踏步形缓慢过渡,踏步高不大于500mm、踏步长不小于2倍踏步高。

2. 毛石基础

毛石基础是天然石材经粗略加工后砌筑而成的基础,是山区建造房屋常采用的基础形式。毛石粒径一般不小于300mm,毛石基础的断面为矩形或阶梯形,具体构造如图4-9所示。

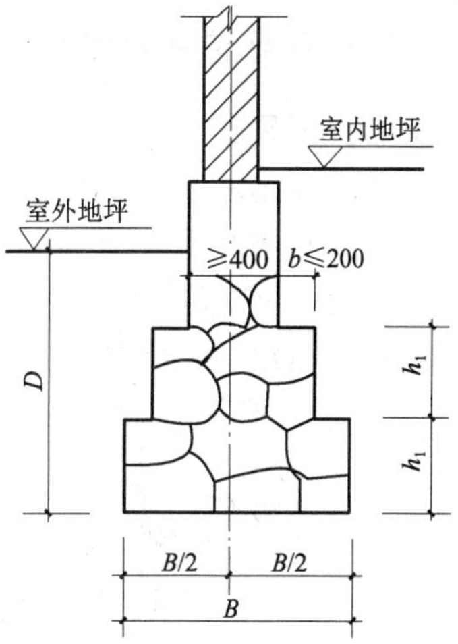

3. 混凝土基础

图4-9　毛石基础

混凝土基础坚固耐久、防水抗冻,适用于地下水位较高或有冰冻情况的建筑物。按基础断面高度的不同一般有矩形、阶梯形和梯形等形式,如图4-10所示。

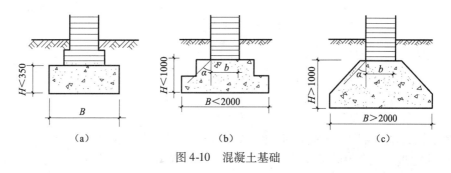

図4-10　混凝土基础

4. 钢筋混凝土基础

钢筋混凝土基础具有强度高、埋深浅、土方量小的特点,但造价比其他基础高。钢筋混凝土基础也称柔性基础,图4-11所示为钢筋混凝土基础示意图。

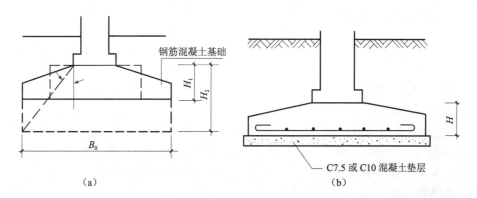

图4-11　钢筋混凝土基础示意图
(a)混凝土基础与钢筋混凝土基础比较;(b)钢筋混凝土基础配筋

五、管道穿越基础的处理

在供热通风、给水排水等工程中,都有各种管道需穿越建筑物的墙体、楼板等构件。管道穿墙特别是穿越基础时,必须做好保护及防水措施,否则会出现建筑物下沉,使管道变形或在结合部位出现渗水现象,影响建筑物的正常使用。依据墙体受力大小管道穿越有固定式和活动式两种,活动式又有刚性和柔性之分。管道穿越基础或基础墙部位时,必须预留洞口,考虑建筑物沉降量设置洞口大小,如图4-12所示。

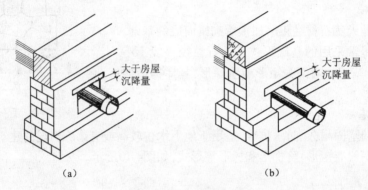

图4-12　管道穿越基础
(a)墙基开洞;(b)局部基础降低,墙基开洞

第三节　墙　　体

墙体是组成建筑空间的竖向构件,上承屋顶,中承楼板,下接基础,是建筑物的重要组成部分。墙体对建筑物的使用、建筑造型、总重和成本等影响极大,墙体造价占建筑总造价的30%～40%,自重占建筑总重的40%～50%。砖石作为墙体材料由来已久,砖石工程是分部工程——主体工程的分项工程。在《建筑工程质量检验评定标准》(GBJ 301—88)中,墙体是作为砖石工程(分项工程)进行质量评定的。

一、墙体的类型、作用和设计要求

(一)墙体的类型

(1)按墙体所在位置有内墙和外墙之分。内墙是位于房屋内部的墙体,外墙是位于房屋四周与外界接触的墙体。

(2)按墙体布置方向有纵墙、横墙之分。纵墙是沿建筑物长轴方向的墙体,横墙是垂直于建筑物长轴方向的墙体。外纵墙也称为檐墙,有前檐墙和后檐墙之分。两端的横墙也称为山墙或端墙。此外,依据墙体与门窗的位置关系,平面窗洞口之间的墙体称为窗间墙,立面窗洞口之间的墙体称为窗下墙。

(3)按墙体受力有承重和非承重墙之分。承重墙是直接承受梁、板、屋架等上部荷载的墙体。非承重墙是不承受上部荷载的墙体,又有自承重墙和隔墙之分。自承重墙是仅承受自身重量的墙体,墙体下应设基础。隔墙是自身重量由梁或楼板承担,仅起分隔空间作用的墙体,底层隔墙不必做基础,但应考虑防冻涨要求。图4-13所示为墙体的名称。

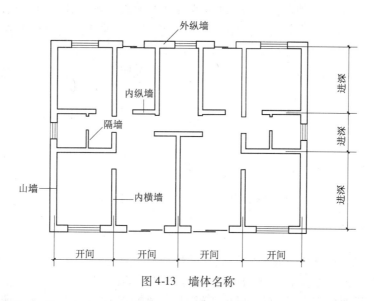

图 4-13　墙体名称

此外框架结构中,位于框架梁、柱之间的墙体,仅起围护和分隔作用,称为填充墙。填充墙不承受任何荷载。支承或悬挂在骨架上的外墙称为幕墙。

（4）按材料分有砖墙、石墙、土墙、混凝土墙、砌块墙和板材墙等。

（5）按构造方式有实体墙、空体墙和组合墙。

实体墙是一种材料砌筑的墙体,如普通砖墙、石墙等。空体墙一般是空心砌块砌筑的,组合墙是由两种以上材料组合而成。国家大力推行建筑节能,组合墙体的使用范围越来越广。其构造如图 4-14 所示。

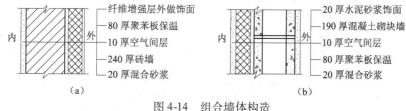

图 4-14　组合墙体构造

（二）墙体的作用

概括地说,墙体的作用有四点,即承重、围护、支撑和分隔。在承重墙结构中,墙体承受由屋顶、楼板等水平构件传来的垂直荷载及风力、地震力,墙体具有承重作用。墙体抵御自然界风霜雨雪的侵袭,防止太阳辐射和噪声干扰,保温、隔热、隔声,具有围护作用。墙体与楼板、屋顶互为支撑,起加强房屋整体稳定作用。墙体可根据使用需要分隔室内空间,具有分隔作用。

（三）墙体的设计要求

（1）墙体应具有足够的强度和稳定性,以保证房屋结构安全。强度取决于砌块、砂浆的强度和砌筑质量。稳定性由墙体高厚比、长细比控制,必要时增设构造柱、壁柱等提高墙体稳定性的强度。

（2）墙体应具有良好的保温、隔热、隔声等性能。通过增加墙体厚度、选用导热系数小的材料以及改善围护结构的构造做法,提高墙体的保温性能。采用密实容重大或空心、多孔的墙体材料并内外抹灰提高隔声性能。

（3）要满足防火、防水、防潮等要求。墙体材料应符合现行《建筑设计防火规范》（GB 50016—2006）要求。

（4）满足经济要求。合理选择墙体材料和构造方式,以减轻自重、提高功能,降低造价和能源消耗,减少环境污染。

二、墙体结构布置方案

结构布置是指梁、板、墙、柱等结构构件在房屋中的总体布局。

（一）横墙承重方案

横墙承重就是将楼板、屋面板的荷载直接传递到横墙上,荷载均由横墙承受,纵墙只起增强房屋刚度、围护和承受自重的作用。横墙承重,在纵墙上开窗较为灵活。横墙间距即为房屋开间,房间面积不大,平面布局也不够灵活,在村镇住宅、宿舍、办公建筑中较常采用（图4-15a）。

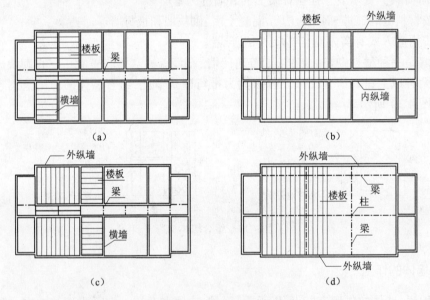

图4-15　墙体结构布置方案
(a)横墙承重方案;(b)纵墙承重方案;(c)纵横墙承重方案;(d)内柱外墙承重方案

（二）纵墙承重方案

纵墙承重就是将楼板、屋面板荷载直接传递到纵墙上,荷载均由纵墙承受。横墙只是为分隔建筑空间所必须设置的,横墙数量相对较少,整体刚度较差。纵墙是承重墙,开设门、窗的大小和位置受一定限制。纵墙间距即为房屋进深,房间面积较大,平面布局较为灵活,教学楼、办公楼常采用本方案(图4-15b)。

（三）纵横墙承重方案

由纵墙和横墙共同承受楼板、屋顶荷载的结构布置方案。平面布置更为灵活,适用于房间变化较大的建筑,如医院、办公楼等(图4-15c)。

（四）内柱外墙承重方案

墙体、钢筋混凝土梁柱组成内框架,共同承受楼板和屋顶荷载。也可称为半框架,适用于室内空间要求较大的建筑,如餐厅、商店等公共建筑(图4-15d)。

三、墙体构造

（一）砖墙材料

砖墙材料包括砖和砂浆两种材料,砖和砂浆经砌筑成为砖砌体。

1. 砖

砖是我国传统建筑材料,种类很多。普通黏土砖规格尺寸为240mm×115mm×53mm,空心砖的规格尺寸各地不一,常见的有240mm×115mm×90mm,190mm×190mm×90mm 等规格。

烧结普通砖、承重黏土空心砖的强度等级有6级:MU30,MU25,MU20,MU15,MU10,MU7.5。

普通砖就地取材,制作简便,有一定承载能力和抗冻、保温、隔热、隔声、防火等功用。缺点是毁坏农田,不利于机械化施工并与现行模数也不协调,目前采用承重黏土空心砖、灰砂砖等材料建造房屋。

2. 砂浆

砂浆是由胶结材料、水以及细集料组成。按砂浆用途不同,又分为砌筑砂浆、抹面砂浆、装饰砂浆和防水砂浆。

砌筑砂浆常用的有水泥砂浆(水泥、砂)、混合砂浆(水泥、石灰、砂)、石灰砂浆(石灰、砂)三种。水泥砂浆适合砌筑基础和潮湿环境的墙体。混合砂浆用于砌筑地面以上的墙体,应用最为广泛。

砂浆在墙体中的作用是保证传力均匀,提高防寒、隔热、隔声能力。砂浆的强度等级分为七级:M15,M10,M7.5,M5,M2.5,M1,M0.4。

（二）砖墙尺度

砖墙尺度是指墙体厚度和墙段两个方向的尺寸。

普通黏土砖的规格尺寸为240mm×115mm×53mm,砖的长、宽、高各加上灰缝,构成了三个方位的比例关系:(240+10):(115+10):(53+10)=4:2:1。

按黏土空心砖的尺寸规格,240mm×115mm×90mm,高度方向加灰缝为100mm,符合现行建筑模数,方便度量高度尺寸。

1. 墙体厚度

墙体厚度有半砖墙、3/4砖墙、一砖墙、一砖半墙、两砖墙等。其墙体断面、标志尺寸、习惯称谓等见表4-3。

表 4-3　砖墙厚度的组成（mm）

尺寸组成	115×1	115×1+53+10	115×2+10	115×3+20	115×4+30
构造尺寸	115	178	240	365	490
标志尺寸	120	180	240	370	490
工程称谓	一二墙	一八墙	二四墙	三七墙	四九墙
习惯称谓	半砖墙	3/4砖墙	一砖墙	一砖半墙	两砖墙

2. 墙段尺寸

墙段长度以半砖加灰缝（115＋10）为递增基数，当墙段尺寸小于 1500mm 时，尽量使墙段尺寸符合砖模，避免砍砖过多。图 4-16 所示为墙段长度和洞口宽度计算方法。

3. 砖墙高度

按普通黏土砖尺寸，砖墙的高度应为 53＋10＝63mm 的整倍数，一块砖厚称为一皮。1m 高的砖墙需砌筑 15.5 皮砖，1m³ 墙体需 512 块砖砌筑。而对于黏土空心砖墙体，墙体的高度应为 90＋10＝100mm 的整倍数，1m 高的墙体只需砌筑 10 皮砖。

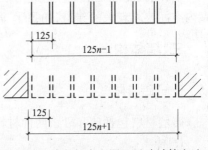

图 4-16　墙段长度和洞口尺寸计算方法

（三）砖墙组砌方式

砖墙组砌要求砂浆饱满、砖缝横平竖直、错缝搭接、避免通缝、厚度均匀，如图 4-17 所示。

1. 黏土砖墙的组砌方式

黏土砖墙的组砌方式如图 4-18 所示。

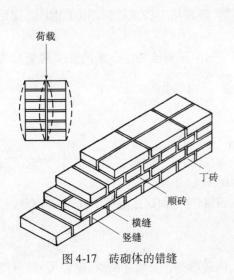

图 4-17　砖砌体的错缝

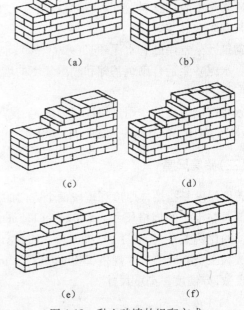

图 4-18　黏土砖墙的组砌方式
(a)一顺一丁(24墙)；(b)多顺一丁(24墙)；(c)十字式(24墙)；
(d)一顺一丁(37墙)；(e)全顺式(12墙)；(f)18墙砌法

2. 石墙

在产石的山区,房屋建筑常利用天然石料砌筑墙体。所用石材应是质地坚硬、未经风化的天然石料,可以是加工的或未加工过的毛石、片石,用水泥砂浆、混合砂浆砌筑成为石墙。一般用于平房的围护墙或承重墙,也可用作窗台以下的墙体。石墙砌筑同样应满足错缝搭接、灰缝饱满等要求,以保证石墙的强度和稳定性。

（1）乱石墙

乱石墙是用大小不等、形状不一,未经琢凿的石块砌筑而成,墙面凹凸不平。种类有片石墙、虎皮石墙、块石墙等(图4-19),乱石长边尺寸不小于墙厚的2/3,短边不小于墙厚的1/3,厚度为200～250mm。石块有座面和照面之分。

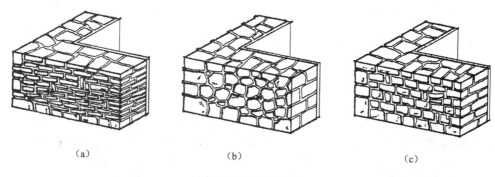

图4-19 乱石墙形式
（a）片石墙;（b）虎皮石墙;（c）块石墙

（2）整石墙

整石墙也称料石墙,系经加工外形规则的石块砌筑,长边600～1200mm,宽为200～600mm,高为150～400mm。墙厚为250～400mm,灰缝厚度为3～6mm。图4-20(a)为采用大小相同的石块、灰缝有规则布置的整石墙;图4-20(b)为采用大小不同的石块、灰缝不规则布置的整石墙。

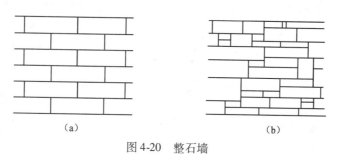

图4-20 整石墙

（四）砖墙细部构造

墙身细部构造包括墙脚(墙身防潮层、勒脚、散水)、墙身(过梁、窗台、圈梁)、檐口构造等(图4-21)。

1. 墙身防潮层

墙身防潮层的作用是阻止土壤水分侵入墙体内部,图4-22所示为墙体受到土壤潮气及地面雨水等的影响。水平防潮层的位置和地面垫层材料有关。当垫层采用非透水材料时,低于室内地坪60mm处;当垫层采用透水材料时,高于室内地坪60mm处;而当内墙两侧的室内地面有高差时,应在墙身上设置高低两道水平防潮层,并应在墙体接触土壤一侧设置垂直防潮层。图4-23所示为防潮层位置,图4-24所示为防潮层常用构造做法。此外,地震设防区不宜采用油毡防潮;设有基础圈梁时,且基础圈梁设在防潮层位置处,墙体可不另做防潮处理。

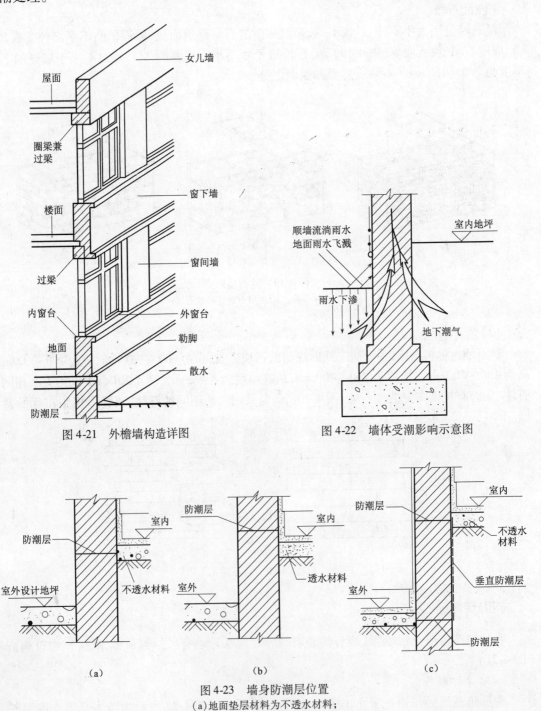

图4-21　外檐墙构造详图

图4-22　墙体受潮影响示意图

图4-23　墙身防潮层位置
(a)地面垫层材料为不透水材料;
(b)地面垫层材料为透水材料;(c)室内地面有高差

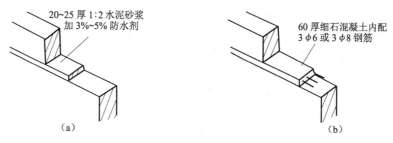

图 4-24　墙身防潮层做法
(a)防水砂浆防潮;(b)细石混凝土防潮

2. 散水

为了防止雨水对墙基的侵蚀,常在外墙四周将地面做成向外倾斜的坡面。为迅速排除雨水而设的构造就称之为散水。散水宽度一般为 600 ~ 1000mm,并要求比无组织排水挑檐宽200mm。散水做法常采用混凝土散水,图 4-25 所示为散水和明沟构造。

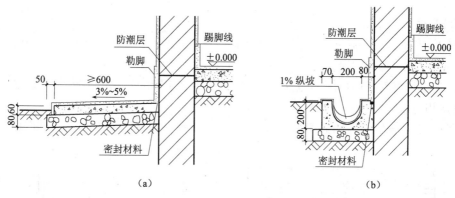

图 4-25　散水和明沟构造
(a)散水构造;(b)明沟构造

3. 勒脚

外墙与室外地坪接触的部分称勒脚,如图 4-21 所示。

勒脚高度应距室外地坪 500mm 以上,同时还应兼顾建筑立面效果,可以做至窗台或更高。外墙全部做抹灰或贴面,就不必对勒脚再行加固处理。图 4-26 所示为勒脚构造与常用做法。

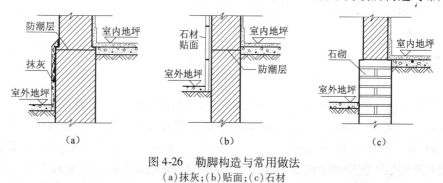

图 4-26　勒脚构造与常用做法
(a)抹灰;(b)贴面;(c)石材

4. 窗台

窗台的作用是将顺窗流下的雨水排除,防止污染墙面、影响建筑美观和正常使用。窗台长度可根据立面设计而定,可做单一窗台,也可若干窗的联合窗台或通长窗台。

外窗台构造做法一般有三点要求:挑出墙面60mm,向外倾斜,抹滴水线。外墙面全部做饰面装修,外窗台也有不挑出的做法。内窗台考虑摆放物品可以挑出,常采用水磨石窗台板。在走廊、楼梯等交通频繁处,内窗台挑出占据室内有效空间,妨碍家具搬运和人流通行,此时可不挑出。图4-27所示为窗台构造。

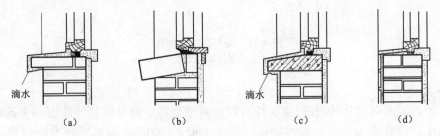

图4-27　窗台构造
(a)外挑砖砌窗台;(b)外挑砖砌窗台;(c)预制钢筋混凝土窗台;(d)不外挑砖砌窗台

5. 门窗过梁

过梁是用来支承门窗洞口上部砌体和楼板层荷载的构件。常用的做法有三种:砖砌平拱过梁、钢筋砖过梁、钢筋混凝土过梁。

砖砌平拱过梁是我国传统的过梁做法,洞口跨度在1200mm以内。砖拱过梁也有采用弧拱的,跨度相对较大。

钢筋砖过梁是在平砌的砖缝中配置适量钢筋,要求半砖一根但至少应配置两根钢筋(图4-28)。

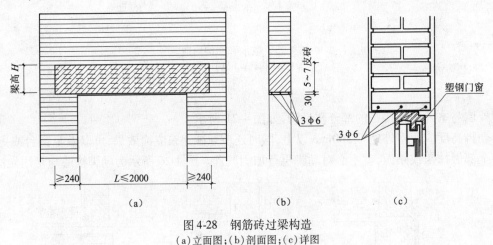

图4-28　钢筋砖过梁构造
(a)立面图;(b)剖面图;(c)详图

钢筋混凝土过梁坚固耐久,一般采用预制装配,也可现浇使用。预制钢筋混凝土过梁能加快施工进度,工程中应用极为广泛。在砖砌体中,过梁的高度、宽度应和砖模一致,高度为60mm的整倍数,尺寸分别为60mm,120mm,180mm,240mm等;若为黏土空心砖,高度为100mm或其整倍数。宽度可等同墙厚或小于墙厚。过梁长度为洞口尺寸加上480mm。对尺寸较大的过梁可使用组合过梁,分为若干块,便于现场进行组装。图4-29所示为钢筋混凝土过梁构造。在围护结构中,钢筋混凝土梁、柱的导热系数大,应对过梁进行保温处理,避免热桥造成热损失,以符合建筑节能要求。

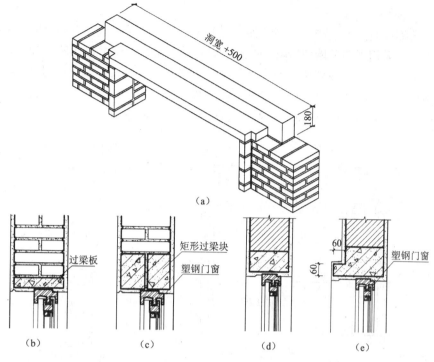

图 4-29　钢筋混凝土过梁构造

6. 门垛和壁柱

在墙体上开设门洞一般应设门垛,特别是在墙体转折处或丁字墙处,用以保证墙身稳定和门框安装。当墙体受到集中荷载或墙体过长,如 240mm 厚墙体,墙长超过 6m 时应增设壁柱,使之和墙体共同承担荷载,稳定墙身(图 4-30)。

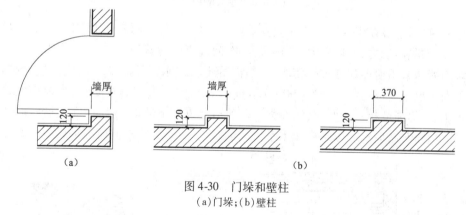

图 4-30　门垛和壁柱
(a)门垛;(b)壁柱

四、隔墙与隔断

(一)隔墙

隔墙是用来分隔建筑物室内空间的非承重构件,它不承受任何外来荷载,其本身的重量由楼板或小梁承担,设计时应使其自重轻、厚度薄、易拆装,并具有一定的隔声、防水、防潮能力,常见的隔墙有块材砌筑隔墙、轻骨架隔墙和板材隔墙。

1. 块材砌筑隔墙

块材砌筑隔墙是用普通砖、空心砖、加气混凝土等块材砌筑而成,有砖隔墙和砌块隔墙。

砖隔墙一般采用半砖隔墙,其构造如图4-31所示。半砖隔墙用普通砖顺砌,常采用 M2.5 级以上砂浆砌筑。当墙体高度超过5m时应进行加固,一般沿墙高 500mm 设 2 根 $\phi6$ 拉结钢筋。隔墙顶部与楼板交接处可采用斜砖挤砌或木楔塞紧,以填塞墙与楼板间的空隙。半砖隔墙也可采用黏土空心砖砌筑,构造做法基本相同。

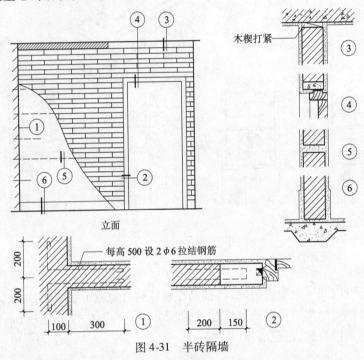

图 4-31　半砖隔墙

承重墙、自承重墙在砌筑时均应在设置隔墙处留槎,以保证两者连接牢固。半砖隔墙坚固耐久,有一定的隔声能力,但自重大,现场湿作业多,施工较为繁琐。

砌块隔墙常采用粉煤灰硅酸盐砌块、加气混凝土块或水泥炉渣空心砌块等进行砌筑。隔墙厚度由砌块尺寸规格而定,一般为 90～120mm。砌块性能大多具有质轻、孔隙率大、隔热性能较好等优点,但强度相对较低,吸水性强。砌筑时在隔墙下部首先砌 3～5 皮砖;砌块隔墙厚度较薄,稳定性较差,应沿墙体高度和水平方向配以拉结钢筋,方法同砖隔墙(图4-32)。

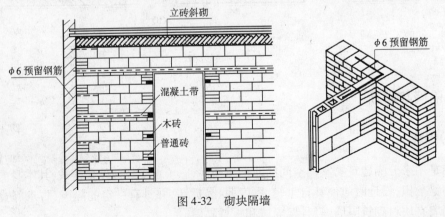

图 4-32　砌块隔墙

砌筑隔墙构造要点主要是注意隔墙顶部和楼板的交接;隔墙底部与楼(地)板层的交接及增强墙体稳定性的拉结措施。

2. 轻骨架隔墙

轻骨架隔墙有木筋骨架隔墙和轻钢骨架隔墙两类。

(1)木筋骨架隔墙

常见的有灰板条隔墙、装饰板隔墙等。木筋骨架隔墙自重轻、构造简单,构造包括骨架和饰面两部分。木骨架由上槛、下槛、墙筋、斜撑和横挡等构成,墙筋依靠上、下槛固定。隔墙饰面系在木骨架上铺饰各种饰面材料,包括灰板条抹灰(图4-33)、装饰吸声板、钙塑板、纸面石膏板、水泥石膏板等。

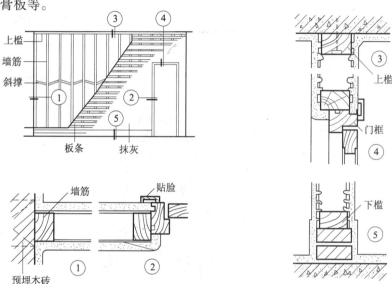

图4-33 木筋骨架板条隔墙构造

(2)轻钢骨架隔墙

轻钢骨架隔墙是在金属骨架上铺钉面板而成。

骨架由各种形式的薄壁型钢加工而成(图4-34),骨架同样包括上槛、下槛、墙筋和横挡。面板多为胶合板、纤维板、石膏板和石棉水泥板等难燃或不燃材料,面板靠镀锌螺钉、自攻螺钉、膨胀螺栓、膨胀铆钉或金属夹子固牢在骨架上。

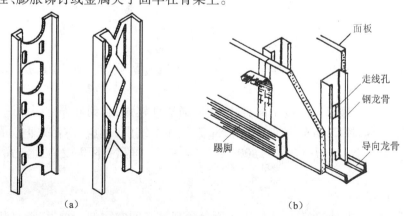

图4-34 薄壁轻钢骨架
(a)薄壁轻钢骨架形式;(b)薄壁轻钢骨架隔墙构造示意

3. 板材隔墙

板材隔墙是指单板高度相当于房间净高,板面积相对较大,且并不依赖于骨架直接装配而成。板材一般采用各种轻质材料制成预制薄型板材。

常见的板材有加气混凝土条板、增强石膏空心条板、碳化石灰板、石膏珍珠岩板以及各种复合板等。板材厚度依各种条板采用材料的不同,有所差异。比如,条板一般长2700～3000mm,宽500～800mm,而厚度则从90mm到120mm不等。板材主要靠各种粘结砂浆或胶粘剂进行粘结,待安装完毕,再在其表面进行装饰。图4-35所示为碳化石灰板隔墙构造,图4-36所示为增强石膏空心条板隔墙构造。

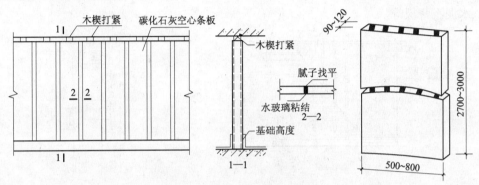

图4-35 碳化石灰板隔墙构造

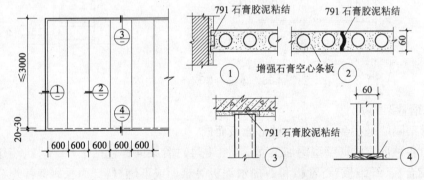

图4-36 增强石膏空心条板隔墙构造

(二)隔断

隔断是指分隔室内空间的装饰构件,常见的有屏风式隔断、漏空式隔断、玻璃隔断等。

1. 屏风式隔断

屏风式隔断与顶棚保持一段距离,使空间的通透性较强,起到分隔空间和遮挡视线的作用。常用于办公室、餐厅、展览馆以及门诊部等公共建筑中,厕所、淋浴之间分隔时也可采用这种形式。隔断高一般为1200～1800mm(图4-37)。屏风式隔断又有固定式和活动式两种。

2. 镂空式隔断

镂空式隔断是公共建筑门厅、大厅等场所分隔建筑空间常用的一种形式,材料可选用竹、木、钢或混凝土等(图4-38)。

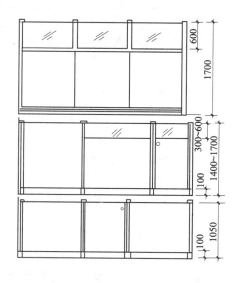
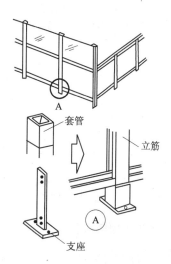

图 4-37　屏风式隔断

图 4-38　镂空式隔断

3. 玻璃隔断

玻璃隔断一般做玻璃砖隔断,采用玻璃砖砌筑而成,既分隔空间,又透射光线,常用于公共建筑的接待室、会议室等处。

五、墙面装修

墙面装修属于装饰分部工程中的主要内容,包括外墙面装修和内墙面装修两种类型。

外墙面装修的作用主要是保护墙体,弥补、改善墙体在功能方面的不足;提高墙体防潮、防风化、保温、隔热以及耐大气污染的能力,延长建筑物的使用寿命;同时饰面材料的色彩、质感、装饰线条等能增强建筑物的艺术感染力。

内墙面装修的主要作用在于保护墙体,改善室内卫生条件,增加室内空间的美观,同时还应考虑防潮、防水、防尘、防腐蚀等方面的要求。

由于材料和施工方式的不同,常见的墙面装修可分为抹灰类、贴面类、涂料类、裱糊类和铺钉类五种,如表 4-4 所示。

表 4-4　墙面装修分类

类　别	外　墙　面　装　修	内　墙　面　装　修
抹灰类	水泥砂浆、混合砂浆、聚合物水泥砂浆、拉毛、水刷石、干粘石、拉假石、斩假石、假面砖、喷涂、滚涂等	纸筋灰、麻刀灰粉面、石膏粉面、膨胀珍珠岩灰浆、混合砂浆、拉毛、拉条等
贴面类	外墙面砖、陶瓷锦砖(马赛克)、玻璃锦砖、水磨石板、天然石板等	釉面砖、人造石板、天然石板等
涂料类	石灰浆、水泥浆、溶剂型涂料、乳液涂料、彩色胶砂涂料、彩色弹涂料等	大白浆、石灰浆、油漆、乳胶漆、水溶性涂料、彩色弹涂等
裱糊类		塑料墙纸、金属面墙纸、木纹壁纸、花纹玻璃纤维布、纺织面墙纸及锦缎等
铺钉类	各种金属饰面板、石棉水泥板、玻璃	各种木夹板、木纤维板、石膏板及各种装饰面板等

(一)抹灰类墙面装修

抹灰又称粉刷,是水泥、石灰膏等胶结材料加入砂或石渣,再加水拌成砂浆或石渣浆抹到墙面上的施工工艺,分一般抹灰和装饰抹灰。抹灰类墙面装修属湿作业范畴,是较为传统的墙面装修做法之一。

墙面抹灰有一定的厚度,外墙一般为 20~25mm,内墙一般为 15~20mm。为保证抹灰质量,避免脱落、开裂,施工时应分层操作,每层不宜抹得太厚。常见的外墙抹灰分为三层,即底层(又叫刮糙)、中层和面层(又叫罩面)。图 4-39 所示为外墙抹灰分层示意图。

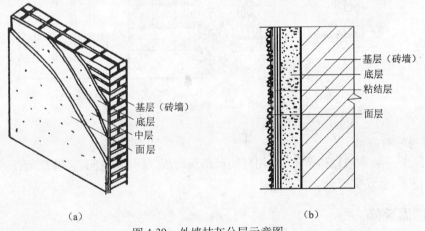

(a)　　　　　　　　　　(b)

图 4-39　外墙抹灰分层示意图

底层主要起粘结和初步找平作用;中层主要起进一步找平并弥补底层开裂;面层的主要作用是使表面光洁、美观,以求得良好的装饰效果。

抹灰按质量要求有三种标准,即:

(1)普通抹灰。一层底灰,一层面灰;

(2)中级抹灰。一层底灰,一层中灰,一层面灰;

(3)高级抹灰。一层底灰,数层中灰,一层面灰。

一般抹灰常用的有石灰砂浆、水泥砂浆、混合砂浆、纸筋石灰浆、麻刀石灰浆等抹灰构造。装饰抹灰常见的有水刷石、水磨石、干粘石、斩假石等类型。常见的抹灰装修构造,包括分层厚度、用料比例以及适用范围等如表4-5所示。

表4-5　常用抹灰做法举例

抹灰名称	构　造　及　材　料　配　合　比	适　用　范　围
纸筋灰或麻刀灰	12~17厚1:2~1:2.5石灰砂浆(加草筋)打底,2~3厚纸筋(麻刀)灰粉面	普通内墙抹灰
混合砂浆	12~15厚1:1:6(水泥:石灰膏:砂)混合砂浆打底,5~10厚1:1:6(水泥:石灰膏:砂)混合砂浆粉面	外墙、内墙均可
水泥砂浆	15厚1:3水泥砂浆打底,10厚1:2~1:2.5水泥砂浆粉面	多用于外墙或内墙受潮侵蚀部位
水刷石	15厚1:3水泥砂浆打底,10厚1:1.2~1:1.4水泥砂浆粉面	用于外墙
干粘石	10~12厚1:3水泥砂浆打底,7~8厚1:0.5:2、外加5%107胶的混合砂浆粘结层	用于外墙
斩假石	15厚1:3水泥砂浆打底;刷素水泥浆一道;8~10厚水泥石渣粉面;用剁斧斩去表面水泥浆或石尖部分,使其显出凿纹	用于外墙或局部内墙
水磨石	15厚1:3水泥砂浆打底,10厚1:1:1.5水泥石渣粉面、磨光、打蜡	多用于室内潮湿部位

　　外墙面抹灰饰面中,考虑立面比例划分、施工接茬以及日后维修更新等因素,按设计要求在饰面前对墙面进行分格,构造如图4-40所示。

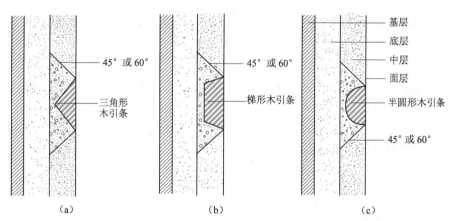

图4-40　木引条构造做法
(a)三角形木引条做法;(b)梯形木引条做法;(c)半圆形木引条做法

　　清水砖墙,是在墙体外表面不做任何饰面装修的墙体上,为防止灰缝不饱满而可能引起的空气渗透和雨水渗入,对砖缝进行勾缝处理,可用1:1水泥砂浆勾缝或用砌筑砂浆勾缝。

（二）贴面类墙面装修

　　贴面类装修是指采用各种人造板材和天然石板粘贴于墙面的一种饰面装修做法。贴面材料常用的有陶瓷砖、陶瓷锦砖及玻璃锦砖制品、花岗岩、大理石板等天然石板以及预制水磨石板。质感细腻的瓷砖、大理石板常用作室内装修,而外墙面砖、花岗岩常用于室外装修。

瓷砖是一种表面挂釉的饰面材料,俗称瓷片,有白色和其他多种颜色,并有各种花纹图案,多用于内墙面装修。

面砖有釉面砖、无釉面砖两种。釉面砖色彩艳丽、装饰性强,有白色、彩色及各种装饰釉面砖,主要用于高级建筑内外墙面以及厨房、卫生间的墙裙贴面;无釉面砖也称外墙面砖,强度高、质地坚硬,主要用作外墙面装修。

瓷砖和面砖贴面构造如图 4-41 所示。

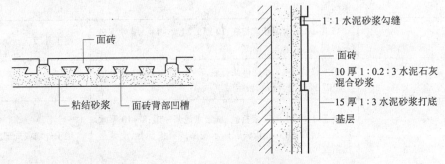

图 4-41　瓷砖和面砖贴面构造

(三)涂料类墙面装修

涂料系指涂敷于木基层或抹灰饰面的表面(底灰、中灰或面灰)后能与基层很好粘结,并能在墙体表面形成完整、牢固的保护膜涂层物质,起到很好的保护和装饰作用。

建筑涂料分类的种类很多,按成膜物质分为无机涂料和有机涂料两大类;也可按分散介质将涂料分为溶剂型涂料、水溶性涂料、水乳型涂料等。

无机涂料包括石灰涂料、大白浆涂料(又称胶白),以及高分子无机涂料:有 JH80-1 型、JH80-2 型无机高分子涂料以及 JHN84-1 型、F832 型、LH82 型、HT-1 型等建筑涂料。

有机涂料分为溶剂型涂料(外墙涂料)、水溶性涂料(106 内墙涂料),乳胶涂料(氯-偏乳胶涂料)三种类型。

墙面涂料装修多以抹灰为基层,基层质量直接影响到涂料饰面的质量。涂料涂饰可分为粉刷和喷涂两类,涂料饰面工程施工简单,省工省料,工期短、效率高,维修更新又极为方便,在饰面工程中得到广泛应用。

(四)裱糊类墙面装修

裱糊类墙面装修主要用于内墙,是将各种卷材类的软质装饰材料裱糊在墙面上的一种装修饰面做法。饰面材料有墙纸、墙布、织锦、皮革、薄木等,后三种材料常用于室内高级装修。

1. 墙纸

墙纸是墙面装饰常用的饰面材料,也可用于顶棚饰面。墙纸具有色彩丰富、图案装饰效果好、表面容易擦洗、价格低廉且更换方便等优点。常用塑料墙纸可分为普通纸基墙纸、发泡墙纸、特种墙纸三大类,从价格、材料性能、装饰效果看,发泡墙纸是目前最常用的一类墙纸。墙纸一般由面层和衬底层组成,面层和底层可以剥离。

2. 墙布

常用的墙布有玻璃纤维墙布和无纺墙布。

玻璃纤维墙布是以玻璃纤维为基材,在其表面涂布树脂,经染色、印花等工艺成形的饰面材料。玻璃纤维墙布色泽鲜艳、花样繁多,室内使用具有不褪色、不老化、防火及防潮的优良性能,但其遮盖能力较差,基层色差的深浅会直接影响到饰面质量的好坏。

无纺墙布是采用天然纤维或合成纤维经过无纺成型、上树脂、染色、印花等工艺形成的新型较高级饰面材料。无纺墙布具弹性,不易折断,表面光洁、不易褪色,并有一定的透气性,易于擦洗且施工方便。

墙纸的裱糊主要是在抹灰基层上进行,要求基底平整、致密。墙纸、墙布裱糊前应先浸水或润水处理,产生膨胀变形,一般采用涂刷胶粘剂粘贴。

第四节　楼板层与地面

楼板层是楼层建筑的重要组成部分,它和基础、墙体等并为砖混结构的主体工程。在砖混结构中,楼板造价占建筑总造价的 20%～30%。本节主要讲述钢筋混凝土楼板、顶棚和面层构造。

一、楼板的作用、类型和设计要求

(一)楼板的作用

楼板是楼层建筑中的水平承重构件,承受自重、家具设备和人的荷载,并将荷载通过墙或梁、柱传给基础;同时楼板又是水平分隔构件,分隔建筑为上下楼层空间,应具有一定的隔声、防水、防潮、防火、保温等作用;楼板与竖向构件相互依赖,互为支撑,提高房屋的整体性和稳定性。

(二)楼板的类型

目前,就楼板所用材料的不同,可分为钢筋混凝土楼板、压延钢板组合楼板等类型。钢筋混凝土楼板强度高、刚度好、防火和耐久性能好。钢筋混凝土具有可塑性,可浇注房间形状不规整的楼板,经济合理,是目前广泛使用的楼板类型(图 4-42)。

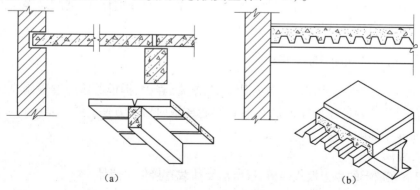

(a)　　　　　　　　　　　　　(b)

图 4-42　楼板的类型
(a)钢筋混凝土楼板;(b)压延钢板组合楼板

（三）楼板层的组成

楼板层主要由三部分组成:面层、结构层、顶棚层。依据房屋使用要求可增设防水、保温、管道敷设层等附加层,如图 4-43 所示。

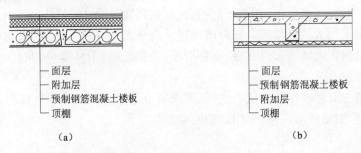

（a）　　　　　　　　　　（b）

图 4-43　楼板层的组成

（1）面层。又可称为楼面或地面,是直接与人和设备接触的构造层次。面层起着保护楼板、承受并传递荷载的作用,并对室内装饰、房屋整洁产生重要的影响。

（2）结构层。由梁、板构件组成,承受楼板层上的动、静荷载,将荷载传递给竖向承重构件,并和竖向承重构件构成房屋的主体结构,起水平支撑和增强房屋整体刚度作用。

（3）顶棚层。又称平顶或天花,在结构层下部,起装饰作用。按其构造做法分直接式顶棚和吊顶棚两种。

（四）楼板的设计要求

楼板应具有足够的强度和刚度,以保证结构的安全;作为水平分隔构件应满足热工、防潮、防水、防火、隔声等方面的要求;满足建筑经济要求,还应合理安排楼板下的各种设备管线走向。

二、钢筋混凝土楼板

钢筋混凝土楼板是目前民用建筑中采用最多的一种楼板形式。钢筋混凝土楼板是按照钢筋混凝土分项工程进行质量评定的,钢筋混凝土分项工程内容包括模板工程、钢筋工程、混凝土工程、构件安装工程、预应力钢筋混凝土工程。

按钢筋混凝土施工方式,钢筋混凝土分现浇整体式、装配整体式、装配式等类型。装配式钢筋混凝土板目前较少采用。

（一）现浇整体式钢筋混凝土楼板

在施工现场经过支模、绑钢筋、浇筑混凝土、振捣、养护、拆模等施工过程制作而成。优点是整体性好,可适应各种建筑平面形式,管道穿越楼板时留洞方便。缺点是湿作业多、施工进度慢、受施工季节影响较大。

1. 板式楼板

板直接搁在墙上的称为板式楼板,板所承受荷载直接传给墙体。

2. 梁板式楼板

房间跨度较大,为使楼板的受力和传力更加合理,在板下设梁,使板所承受的荷载先传给梁,由梁再传给墙或柱,这种楼板即为梁板式楼板,也叫肋梁式楼板。梁板式楼板有单梁式和复梁式楼板之分。复梁式楼板由主梁、次梁、板构成(图4-44)。表4-6为主梁、次梁、楼板的经济尺寸。

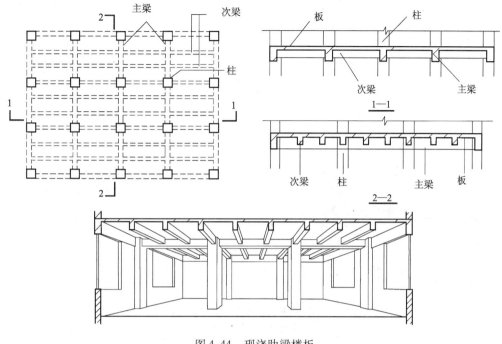

图4-44　现浇肋梁楼板

表4-6　梁板式楼板的经济尺寸

构 件 名 称		经 济 尺 寸		
		跨 度 L	梁高 h,板厚 δ	梁 宽
主 梁		5～8m	$(1/14～1/8)L$	$1/3～1/2h$
次 梁		4～6m	$(1/18～1/12)L$	$1/3～1/2h$
板	简支板	1.5～3m	$1/35L$	
	连续板		$1/40L$,60～80mm	

根据楼板的受力特点和支撑情况,楼板又可分为单向板和双向板。楼板的长边 L_2 和短边 L_1 的比值大小决定了板的受力情况。当 $L_2:L_1>2$ 时,楼板基本上只在 L_1 方向产生变形,这表明楼板所承受的荷载沿短跨方向传递,这就是单向受力,这种受力形式的楼板就称为单向板,如图4-45(a)所示。当 $L_2:L_1\leqslant2$ 时,楼板在两个方向都产生变形,这就说明了板在两个方向都受力,故称为双向板,如图4-45(b)所示。

3. 井字梁楼板

井字梁楼板是梁板式楼板的一种特殊布置形式,将主、次梁变换为等截面、等间距的井字形式的梁,跨度可达30～40m,梁的间距一般为3m左右(图4-46),宜用在方形或近似方形的平面形状,常见于公共建筑的门厅、大厅或会议室中。

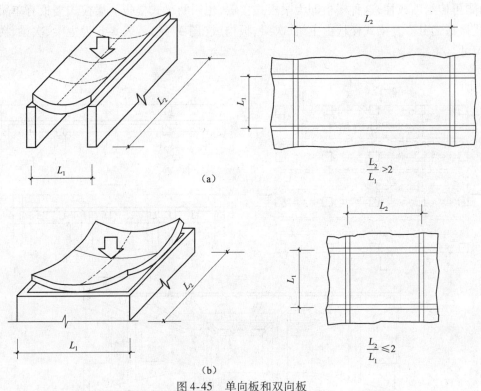

图 4-45 单向板和双向板
(a)单向板;(b)双向板

4. 无梁楼板

楼板下不设梁,板直接支撑在柱上的楼板称为无梁楼板。无梁楼板采用的柱网通常为正方形或接近正方形,柱网尺寸为 6m 左右,板厚在 170 ~ 190mm。

为增大柱对楼板的支承面积,须在柱顶设柱帽和柱托板。依据柱截面形式,柱帽有方形、多边形、圆形等多种形式。无梁楼板顶棚平整,有利于室内采光通风,最重要的是能减少楼板所占的空间高度,提高室内净高,不足之处是楼板较厚。无梁楼板常用在荷载较大的建筑物中,如商店、仓库、展览馆等,图 4-47 所示是无梁楼板的布置。

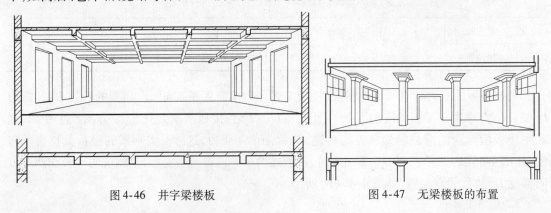

图 4-46 井字梁楼板　　　　　图 4-47 无梁楼板的布置

(二)装配式钢筋混凝土楼板

装配式钢筋混凝土楼板是把楼板分成若干构件,按一定规格在预制厂或现场预先制作,然后在现场进行安装。这种楼板节约模板,能改善施工条件,加快施工进度,但其整体性要比现浇钢筋混凝土楼板差,从房屋抗震等考虑应慎重选用。

凡建筑设计平面形状较为规整,均可按楼板的模数采用。楼板的模数是指楼板的长度、宽度、厚度应模数化,板长、板宽一般为扩大模数 300mm 的倍数,必要时,板宽有符合基本模数 100mm 的嵌板;板厚为 120mm,180mm,240mm 等。

1. 装配式钢筋混凝土构件

预制钢筋混凝土楼板大多采用预应力构件,有实心平板、空心板、槽形板等类型,空心板两面平整、自重轻,受力合理且节约材料,在民用建筑应用最为广泛。空心板的两端应以混凝土堵头填塞,避免灌缝时混凝土或砂浆进入孔内并能保证楼板支座处不致被上部墙体压坏,如图 4-48 所示。

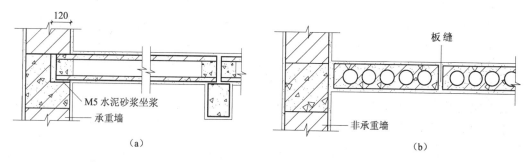

图 4-48　预制空心板

(a)板的纵剖面;(b)板的横剖面

2. 预制板的布置

根据房间尺寸,板的支撑有板式和梁板式,和现浇板一样,板尽量沿房屋短跨方向布置,保证楼板结构经济、合理(图 4-49)。

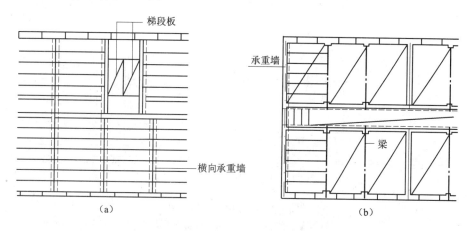

图 4-49　预制钢筋混凝土楼板布置

(a)板式布置;(b)梁板式布置

3. 钢筋混凝土梁的截面形式

钢筋混凝土梁的截面有矩形、T 形、十字形及花篮形等形式。矩形梁外形简单,制作方便,十字形及花篮形梁可减少楼板结构所占高度,增加室内净空高度(图 4-50)。

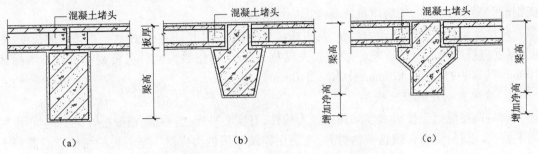

图 4-50　钢筋混凝土楼板在梁上的搁置
(a)矩形梁；(b)花篮形梁；(c)十字形梁

4. 预制楼板的搁置与锚固

预制板直接搁置在墙上或梁上时,应铺以 10～20mm 厚坐浆(M5 水泥砂浆),并应保证足够的搁置长度。在墙上的搁置长度不小于 100mm,在梁上的搁置长度不小于 80mm。

5. 隔墙与楼板的关系

在装配式钢筋混凝土楼板设置隔墙时,尽量采用轻质隔墙,如采用砖墙作为隔墙时,可采用如下方式设置,如图 4-51 所示。

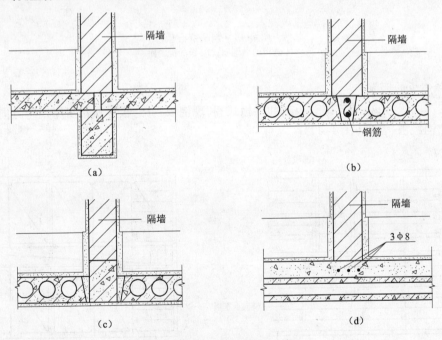

图 4-51　隔墙与楼板的关系
(a)隔墙支承在梁上；(b)板缝配筋支承隔墙；
(c)板缝处设墙梁；(d)墙下设钢筋

(三)装配整体式钢筋混凝土楼板

装配整体式钢筋混凝土楼板是现浇和预制相结合的钢筋混凝土楼板类型,和现浇钢筋混凝土楼板比较,既节省模板,楼板的整体性又较好。装配整体式钢筋混凝土楼板目前常采用叠和式楼板,做法是在预应力钢筋混凝土薄板上浇 30～50mm 厚钢筋混凝土现浇层,也叫叠和层(图 4-52)。预应力钢筋混凝土薄板既是永久性模板,承受施工荷载,同时也是整个楼板结构的组成部分。为保证薄板与叠和层有很好的连接,板面需进行处理,常在薄板上刻凹槽或预留三角形结合钢筋,如图 4-52 所示。

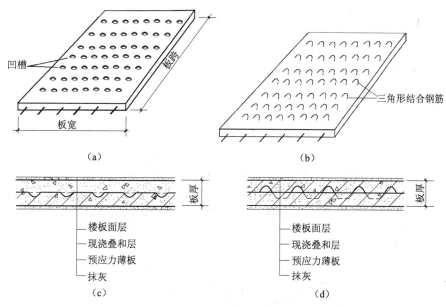

图 4-52　叠和式楼板
(a)薄板面刻凹槽;(b)薄板面外露三角形结合钢筋;
(c)凹槽叠合楼板;(d)三角形结合钢筋楼板

三、顶棚

顶棚又称平顶或天花,是建筑物室内装修的重要部位,顶棚类型有直接式顶棚和吊顶两种。顶棚表面应光洁、美观,且能反射光线、改善室内亮度,有特殊要求的房间还应具有隔声、保温等要求。顶棚主要讲述直接式顶棚和吊顶构造,此部分按照装饰分部工程中,抹灰工程、刷(喷)浆工程、罩面板及钢木骨架安装工程进行质量评定。

(一)直接式顶棚

直接式顶棚包括直接喷刷涂料、直接抹灰和直接贴面顶棚三种做法(图 4-53)。当要求不高或楼板底面较为平整时,可直接喷刷石灰浆或涂料两道。板底不平整或室内装修要求稍高时,可采用水泥砂浆抹灰、纸筋灰、混合砂浆抹灰等直接抹灰顶棚。装修标准较高或有保温、吸声等要求,可在板底直接粘贴装饰吸声板、石膏板等。

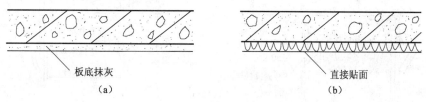

图 4-53　直接式顶棚
(a)直接抹灰顶棚;(b)直接贴面顶棚

(二)吊顶

顶棚重量由屋顶或楼板结构支撑的称之为吊顶,吊顶一般由骨架和面层两部分组成。

按照吊顶所采用的面层材料,吊顶可分为抹灰吊顶、矿物板层吊顶、轻金属板材吊顶等。

吊顶骨架由主龙骨(搁栅)、次龙骨(搁栅)和间距龙骨(也叫横撑龙骨)组成,主龙骨为吊顶的承重部分,次龙骨则是吊顶的基层(图4-54)。主龙骨靠吊筋固定,吊筋的固定方法如图4-55所示。通过楼板下伸出的吊筋,与主龙骨扎牢,然后在主龙骨上固定次龙骨,最后将吊顶面层材料固定在次龙骨上。

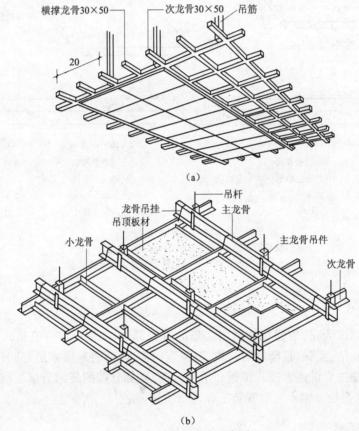

图 4-54　吊顶组成示意图
(a)木质吊顶;(b)金属吊顶

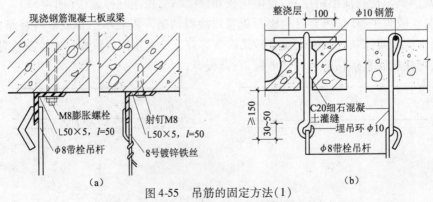

图 4-55　吊筋的固定方法(1)
(a)膨胀螺栓或射钉固定角钢方法;(b)板缝设置吊环方法

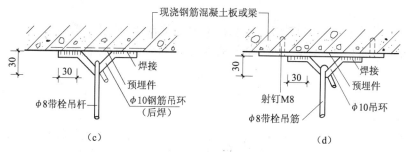

图 4-55 吊筋的固定方法(2)
(c)预埋焊接方法;(d)射钉焊接方法

由龙骨所用材料又有木骨架吊顶、金属骨架吊顶之分(图 4-56)。目前常采用的金属骨架,一般有铝合金、型钢和轻钢等金属材料。主龙骨常采用 U 形和 T 形断面,次龙骨为 T 形断面,均采用专用吊挂件固定。为铺钉各种板材还需增设横撑龙骨,间距视面板规格而定。

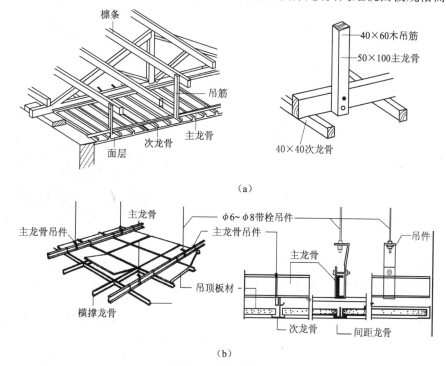

图 4-56 吊顶的组成
(a)木骨架吊顶;(b)金属骨架吊顶

四、地坪层构造

地坪层即是首层地面,是建筑物底层的地坪。和楼板层一样,它承受地面上的所有荷载,并均匀传给地基(图 4-57)。

地坪层由面层、垫层、基层组成,还可依据房屋使用要求附加保温层、防水层等构造层次。

基层承受垫层传下的地面荷载,一般是指夯

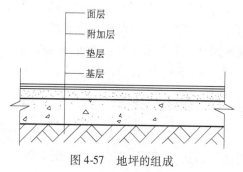

图 4-57 地坪的组成

实的房心土。

垫层是承受并传递荷载的结构层,常采用 C10 素混凝土,厚度一般为 80～100mm。

面层是人们日常生活、工作、生产、活动直接接触的表面,和楼板面层一样应坚固耐磨、易清洁、不起尘。

五、楼地面装修

楼地面装修指楼板层和地坪层的面层。这里所说的面层一般包括面层、面层和结构层之间的找平层构造。楼地面名称就是以面层所用材料命名的,如面层为水泥砂浆,地面名称就称为水泥地面。

按建筑工程质量验收规范,此部分对应于地面与楼面分部工程,包括基层工程、整体楼地面工程、板块楼地面工程、木质楼地面工程等分项工程。

按面层所用材料和施工方式不同可分为以下四大类型,即整体地面、块材粘贴地面、塑料地面和木地面。

(一)整体地面

整体地面有水泥砂浆地面、细石混凝土地面、水磨石地面等(图 4-58),是将面层材料直接铺在垫层上抹平磨光而成。

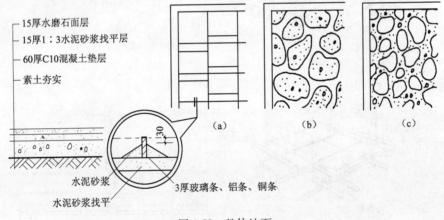

图 4-58　整体地面
(a)嵌分格条;(b)无分格条;(c)混合石屑

水泥地面构造简单,坚固耐久,能防潮、防水且价格低廉,但表面易起灰不易清洁。

水磨石是采用水泥石子浆整体浇注在混凝土垫层或结构层上,用磨石机磨光上蜡而成。为避免地面变形开裂以及施工维修方便,可用嵌条(一般用铜条)将地面分成若干小块,还可对分块形状进行图案设计。将普通硅酸盐水泥更换成白水泥,并掺入不同色彩的颜料,可将普通地面升级为美术水磨石地面,装饰效果更为良好。水磨石地面坚固耐磨、防水防火性能好,地面美观,不起尘,且清洁程度高,广泛应用于公共建筑和有防潮、防水要求的场所。

(二)块材粘贴地面

用各种人造或天然的块材、板材借助胶结材料镶铺在垫层上的地面构造。有预制水磨石、通体(地)砖、大理石、花岗岩等(图 4-59)。

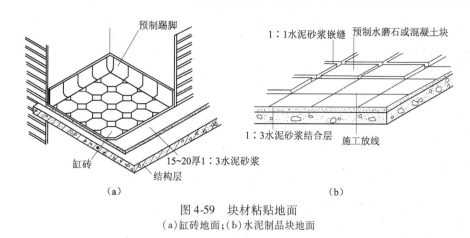

图 4-59　块材粘贴地面
(a)缸砖地面；(b)水泥制品块地面

地砖色调均匀，表面平整、抗腐耐磨，施工方便且块大缝少，室内装饰效果好。特别是抛光和防滑地砖的使用，使地砖越来越广泛用于办公、商店等多种类型的民用建筑之中。

(三)塑料地面

塑料地面是以有机物质为主所制成的地面覆盖材料铺贴的地面，有橡胶地毡、涂料地面、涂布无缝地面等。

塑料地面装饰效果好，具有色泽艳丽、施工简单、维修保养方便等优点，地面富一定弹性，行走舒适，使用时的噪声小，但塑料材质不耐老化，受压易产生凹陷，不耐高温。

(四)木地面

木地面是指用硬木条板铺钉或胶合而成，有搁栅式和粘贴式。目前多见钢筋混凝土板找平后铺贴，是较高标准的地面做法(图 4-60)。

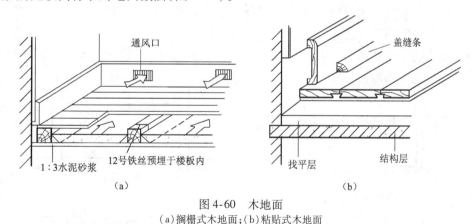

图 4-60　木地面
(a)搁栅式木地面；(b)粘贴式木地面

(五)踢脚与墙裙

1. 踢脚

踢脚是室内地面与墙面相交处的构造处理，起遮盖地面与墙面的接缝、保护墙身、防止清洗地面时污渍墙身的作用。踢脚材料一般与地面材料相同，高度为 100~200mm。踢脚常用水泥砂浆、水磨石、釉面砖、木板做成。构造做法有与墙平齐、突出、凹陷三种做法(图4-61)。

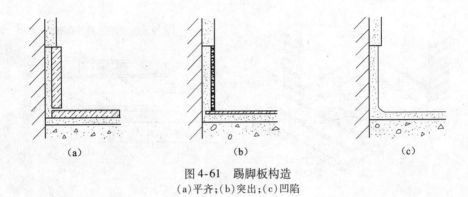

图 4-61 踢脚板构造
(a)平齐;(b)突出;(c)凹陷

2. 墙裙

墙裙是踢脚的延伸,高度应在 1200mm 以上,墙裙也可依房间使用要求做到上层楼板底部。使用空间设置墙裙主要是出于室内美观考虑,常做木质墙裙等;卫生间、厨房设墙裙主要起防水和清洗作用,常采用水泥砂浆、瓷砖等材料,可做到板底。

六、阳台和雨篷

阳台和雨篷都是悬挑构件,应避免出现倾覆问题。

(一)阳台

阳台是楼层建筑中不可或缺的室内外过渡空间,为使用者提供户外活动的必备场所。阳台的设置对建筑物的外部形象也起着至关重要的作用。

阳台按功能分有生活阳台与服务阳台。生活阳台与居室相连,设在向阳面或主立面,主要供人们休息、活动之用;服务阳台与厨房相连,供人们从事家庭劳务与存放杂物之用。按阳台与建筑物外墙的关系,分为挑(凸)阳台、凹阳台、半挑半凹阳台。按阳台在外墙所处位置的不同,有中间阳台和转角阳台之分(图 4-62),阳台还可连通。由于阳台外露,为防止雨水从阳台泛入室内,要求将阳台地面低于室内地面 20~50mm,并下设排水孔(图 4-63)。如阳台完全封闭,阳台地面可与室内地面平齐。

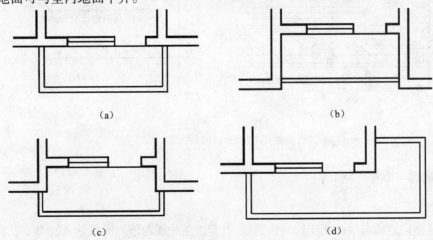

图 4-62 阳台类型
(a)挑(凸)阳台;(b)凹阳台;(c)半凸半凹阳台;(d)转角阳台

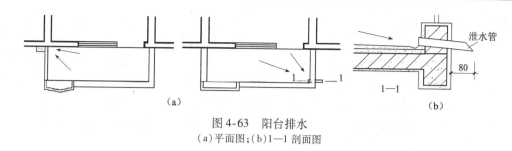

图 4-63 阳台排水

（a）平面图；（b）1—1 剖面图

阳台设计应满足安全适用、坚固耐久、排水畅通及立面美观等要求。阳台挑出宽度一般在 1.2～1.8m 之间,常用 1.5m 左右。多层住宅阳台的栏杆(板)净高不得低于 1.05m,高层住宅阳台的栏杆(板)净高不得低于 1.1m。

阳台承重结构通常是楼板的延伸,阳台和楼板结构应统一考虑,一般采用钢筋混凝土阳台板。阳台和楼板一样,钢筋混凝土阳台也有现浇、装配及现浇装配结合的方式。凹阳台可直接由两侧墙体承受,挑阳台一般有悬挑阳台板和挑梁承载阳台板等结构布置(图 4-64)。

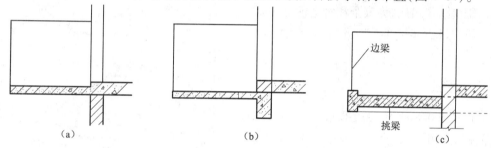

图 4-64 现浇钢筋混凝土阳台结构布置

（a）悬挑阳台板；（b）墙梁悬挑阳台板；（c）挑梁出挑

（二）雨篷

雨篷是建筑物出入口处,位于外门上部,用以遮挡雨水、保护外门免受雨水侵害的水平悬挑构件,同时起丰富建筑立面的作用。雨篷有板式和梁板式两种,雨篷下也可设柱。多采用钢筋混凝土悬臂板。雨篷尺度大时,也有采用墙或设柱承受荷载的雨篷形式。图 4-65 所示为钢筋混凝土雨篷构造,其顶面可采用无组织或有组织排水,板面需做防水,并应在靠墙处做泛水。

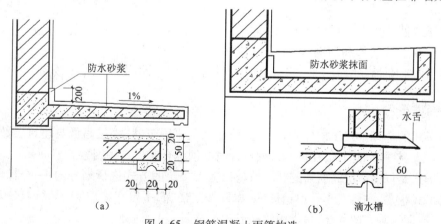

图 4-65 钢筋混凝土雨篷构造

（a）板式雨篷；（b）梁板式雨篷

第五节　楼梯与台阶

建筑空间的竖向组合依靠楼梯、电梯、自动扶梯以及坡道等交通设施联系。其中楼梯作为竖向交通联系和安全防火疏散的主要交通设施,使用最为广泛。某些建筑如医院、敬老院、幼儿园等设置楼梯的同时,还可以设置坡道联系上下楼层。本节主要讲述楼梯组成、类型、尺度,现浇钢筋混凝土楼梯及室外台阶构造。

一、楼梯的组成

楼梯是由楼梯段、平台、栏杆扶手三部分组成(图4-66)。

(一)楼梯段

楼梯段是联系两个不同标高平台的倾斜构件。梯段由踏步组成,为安全和舒适起见,一般每个梯段的最少步数不应少于3步,最大步数不应超过18步。

(二)平台

平台是连接两个楼梯段的水平构件,有中间平台和楼层平台之分。一般情况下,平台由平台板和平台梁组成。中间平台的作用是改变行进方向、调节体力;楼层平台还可用来分配到达各楼层的人流。

(三)栏杆、扶手

栏杆、扶手是设在梯段与平台边缘的安全防护配件,供人们上下行走依扶之用。

二、楼梯的类型

按楼梯所处位置有室内和室外楼梯之分;按使用性质有主要楼梯和辅助楼梯之分;按材料又可分为木、钢、钢筋混凝土楼梯。目前,民用建筑大多采用钢筋混凝土楼梯。

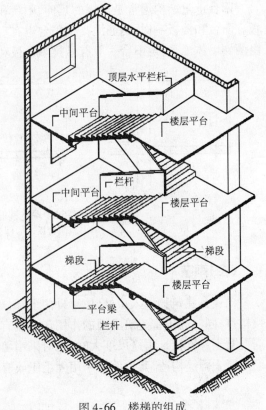

图4-66　楼梯的组成

三、楼梯形式

楼梯形式的选择依赖于楼梯所处位置、楼梯间的平面形状、楼层高低与建筑层数、使用人数的多少与人流缓急等因素,在进行楼梯设计时必须综合考虑这些因素。

楼梯形式是以房屋层高所需的梯段数量和上下楼层的方式进行划分的,一个梯段称为一跑。楼梯形式很多,主要有直行单跑楼梯、直行多跑楼梯、平行双跑(折)、平行双分及双合楼梯、折行多跑楼梯等。图4-67是常用楼梯形式示意图。

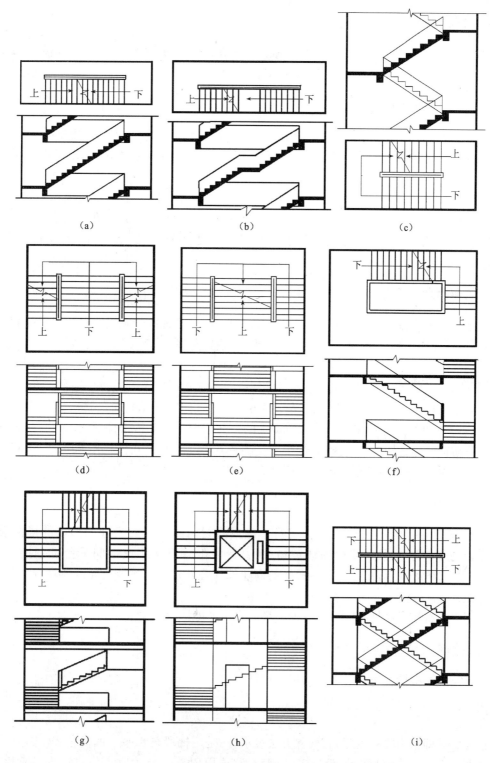

图 4-67　常用楼梯形式示意图
(a)直行单跑楼梯;(b)直行多跑楼梯;(c)平行双折楼梯;
(d)一下两上楼梯;(e)一上两下楼梯;(f)曲尺式楼梯;
(g)三折楼梯;(h)三折楼梯(带电梯);(i)剪刀楼梯

(一)直行单跑楼梯

只有一个梯段,无中间平台的楼梯形式。按一梯段最大步数不得超过 18 步要求,此种楼梯只能用于层高较低的建筑,如住宅、公寓等,如图 4-67(a)所示。

(二)直行多跑楼梯

直行多跑楼梯是直行单跑楼梯的变化,增设有中间平台,可有多个梯段的楼梯形式。此种楼梯上下直接,导向明确,常用于层高较大、人流较多的公共建筑大厅之中,如图 4-67(b)所示。

(三)平行双折(跑)楼梯

是两梯段平行并列的楼梯形式,在中间平台需转向 180°,即楼梯起步的位置总是处于不同高度的同一位置。此种楼梯节约面积且缩短上下行走距离,是最常用的一种楼梯形式。图 4-67(c)为平行双折楼梯示意图。

(四)平行双分双合楼梯

在平行双折楼梯基础上并列组合而成的楼梯形式,较宽梯段的宽度为单梯段宽度的两倍。平行双分、双合楼梯又可称为一上两下、一下两上楼梯,如图 4-67(d)、(e)所示。

(五)折行多跑楼梯

梯段之间转向较自由,可 90°也可大于或小于 90°转向。常见有曲尺式楼梯、三折(跑)楼梯、四折(跑)楼梯等形式,常用于层高较高大的公共建筑中。三折楼梯形成的梯井过大,使用中应考虑防护措施也可结合电梯进行布置。图 4-67(f)为曲尺式楼梯示意图,图 4-67(g)、(h)为三折(跑)楼梯示意图。

(六)其他楼梯

剪刀楼梯也称为交叉跑楼梯,为直行单跑或直行两跑楼梯交叉并列形成的楼梯形式。直行单跑剪刀梯适合层高较小的建筑物;而直行多跑剪刀梯所设中间平台可变换行走方向,适合层高较大、人流方向选择性较强的商业性等公共建筑。图 4-67(i)为直行单跑剪刀梯示意图。

使用中还有桥式楼梯,螺旋形、弧形楼梯和多边形楼梯等形式。

四、楼梯尺度

楼梯尺度是按楼梯组成各部分的尺寸进行讲述。

(一)楼梯坡度

楼梯坡度即指梯段的坡度,有两种方法表示:一是用梯段与水平面的夹角表示,还可用踏步的高宽比表示。楼梯坡度一般为 20°～45°,宜选用 26°～35°为宜。公共建筑人流相对集中,坡度应缓一些,踏步高宽比可取 1:2;居住建筑使用人员较少,坡度可陡一些,可采用 1:1.5 左右。村镇低层住宅,每户均设楼梯,使用人数很少,坡度可适当再陡一些,但不应超过 45°,如图 4-68 所示。

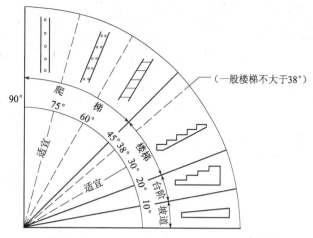

图 4-68　坡道、楼梯专用梯的坡度范围

(二)踏步尺寸

踏步尺寸决定楼梯坡度的大小,反之根据建筑使用要求选定合适的楼梯坡度后,踏步的高宽就被限定在特定关系之中了。踏步是人们上下行走脚踩的部位。踏步的水平面叫踏面即踏步宽,踏步的垂直面叫踢面即踏步高。按行走方便和人体尺度要求,以经验公式辅助确定踏步高宽数值。即

$$2h + b = 600 \sim 620\text{mm}\quad \text{或}\quad h + b = 450\text{mm}$$

式中　h——踏步高;

　　　b——踏步宽。

踏步高不宜超过 200mm,踏步宽也不宜小于 250mm。公共建筑中踏步高一般取 $h = 150$mm,踏步宽 $b = 300$mm,高宽比为 $1:2$,对应角度为 26°34′;住宅建筑中,踏步高 $h = 175$mm,踏步宽 $b = 280$mm,高宽比为 $1:1.6$,对应角度为 33°42′。当受条件限制,踏步宽度较小时,可采用踏步出挑 $20 \sim 30$mm(图 4-69)。

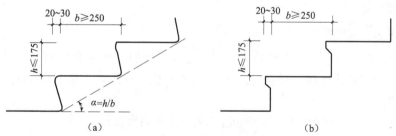

图 4-69　踏步出挑形式
(a)斜踢面踏步形式;(b)带踏口踏步出挑形式

(三)梯段尺度

梯段尺度分梯段宽度和梯段长度(图 4-70)。

1. 梯段宽度

梯段宽度是指楼梯间墙面到栏杆边的净尺寸。梯段宽度应根据紧急疏散时要求通过的人流股数多少来确定。每股人流按 $500 \sim 600$mm 宽度考虑,设计时单股人流通行宽度应不小于 950mm,双股人流通行宽度为 $1100 \sim 1200$mm,三股人流通行时为 $1500 \sim 1650$mm(图 4-71)。

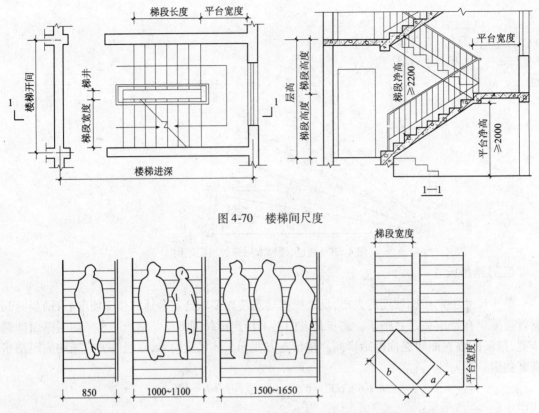

图 4-70　楼梯间尺度

图 4-71　人流股数对梯段宽度和平台宽度的影响(*a*、*b* 为家具尺寸)

2. 梯段长度

梯段长度是指一梯段的水平投影长度,取决于梯段的踏步数 n 和踏步宽 b。由于梯段与平台有一步高差,梯段长度应为梯段踏步数减一步后与踏步宽的乘积,即 $b(n-1)$。

(四)平台宽度

1. 中间平台宽度

为便于行走和搬运家具设备转向,平行或双折楼梯的中间平台宽度应不小于梯段宽度(图 4-71)。直行多跑式楼梯,中间平台宽度宜等于梯段宽或不得小于 1000mm。

2. 楼层平台宽度

楼层平台宽度还应宽于中间平台宽度,以利人流停留和分配。

(五)梯井宽度

梯井宽度是指两梯段之间形成的从底层到顶层贯通的空隙。在平行双折式楼梯中可不设梯井。公共建筑从安全考虑,梯井应小一些,以 60~200mm 为宜,三跑式楼梯的梯井应考虑防护措施。

(六)栏杆、扶手高度

栏杆、扶手高度应从踏步边缘量至扶手顶面。其高度值是根据人体重心高度和楼梯坡度大小等因素确定,一般为 900~1000mm。供儿童使用的楼梯应在 500~600mm 的高度处增设扶手(图 4-72),长度超过 500mm 的水平栏杆及室外楼梯栏杆扶手高度,宜取 1000~1100mm。

(七)楼梯净空高度

楼梯净空高度是指平台下、梯段下的净尺寸,一般要求楼梯平台部位的净高不应小于2000mm,梯段部位的净高不应小于2200mm(图4-73)。

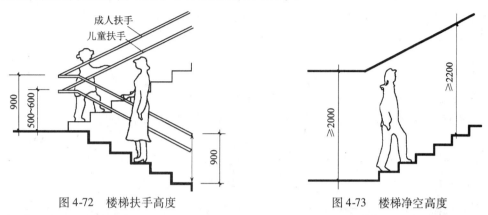

图4-72　楼梯扶手高度　　　　　　　　图4-73　楼梯净空高度

底层平台下设为通道或入口时,为满足休息平台下的净空高度可采取增加第一跑梯段的步数,以抬高平台高度,如图4-74(a)所示;或将一部分室外台阶移到室内,以降低休息平台下地面的标高,如图4-74(b)所示;也可同时采用上述两种办法,如图4-74(c)所示;使用中还有从室外直接上二层的单跑楼梯的形式,如图4-74(d)所示。

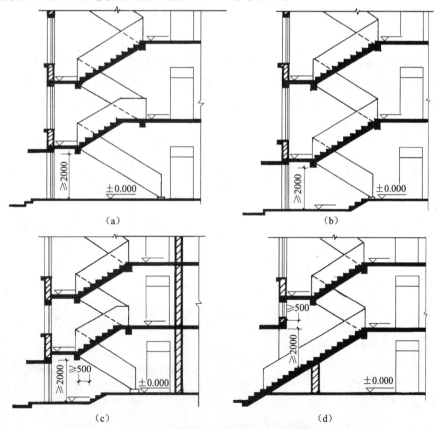

图4-74　休息平台下作为入口处理的方法
(a)底层长短跑;(b)局部降低地坪;(c)底层长短跑并局部降低地坪;(d)底层直跑

五、现浇钢筋混凝土楼梯

钢筋混凝土楼梯同样应按照钢筋混凝土工程进行质量评定。现浇钢筋混凝土楼梯有梁承式、梁悬臂式和扭板式。现浇钢筋混凝土梁承式楼梯是指平台梁与梯段浇注成一整体的楼梯形式,梁承式楼梯刚度好,能适应各种楼梯间平面和楼梯形式。按梯段板的结构布置有板式梯段和梁板式梯段之分。

(一)板式梯段

板式楼梯是指两平台梁之间的梯段为倾斜的板式结构,板跨是指两平台梁之间的水平距离,宜在 3000mm 以内,板厚为板跨的 1/30 ～ 1/40。图 4-75 所示为板式梯段布置。

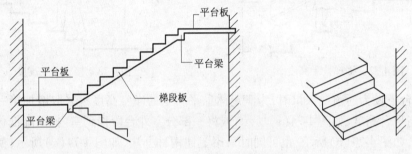

图 4-75　钢筋混凝土板式梯段

(二)梁板式梯段

当两平台梁的间距较大即梯段的水平投影较大时,宜采用梁板式梯段(图 4-76)。梁板式梯段是由梯段板、斜梁(也称梯梁)、平台板、平台梁组成。梯梁是支撑在两平台梁之间顺着梯段方向倾斜的梁,故又称斜梁,梯段板的荷载由梯梁承担。梯梁可置于梯段板下,称明步处理;梯梁也可上翻,做暗步处理。

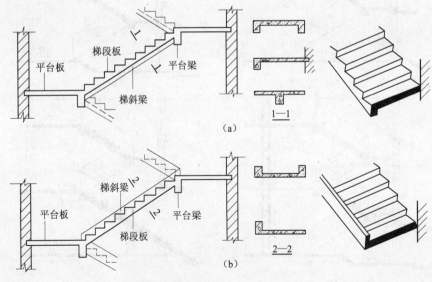

图 4-76　钢筋混凝土梁板式梯段
(a)梯斜梁下翻;(b)梯斜梁上翻

(三)楼梯的细部构造

踏步面层和楼梯栏杆扶手的处理,直接影响到楼梯的使用、安全和美观。

1. 踏步面层

踏步面层应平整、耐磨、防滑并便于清扫,依装修等级可采用水泥面层、水磨石面层、缸砖面层、大理石面层等。为防行人滑倒,宜在踏步前缘设防滑条,其长度一般比梯段宽度小200~300mm。图 4-77 所示为踏步面层和防滑构造。

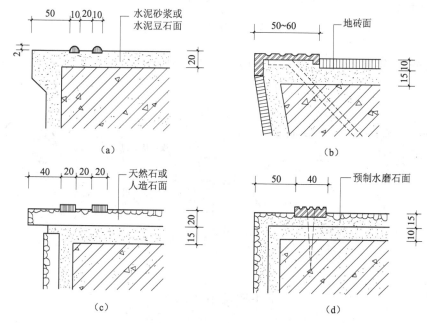

图 4-77 踏步面层和防滑构造
(a)金刚砂防滑条;(b)地砖面踏步防滑条;
(c)马赛克防滑条;(d)有色金属防滑条

2. 栏杆扶手

栏杆扶手是梯段、平台临空一侧设置的安全防护设施,应具有足够的刚度和可靠的连接。扶手应光滑、手感舒适,栏杆扶手对建筑的装饰性较强。

栏杆的形式有空花式、栏板式、混合式。空花栏杆(图 4-78)一般采用钢铁料,有扁钢、圆钢、方钢等,采用焊接或螺栓连接。实心栏板可以采用透明的钢化玻璃或有机玻璃,一般用于室内,也可采用钢筋混凝土板及钢丝网水泥板制作。

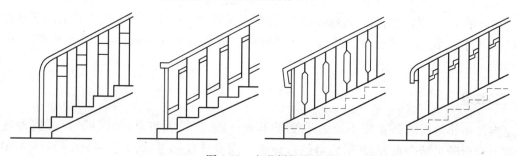

图 4-78 空花栏杆形式(1)

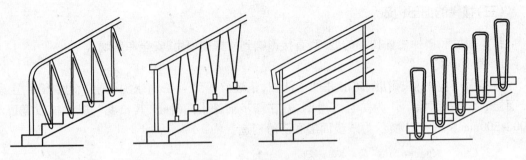

图 4-78　空花栏杆形式(2)

扶手有硬木、钢管、塑料、水磨石及不锈钢管等材料(图 4-79)。

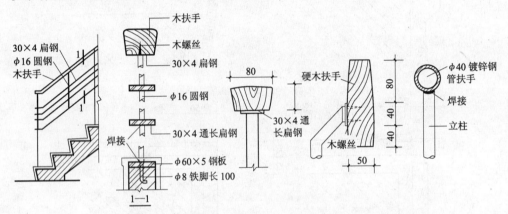

图 4-79　栏杆扶手构造

六、台阶与坡道

(一)台阶

由于建筑物室外地坪和室内地面间设有高差,在建筑物入口处常设置台阶或坡道,而在建筑物内部楼地面有高差时也可用台阶连接。

室外台阶一般由踏步和平台组成,图 4-80 所示为常用的室外台阶和坡道形式。平台表面应比室内地面标高略低也可与室内地面平齐,但平台上必须设适当的排水坡度或坡向台阶,以防雨水流入室内。台阶的坡度应较楼梯坡度小,踏步宽宜为 300~400mm,高宜为 100~150mm。室外台阶一般不需要特别的基础,台阶构造一般有普通式和架空式两种。架空式适用于寒冷地区的大型台阶,而普通式台阶的垫层下铺设砂或炉渣等地方性材料,可以防止冻涨,如图 4-81 所示。

(二)坡道

室内外相邻地面的高差较小或为了便于车辆行驶,应设置坡道,如医院、疗养院等建筑。坡道和台阶可结合布置,其形式可结合建筑立面设计统一考虑,如图 4-80(e)、图 4-80(f)所示。

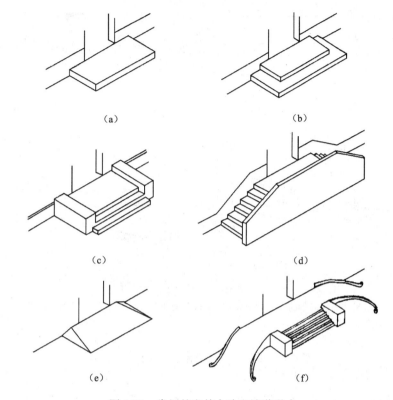

（a）　　　　　　　　　　　（b）

（c）　　　　　　　　　　　（d）

（e）　　　　　　　　　　　（f）

图 4-80　常用的室外台阶和坡道形式

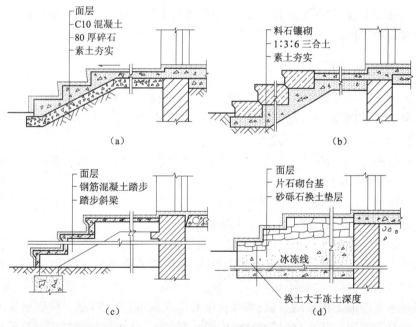

面层
C10 混凝土
80 厚碎石
素土夯实

料石镶砌
1:3:6 三合土
素土夯实

（a）　　　　　　　　　　　（b）

面层
钢筋混凝土踏步
踏步斜梁

面层
片石砌台基
砂砾石换土垫层

冰冻线

换土大于冻土深度

（c）　　　　　　　　　　　（d）

图 4-81　室外台阶构造

　　室外坡道坡度不宜大于 1:10,室内坡道不宜大于 1:8。坡度较大时,坡道表面应做防滑处理,以保证行人和车辆的安全,坡道构造如图 4-82 所示。

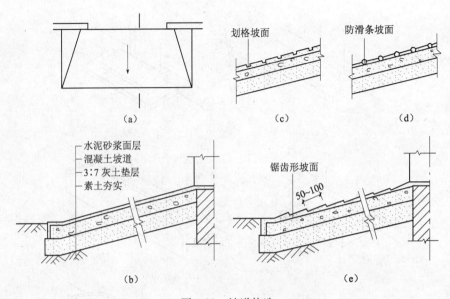

图 4-82　坡道构造
(a)坡道平面;(b)剖面;(c)划格坡面构造;(d)防滑条坡面构造;(e)锯齿形坡面构造

第六节　屋　顶

　　屋顶是房屋的重要组成部分,其主要功能是防水和保温隔热。本节就屋顶的主要功能问题讲述平屋顶和坡屋顶构造。在《建筑工程施工质量验收统一标准》(GB 50300—2001)中,屋顶对应于屋面分部工程,包括屋面找平层、屋面保温(隔热)层工程、屋面卷材防水层工程和平瓦屋面等诸多分项工程。

一、屋顶的组成和作用

　　屋顶是房屋上部起覆盖作用的外部围护构件,应能防御自然界的太阳辐射、风霜雨雪、气温变化等的影响,借以营造良好的室内使用环境。屋顶的形式还是体现建筑风格的重要手段之一,也有将屋顶赋予"第五立面"之说。

　　建筑材料性能的单一,决定了屋顶构造的多层次做法。屋顶一般由四部分组成:屋面、保温(隔热)层、结构层和顶棚。

　　屋面是屋顶的面层,直接受自然界风霜、雨雪及空气中有害介质的侵蚀和人为的冲击。因此,屋面做法应具有一定的抗渗性能和承载能力。

　　保温层是寒冷地区冬季防止室内热量散失而设置的构造层,隔热层是炎热地区夏季防止太阳辐射热进入室内而设置的构造层。保温层、隔热层应采用导热系数低的材料,其位置由于屋顶形式不同,设置的部位也各不相同。

　　结构层是承受屋面上传来的荷载、本身自重及屋面保温(隔热)层等构造重量的层次。承重结构的选择是根据屋面防水材料的性能、房屋空间尺度、结构材料的性能以及整体造型的需要而定。房屋的支撑结构有平面结构和空间结构之分。由以上各种因素的影响,便形成平屋顶、坡屋顶、曲面屋顶等多种形式(图 4-83)。建筑的结构形式不同,其屋顶可采用木材、钢筋混凝土、钢材等作为屋顶的承重结构。

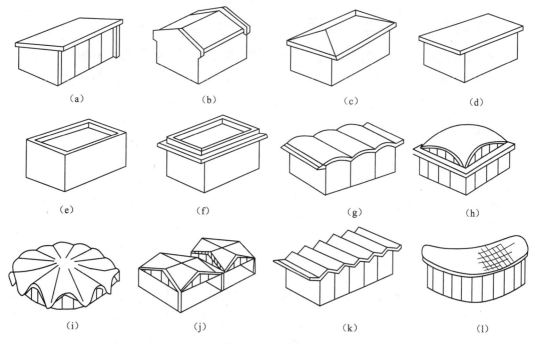

图 4-83　屋顶类型

(a)单坡屋顶;(b)硬山两坡屋顶;(c)四坡屋顶;(d)挑檐平屋顶;(e)女儿墙平屋顶;(f)挑檐女儿墙平屋顶;
(g)筒壳屋顶;(h)扁壳屋顶;(i)抛物面壳屋顶;(j)扭壳屋顶;(k)V形折板屋顶;(l)马鞍形悬索屋顶

顶棚是屋顶的底面,其形式和材料可根据房间的保温、隔声、造型及造价要求来选择,具体可参见本章第四节中"三、顶棚"的内容。

屋顶设计应考虑功能、结构和建筑造型三方面的要求。屋面防水是功能的最基本要求,我国现行的《屋面工程质量验收规范》(GB 50207—2002),依据建筑物重要程度、使用功能和防水耐久年限,将屋面防水划分为四个等级,对各等级都提出了明确的设防要求,如表4-7所示。

表 4-7　屋面防水等级和设防要求

项　目	屋　面　防　水　等　级			
	I	II	III	IV
建筑物类别	特别重要的民用建筑和对防水有特殊要求的建筑	重要的建筑和高层建筑	一般的建筑	非永久性的建筑
防水层合理使用年限(年)	25	15	10	5
防水层选用材料	宜选用合成高分子卷材、高聚物改性沥青防水卷材、金属板材、合成高分子防水涂料、细石混凝土等材料	宜选用高聚物改性沥青防水卷材、合成高分子卷材、金属板材、合成高分子防水涂料、高聚物改性沥青防水涂料、细石混凝土、平瓦、油毡瓦等材料	宜选用三毡四油沥青防水卷材、高聚物改性沥青防水卷材、金属板材、高聚物改性沥青防水涂料、合成高分子防水涂料、沥青基防水涂料、刚性防水层、平瓦、油毡瓦等材料	可选用二毡三油沥青防水卷材、高聚物改性沥青防水涂料等材料
设防要求	三道或三道以上防水设防	二道防水设防	一道防水设防	一道防水设防

注:本表摘自《屋面工程质量验收规范》(GB 50207—2002)。

二、平屋顶

平屋顶是较常见的一种屋顶形式,目前在村镇建筑中也广泛使用(兼作晒场)。

考虑地理环境、气候条件、使用特点等方面的要求,还需设保温层、隔热层、隔汽层、找平层、结合层等构造层次。

(一)平屋顶的排水做法

1. 屋面坡度

为了保证平屋顶的排水需要,平屋顶要做成一定的坡度(图4-84)。根据承重结构布置、屋面材料、使用功能以及经济等方面的因素,上人屋面一般采用1%~2%的坡度,不上人屋面一般采用2%~3%的坡度。

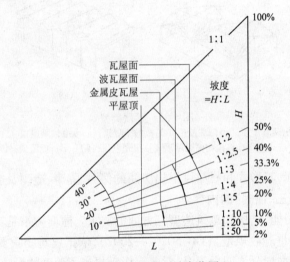

图 4-84　常用屋面坡度范围

平屋顶的坡度形成一般有材料找坡和结构找坡两种方式。材料找坡通常是在水平屋面板上,利用找坡材料的薄厚不同形成排水坡度,材料多用炉渣等轻质材料加水泥或石灰形成,一般设在承重屋面板之上(图4-85)。须设保温层的地区,也可用保温材料来形成排水坡度。结构找坡是把支撑屋面板的墙或梁做成一定的坡度,屋面板铺设其上就形成相应的排水坡度,如图4-85(b)所示。结构找坡省工省料,较为经济,适用于平面形状较为简单的建筑物。

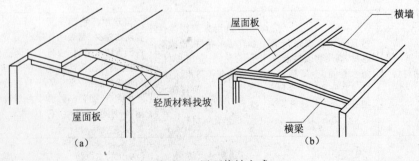

图 4-85　屋面找坡方式
(a)材料找坡;(b)结构找坡

2. 屋面排水方式

平屋顶的排水坡度较小,为了迅速排除雨水,需选择合理的排水方式,组织好屋顶的排水系统。屋顶排水方式可分为无组织排水和有组织排水两大类(图4-86)。无组织排水又称自由落水,是使屋面的雨水经檐口自由掉落到室外地面,这种构造做法简单经济,但落水会溅湿勒脚,一般只用于低层和雨水较少地区。

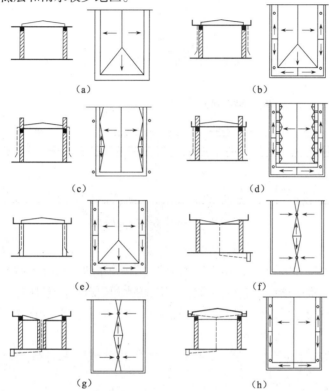

图4-86 屋面排水方式
(a)无组织排水;(b)檐沟外排水;(c)女儿墙外排水;(d)檐沟女儿墙外排水;
(e)外墙暗管排水;(f)明管内排水;(g)管道井暗管内排水;(h)吊顶水暗管内排水

有组织排水是按不同的坡向将屋面划分成若干个排水分区,把屋面雨水有组织地排到檐沟、雨水口处,通过雨水管迅速排离房屋四周的排水方式。

有组织排水又可分为外排水和内排水两种。一般民用建筑多采用外排水,根据檐口做法可分为檐沟外排水、女儿墙外排水及檐沟女儿墙外排水等。屋面排水口设置的最大间距,檐沟外排水为24m,女儿墙外排水为18m,雨水管直径常用100mm的方形、圆形 UPVC 或镀锌铁皮等材料制作。一般情况下,每根雨水管负担 $150 \sim 200 m^2$ 屋面水平投影面积。

(二)卷材防水屋面

卷材防水是将柔性的防水卷材用胶结材料粘贴在屋面上,形成整体封闭的防水覆盖层。这种防水层具有一定的延伸性,能适应温度、振动及不均匀沉陷等因素对屋面和结构产生的变形,故也可称之为柔性防水屋面(图4-87)。常用的防水卷材有三大类:沥青基防水卷材(如石油沥青油毡等)、高聚物改性沥青防水卷材(如 SBS 改性沥青油毡和 APP 改性沥青油毡)、合成高分子防水卷材(如三元乙丙橡胶防水卷材)。高聚物改性沥青防水卷材是目前首选的防水卷材,防水效果良好。

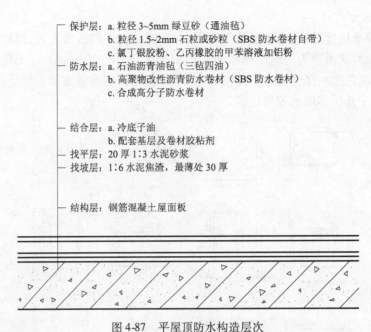

保护层：a. 粒径 3~5mm 绿豆砂（通油毡）
　　　　b. 粒径 1.5~2mm 石粒或砂粒（SBS 防水卷材自带）
　　　　c. 氯丁银胶粉、乙丙橡胶的甲苯溶液加铝粉
防水层：a. 石油沥青油毡（三毡四油）
　　　　b. 高聚物改性沥青防水卷材（SBS 防水卷材）
　　　　c. 合成高分子防水卷材

结合层：a. 冷底子油
　　　　b. 配套基层及卷材胶粘剂
找平层：20 厚 1:3 水泥砂浆
找坡层：1:6 水泥焦渣，最薄处 30 厚

结构层：钢筋混凝土屋面板

图 4-87　平屋顶防水构造层次

1. 平屋顶构造层次

卷材防水屋面依材料因素具有多层次构造特点，其构造组成可分为基本层次和附加层次。卷材防水屋面的基本构造层次按其作用有结构层、防水层、保温层、顶棚层。辅助层次有找平、找坡层、隔汽层、保护层等。以保温屋顶构造层次图为例进行讲述，如图 4-87 所示。结构层和顶棚层在这里不再赘述，参见楼板一节。

（1）找坡层。形成屋面排水坡度，常用 1：6 水泥焦渣或保温材料等，要求控制找坡层最薄处的厚度。

（2）保温层。为保证冬季室内采暖温度而设置的构造层次。一般用途的建筑在保温层下可不设隔汽层。

（3）找平层。卷材防水层要求铺贴在坚固而平整的基层之上，防止卷材的凹陷或断裂。故而在松散的保温层上或当屋面板不平整时，应设找平层。找平层一般采用 20 厚 1：2.5 或 1：3 水泥砂浆。

（4）结合层。使卷材与基层粘结牢固的胶质薄膜，石油沥青油毡可采用冷底子油，高分子卷材则多用配套胶粘剂作为结合层。

（5）防水层。以所采用的防水卷材自粘或用配套胶粘剂粘结在屋面找平层之上。非永久性简易建筑屋面防水层可采用沥青胶粘贴石油沥青油毡，有二毡三油五层做法等。使用其他防水卷材应根据不同建筑类别的屋面防水等级和防水要求按表 4-7 进行选用。

（6）保护层。保护防水层不因外界因素产生开裂、流淌、老化等破坏现象，延长防水层的使用时限而设置的构造层次。石油沥青油毡防水层一般以绿豆砂做保护层，其他可采用涂刷浅色着色剂或铺贴铝铂等作为保护层。

2. 平屋顶细部构造

仅做好大面积的屋面防水还不能保证屋面的防水效果，在有孔洞、雨水口、檐沟及变形缝等处如细部构造处理不当，很容易出现渗漏现象。

（1）泛水。是指高出屋面的所有垂直面处的防水处理，如屋面与女儿墙、高低屋面间的立墙、出屋面烟道或通风道及屋面变形缝处均应做泛水处理(图 4-88)。

(2)檐口。卷材防水屋面的檐口,包括自由落水檐口、挑檐沟檐口、女儿墙檐口等。无组织外排水的檐口构造如图 4-89 所示,有组织外排水的檐沟的构造如图 4-90 所示。

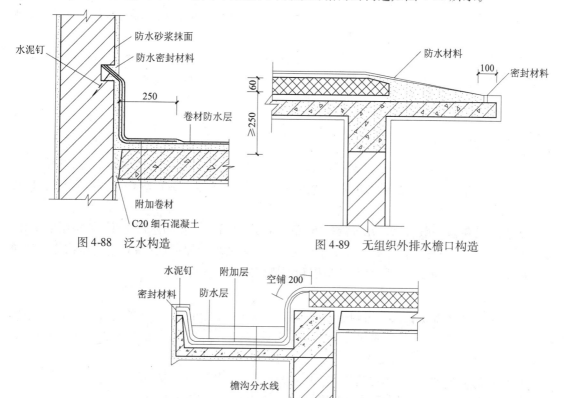

图 4-88 泛水构造

图 4-89 无组织外排水檐口构造

图 4-90 有组织外排水檐口构造

(三)刚性防水屋面

刚性防水屋面是指用细实混凝土整体浇注的屋面,因混凝土属于刚性材料,抗拉强度低,故而称为刚性防水屋面(图 4-91)。刚性防水屋面的优点是施工方便、节约材料、造价较低;缺点是易开裂、对气温变化和结构变形适应能力差,故而刚性防水层只适用于温度变化幅度较小的地区。

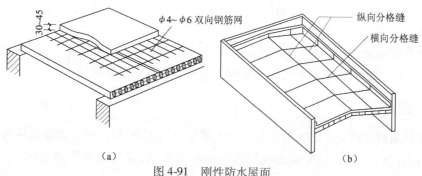

图 4-91 刚性防水屋面
(a)刚性防水屋面构造;(b)刚性防水屋面分格缝的位置

刚性防水屋面构造层次一般有防水层、隔离层、找平层、结构层等。

细石混凝土防水层,一般是在钢筋混凝土板上浇筑30~45mm厚的C20细石混凝土,并在其中设置$\phi 4 ~ \phi 6mm$间距100~200mm的双向钢筋网片,其构造如图4-91(a)所示。为防混凝土变形开裂和渗透,可在细石混凝土中掺入适量的外加剂,如膨胀剂、减水剂、防水剂等。

隔离层位于防水层与结构层之间,目的是减少因结构变形对防水层产生的不利影响。隔离层可采用铺设纸筋灰、低标号砂浆或薄砂层上干铺一层油毡的构造做法。

(四)平屋顶的保温与隔热

1. 保温层

寒冷地区,为阻止冬季室内热量通过屋顶向外散失,须对屋顶采取保温措施。保温层所用材料,多选用密度小的多孔松散材料和轻质板块状材料,如膨胀珍珠岩、膨胀蛭石、矿棉等。

保温层的位置一般有以下几种处理方式:一种是保温层放在防水层之下、结构层之上,形成封闭式的保温层;另一种是放置在防水层之上,形成敞露的保温层;在利用建筑物作为通道时,为保证楼面做法的一致性,可在结构层和顶棚层之间设置保温层。

2. 隔汽层

在采暖地区用水量较大的房间中,冬季室内的湿度比室外高,室内水蒸气将向室外渗透,使保温层的含水率增加,从而使保温层逐渐丧失保温作用。因此,要在保温层下先做隔汽层,以防止室内水蒸气进入保温层内。

隔汽层的一般做法是在结构层上先做找平层(1:3水泥砂浆厚20mm),在找平层上做结合层(冷底子油一道),最后涂刷热沥青两道或一布二涂的隔汽层。

3. 隔热层

在夏季太阳辐射和室外气温的综合作用下,处于水平面的屋顶要比墙体吸收的热量多,对室内温度变化影响要大得多。多层建筑的顶层房间占有较大的比例,而多层建筑的数量也比较大,南方地区建筑的隔热问题就显得尤为重要。减少直接作用于屋顶的太阳辐射热量是屋顶隔热的根本,通常采用的构造做法有通风降温屋顶、蓄水屋面和反射降温屋面等。

通风降温屋顶可在屋顶之上或利用顶棚与屋顶空间设置通风隔热间层,可使上层遮挡太阳辐射,利用间层中空气流动带走热量,从而达到降低室内温度的目的。

蓄水屋面是在刚性防水屋面上蓄积水层,利用水层蒸发使热量散失到大气中,减少屋顶吸收的热量,从而起到隔热之功效。水层的另一作用是养护防水层,避免开裂,延长防水材料的使用寿命。

反射降温屋面是利用屋面材料表面的颜色和光滑程度对辐射热产生反射作用,进而降低屋顶底面的温度。常见浅色砾石铺面或屋面上涂刷浅色着色剂等做法。

三、坡屋顶

坡屋顶是由两个或两个以上坡度较大的斜屋面交错组成,斜面相交的阳角称为脊,相交的阴角称为斜沟(图4-92)。坡屋顶是我国传统的屋顶形式,常见的坡屋顶有单坡、双坡、四坡等。

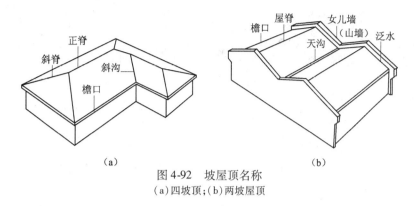

图 4-92　坡屋顶名称
(a)四坡顶;(b)两坡屋顶

(一)坡屋顶的组成

坡屋顶主要由承重结构和屋面两部分组成,根据不同的使用要求还可以增加保温层、隔热层、顶棚等(图 4-93)。

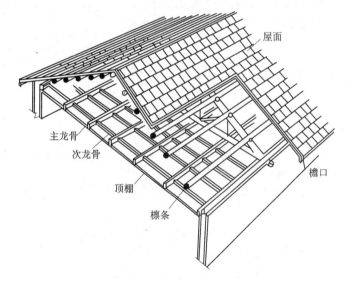

图 4-93　坡屋顶的组成

承重结构是承受屋面荷载并把它传递到墙或柱上,一般由屋架、檩条、椽子等组成。

屋面是屋顶的上覆盖层,直接承受风雨、冰冻、太阳辐射等大自然气候的作用,包括屋面盖料和基层,如挂瓦条、屋面板等。

顶棚是屋顶下部的遮盖部分,可使室内顶部平整,反射光线,并起到保温、隔热和装饰作用。

保温或隔热层可设在屋面或顶棚层,视地区气候及房屋使用需要而定。

(二)坡屋顶的承重结构

坡屋顶的承重结构有山墙承重和屋架承重。

1. 山墙承重

横墙砌成山尖形状,直接在墙上放置檩条以承受屋顶荷载,这种结构布置称山墙承重或叫硬山架檩(图 4-94)。山墙承重做法简单,适合于相同开间并列的房屋,如宿舍、办公室等。

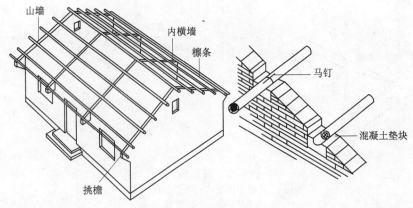

图 4-94　山墙承重

2. 屋架承重

当房屋的开间较大时,可设置屋架支承檩条,屋架间距一般为 3～4m(用木檩条时)。大跨度建筑常采用预应力钢筋混凝土檩条或型钢檩条,屋架间距可达 6m(图 4-95)。

(三)坡屋顶的屋面构造

坡屋顶的屋面防水材料,主要是各种瓦材和不同材料的板材。平瓦有水泥瓦与黏土瓦两种,其外形是按排水要求设计,尺寸为 400mm×230mm,铺设搭接后的有效长度为 330mm×200mm,每平方米约需 15 块,

图 4-95　屋架承重

平瓦屋顶的坡度通常不宜小于 1∶2,常用的平瓦屋面构造有三种:

1. 冷摊瓦屋面

冷摊瓦屋面是在屋架上弦或椽条上直接钉挂瓦条,在挂瓦条上挂瓦,其构造如图 4-96 所示。这种做法,缺点是瓦缝容易渗漏、保温效果差,常用于建筑标准不高的房屋建筑。

2. 平瓦屋面

平瓦屋面是在檩条或椽条上钉屋面板(即木望板),屋面板上覆盖油毡再钉顺水条和挂瓦条然后挂瓦的屋面,构造如图 4-97 所示。

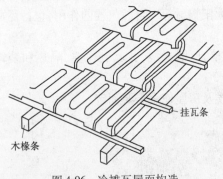

图 4-96　冷摊瓦屋面构造

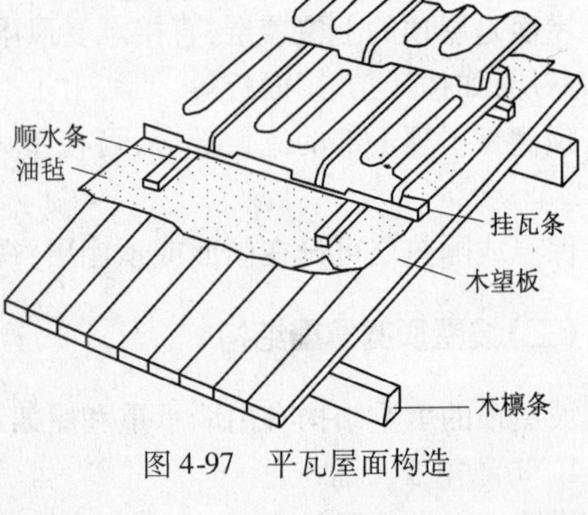

图 4-97　平瓦屋面构造

3. 钢筋混凝土挂瓦板平瓦屋面

钢筋混凝土挂瓦板为预应力构件或非预应力构件,板肋根部预留有泄水孔,可以排除从瓦

缝渗下的雨水。挂瓦板的断面形式有 T 形和 F 形等,瓦是挂在板肋上,板肋中距 330mm,板缝用 1:3 水泥砂浆填塞,构造如图 4-98 所示。

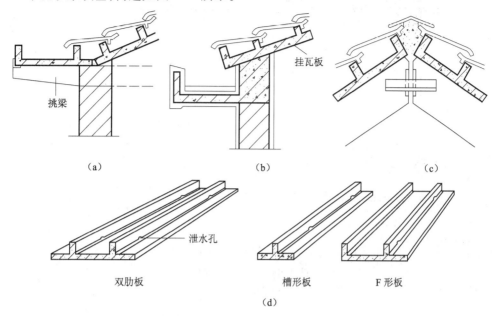

图 4-98 钢筋混凝土挂瓦板平瓦屋面
(a)挂瓦板檐沟;(b)墙梁出挑檐沟;(c)屋脊盖瓦构造;(d)挂瓦板类型

挂瓦板兼有檩条、望板、挂瓦条三者的作用,可节省材料,但应对挂瓦板构件的几何尺寸严格控制,以保证与瓦材尺寸协调。

四、坡屋面的檐口构造

平瓦屋面的檐口分纵墙檐口(图 4-99)和山墙檐口(图 4-100)。

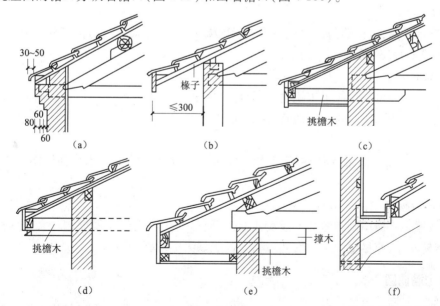

图 4-99 纵墙檐口构造
(a)砖挑檐;(b)屋面板挑檐;(c)挑檐木挑檐;(d)椽木挑檐;(e)挑檩檐口;(f)女儿墙檐沟

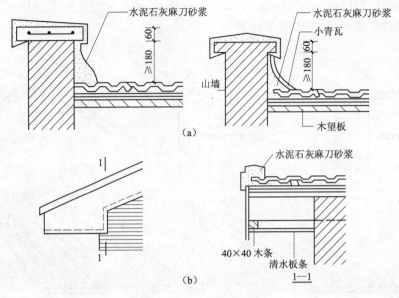

图 4-100　山墙檐口构造
(a)硬山檐口;(b)悬山檐口

(一)纵墙檐口

1. 砖挑檐

砖挑檐适用于出檐较小的檐口。用砖叠砌出挑长度,一般为墙厚的 1/2,并不大于 240mm,如图 4-99(a)所示。

2. 屋面板挑檐

屋面板出挑檐口,出挑长度不宜大于 300mm,如图 4-99(b)所示。

3. 挑檐木挑檐

在横墙承重时,从横墙内伸出挑檐木支承屋檐,挑檐木伸入墙内的长度不应少于挑出长度的 2 倍,如图 4-99(c)所示。

4. 椽木挑檐

有椽子的屋面可以用椽子出挑,檐口处可将椽子外露,并在椽子端部钉封檐板。这种做法的出檐长度一般为 300 ~ 500mm,如图 4-99(d)所示。

5. 挑檩檐口

在檐墙外面加一檩条,利用屋架下弦的托木或横墙砌入的挑檐木作为檐檩的支托,如图 4-99(e)所示。

6. 女儿墙檐沟

有的坡屋顶将檐墙砌出屋面形成女儿墙,屋面与女儿墙之间要做檐沟。女儿墙檐沟的构造复杂,容易漏水,应尽量少用。女儿墙檐沟构造如图 4-99(f)所示。

(二)山墙檐口

山墙檐口按屋顶形式分硬山与悬山两种做法(图 4-100)。硬山檐口是将山墙升起高出屋面,包住檐口并在山墙和屋面交接处做好泛水处理的檐口构造;悬山檐口是利用檩条出挑使屋面宽出墙身,木板封檐的檐口构造。

第七节 门 窗

门和窗是房屋建筑的重要组成部分。窗的主要功能是采光、通风及眺望;门的主要功能是交通联系、分隔空间,必要时将门窗开启可兼起采光、通风作用。此外,门、窗对建筑物的外观造型及室内装修影响也很大,设计要求门窗应坚固耐用、美观大方、开启方便、关闭紧密、便于清洁维修。

门窗按其制作材料可分为木门窗、钢门窗、铝合金门窗、塑钢门窗等。其中木门窗制作方便,价格较低,密封和保温性能好,但不防火、耐久性较差,尤其耗用木材多,更兼木窗的窗料断面尺寸较大,遮挡光线较多,故提倡以其他材料代替。其他材料的门窗也各有优缺点,应根据不同使用部位进行选择使用。铝合金窗强度高、透光面积大,但推拉门窗密闭性能较差,而平开门窗构造比推拉门窗复杂。塑钢窗密闭性能高于铝合金,但容易老化。目前,铝合金门窗和塑钢门窗在民用建筑中得到了广泛的应用。

在《建筑安装工程质量检验评定统一标准》(GBJ 300—88)中,门窗对应于门窗分部工程,包括木门窗制作、木门窗安装、钢门窗安装、铝合金门窗安装等分项工程。本节主要讲述木门窗安装制作等构造。

一、窗的形式与尺度

(一)窗的形式

窗的形式一般是按窗的开启方式进行分类。一般来说,窗的形式主要取决于窗扇的五金位置及转动方式,如图 4-101 所示。

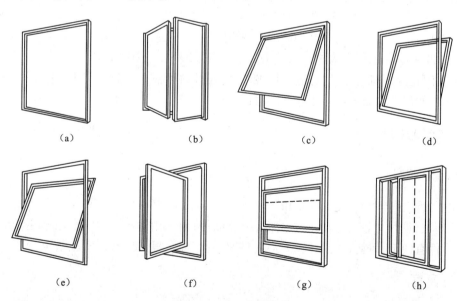

图 4-101 窗的形式
(a)固定窗;(b)平开窗;(c)上悬窗;(d)下悬窗;
(e)中悬窗;(f)立转窗;(g)垂直推拉窗;(h)水平推拉窗

1. 固定窗

不设窗扇,将玻璃直接镶在窗框上,如图 4-101(a)所示。一般用在门窗亮子、走廊间接采光和不需开窗通风换气的部位。

2. 平开窗

是民用建筑中最常用的一种开启方式,如图 4-101(b)所示。窗扇一侧用铰链或合页与窗框相连,开启关闭十分方便。平开窗又分单层内开和外开、双层内外开、双层全内开等几种方式。一般建筑多用外开窗,外开窗有利于防止雨水流入,开启不占室内空间,但擦拭和更换玻璃不方便。

3. 悬窗

根据铰链和转轴位置,又可分为上悬窗、中悬窗和下悬窗,如图 4-101(c)、(d)、(e)所示。上悬窗和下悬窗构造同平开窗,只是铰链位置从窗扇侧面换到了窗扇的上部和下部,而中悬窗构造较为复杂。为防止雨水飘入室内,处于外墙上的上悬窗必须外开,下悬窗必须内开,而中悬窗构造只能是上半部内开、下半部外开。上悬窗和中悬窗多用于高大房间的上部外窗,下悬窗多用于内门上的亮子等。

4. 立转窗

窗扇绕垂直轴转动的窗,也称旋窗,如图 4-101(f)所示。可按通风需要调整开启角度,适用于生产用房的下部和门亮子。

5. 推拉窗

窗扇沿导轨或滑槽进行推拉,可左右推拉或上下推拉,如图 4-101(g)、(h)所示。推拉窗开启后双层窗扇重叠放置,不占用室内使用空间。

(二)窗的尺度

窗的尺度主要取决于房间的采光、通风、材料、构造做法和建筑造型等要求,并应符合《建筑模数协调统一标准》(GBJ 2—86)的规定。一般平开木窗的窗扇宽度为 400~600mm,高度为 800~1200mm,亮子高度为 300~600mm,固定窗和推拉窗尺寸可大一些。上下悬窗的窗扇高度宜为 300~600mm,中悬窗窗扇的高宽不宜大于 1200mm×1000mm。

一般民用建筑用窗,各地均有通用标准图集,设计时可根据窗洞口尺寸按标准图予以选用即可,窗洞口的尺寸均为 300mm 的扩大模数。

二、木窗的构造

(一)窗的组成

窗主要由窗框、窗扇、五金零件和附件四部分组成(图 4-102)。窗框由上下框(或称为槛)、边框组成,窗尺寸较大时增加中横框、中竖框等;窗扇由边梃、上下冒头、窗芯、玻璃等组成;五金零件有铰链、风钩、插销、拉手等;附件有贴脸、窗台板、筒子板、木压条等。

(二)窗框

1. 窗框的位置

窗框在墙上的位置,一般有窗框居中、窗框内平、窗框外平等形式。窗框居中设置,内外两侧均应可设窗台(图 4-103)。

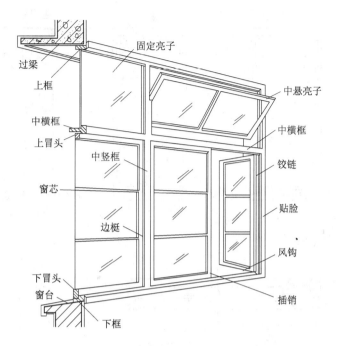

图 4-102 窗的组成

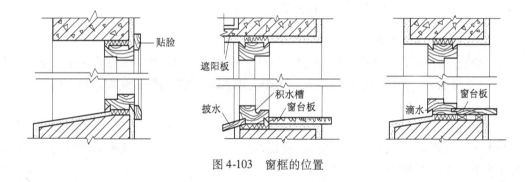

图 4-103 窗框的位置

2. 窗框的安装

窗框的安装有两种方法:后塞口和先立口安装。施工中常采用塞口安装,窗框的外包尺寸应比洞口尺寸小。

3. 窗框的断面形状与尺寸

窗框构造上应有裁口与背槽处理,并依单层窗、双层窗有单裁口和双裁口之分。窗框的断面尺寸应考虑榫接牢固,一般单层窗的窗框断面(净尺寸)厚为 40~60mm,宽为 70~90mm;双层窗窗框的断面宽度应比单层窗宽出 20~30mm。

(三)窗扇

1. 窗扇的组成

常见的窗扇有玻璃扇和纱扇之分,玻璃窗的窗扇是由上冒头、下冒头、边梃及窗芯(窗棂)组成,图 4-104 为窗扇构造。

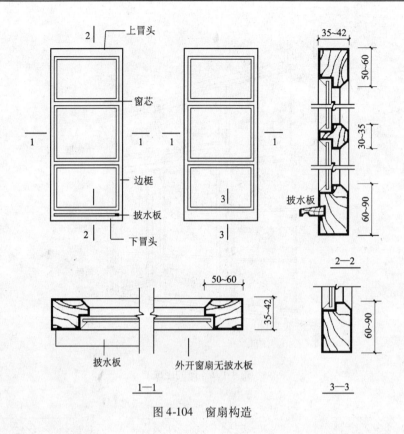

图 4-104　窗扇构造

2. 窗扇断面形状与尺寸

窗扇的上下冒头、边梃及窗芯均有裁口,以便于安装玻璃和窗纱。下冒头由于承受窗扇重量,尺寸可适当加大。为减少木料的挡光和出于美观要求,一般均做出线脚。

3. 玻璃的选用和安装

一般情况下选用普通平板玻璃,常用 3mm 厚玻璃,当窗玻璃面积较大时可采用 5mm 厚玻璃。出于遮挡视线需要,可选用磨砂玻璃、压花玻璃等。中空玻璃、吸热玻璃、反射玻璃、钢化玻璃等则用于特殊要求的房屋建筑中。

玻璃一般采用油灰嵌固,也可用木压条进行固定。

三、门的形式与尺度

(一)门的形式

门按其开启方式分类有平开门、弹簧门、推拉门、折叠门、转门等类型,可参见图 4-105。

1. 平开门

门的一侧用合页铰链与门框连接,有单扇、双扇及内开、外开几种,如图 4-105(a)所示。平开门制作安装方便,开启灵活,构造简单,在建筑中广泛使用。

2. 弹簧门

从开启方式和安装形式上看和平开门应属一类,由弹簧铰链代替普通铰链,使门能够自动关闭,使用方便,如图 4-105(b)所示。多用于人流出入频繁的公共建筑主门或有自动关闭要求的场所。

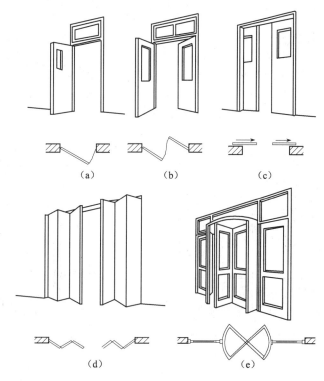

图4-105 门的形式
(a)平开门;(b)弹簧门;(c)推拉门;(d)折叠门;(e)转门

3. 推拉门

门扇沿着导轨左右水平滑动,通常有单扇推拉和双扇推拉,也可制作双轨多扇推拉门等,如图4-105(c)所示。依据轨道位置和门扇尺寸,可采用上挂、下滑及上挂下滑方式推拉。

4. 折叠门

一般分为侧挂式和推拉式折叠门。是多扇门之间相互用合页或铰链连接成一组,开启后几扇门可以折叠在一起,如图4-105(d)所示。折叠门多用于仓库、商场等门洞较大的建筑物或公共建筑灵活分隔之用。

5. 转门

转门造型较为美观,是由两固定的弧形门套和垂直门扇组合在一竖直中轴上,门扇可水平旋转,如图4-105(e)所示。使用转门可以减少室内外的热量对流,但转门构造复杂,常用于公共建筑中的主要出入口。

(二)门的尺度

门的尺度通常是指门洞的高宽尺寸,门作为交通疏散通道,其尺度在满足疏散功能要求的同时,应同时符合《建筑模数协调统一标准》(GBJ 2—86)的规范要求。一般民用建筑用门,高度为2000~2400mm,公共建筑用门高度可视建筑立面尺度适当提高。单扇门的宽度为800~1000mm,双扇门为1200~1800mm,亮子高度一般为300~600mm。

四、门的构造

一般建筑物内门宜用木门,木门制作灵活并可以做出各种造型,封闭性较好、重量轻,但其消耗大量木材,所以应尽量以其他材料代替。木门构造做法具代表性,故仍以木门为例进行讲述。

(一)平开木门的组成

平开木门一般由门框、门扇、亮子、五金件或其他附件构成(图4-106)。门框由边框、上框(槛)、中横框(横挡)和中竖框组成,门扇由上、中、下冒头,边梃,门芯板和玻璃等组成。亮子起辅助采光、通风及调整门尺寸的作用,可以是固定和开启的亮子。五金件一般有铰链、插销、门锁、拉手等。

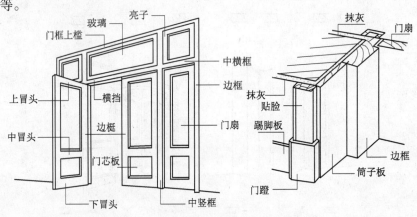

图4-106 平开木门的组成

(二)平开木门的构造

1. 门框

门框的断面形状基本上与窗框相同,但门经常开启,易受外力碰撞,且负荷较大,故断面尺寸较大。门框安装同窗安装一样,也有先立口、后塞口安装方式,常采用后塞口安装,位置居中较多。

2. 门扇

门扇按门芯板的类型分为夹板门、镶板门、玻璃门等(图4-107)。

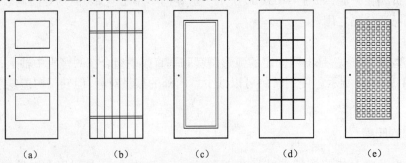

图4-107 门扇类型
(a)镶板门;(b)拼板门;(c)胶合板门;(d)玻璃门;(e)皮革门

镶板门是广泛使用的一种门扇形式,由边梃、上冒头、中冒头、下冒头组成骨架,内镶门芯板(胶合板、木板、硬质纤维板、玻璃等)。镶板门构造如图4-108所示。

夹板门是中间为轻型骨架、双面贴薄板的门,夹板门省料、自重轻、外形简洁,广泛用于建筑物的内门,夹板门的面板一般用胶合板、硬纤维板,用胶结材料双面胶结。

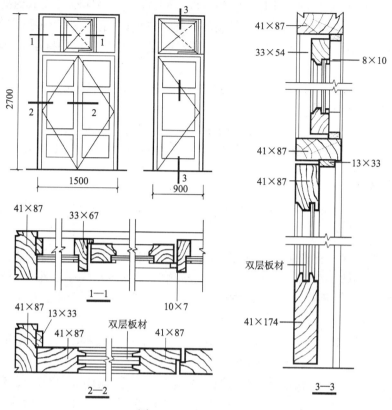

图 4-108　镶板门构造

五、金属门窗

随着建筑技术和建筑材料的不断发展及建筑功能的新要求,木门窗已远远不能适应现代建筑的需要,因此出现了不同材料的门窗。金属门窗以其轻质高强、节约木材、密闭性能好、透光系数大、造型美观等优点,广泛应用于民用建筑中。目前,常用的金属门窗有钢门窗、铝合金门窗、镀锌彩板门窗及塑钢门窗等多种类型。

1. 钢门窗

钢门窗在我国应用已较为普遍,有实腹和空腹钢门窗之分,由于其抗锈蚀、密闭性较差,故多用于工业厂房和仓库等建筑中。

钢门窗安装均采用后塞口方式,一般采用铆、焊两种形式固定,可在墙上预留洞口或在钢筋混凝土柱上预埋铁件进行安装。大面积钢门窗可用基本门窗单元利用拼料进行组合使用。

2. 铝合金门窗

铝合金门窗质轻、高强、抗锈蚀、密封性好,造型美观,在民用建筑中应用日益广泛。

铝合金门窗框,外侧用螺钉固定钢固件,安装时与墙、柱中的预埋件焊接或铆固。

第八节　变　形　缝

由于温度变化、地基不均匀沉降以及地震等因素的影响,在建筑物结构内部会产生附加应力与应变,处理不当会造成建筑物出现裂缝或破坏,影响建筑物的安全使用。解决办法有两种,一种是通过加强建筑物的整体性,使之具有足够的强度和整体刚度克服这些应力破坏,不致造成建筑物损坏;另一种是预先在这些变形敏感部位预留缝隙,将结构断开,保证建筑物各部分在这些缝隙中有足够的变形宽度而不会造成建筑物的破损。这种将建筑物垂直分割开来的预留缝隙就称之为变形缝。

变形缝有三种:伸缩缝、沉降缝和防震缝。变形缝的设置对建筑造型和立面处理影响较大,变形缝位置应力求隐蔽。

变形缝的盖缝材料及构造应根据变形缝的类型、所处部位和使用需要的不同,有针对性地采取防火、防水、保温等安全防护措施,并使其在产生位移和变形时不至于被破坏。

一、伸缩缝

(一)伸缩缝的设置

建筑物因受温度变化影响产生热胀冷缩,在结构内部就会产生温度应力,并会导致建筑物出现裂缝。为预防这种情况的发生,常沿建筑物长度方向每隔一定距离或在结构变化较大处预留缝隙,将建筑物断开。这种按温度变化而设置的缝隙就称之为伸缩缝,也叫温度缝。

伸缩缝要求把建筑物的墙体、楼板、屋顶等地面以上部分全部断开,基础由于埋在地面以下,受温度变化较小,故而基础不必断开。

伸缩缝的最大间距,应根据不同建筑物的结构形式而定,具体应参阅现行结构设计规范的规定,如砖石墙体伸缩缝最大一般为 50~70m。为保证缝两侧的构件能在水平方向自由伸缩,伸缩缝的缝宽一般为 20~30mm。

(二)伸缩缝构造

伸缩缝构造要求主要是遮盖缝隙和满足房屋使用,盖缝材料的选择应保证缝两侧构件能在水平方向自由伸缩。

1. 墙体伸缩缝构造

墙体因缝的设置而成为各自相对独立的部分,依据墙体厚度的关系,可做成平缝、错口缝或企口缝(图 4-109)。外墙常用沥青麻丝填嵌缝隙,出于建筑立面美观和使用方面考虑,可采用铝合金条板或其他金属材料。内墙上的伸缩缝应考虑房屋使用和室内空间要求,着重表面处理。墙体伸缩缝构造如图 4-110 所示。

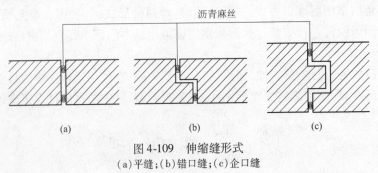

沥青麻丝

(a)　　　　　(b)　　　　　(c)

图 4-109　伸缩缝形式
(a)平缝;(b)错口缝;(c)企口缝

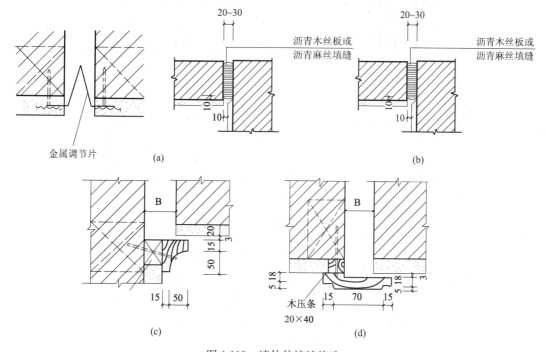

图 4-110　墙体伸缩缝构造
（a）抹灰外墙；（b）面砖外墙；（c）内墙转角；（d）内墙面平齐

2. 楼地层伸缩缝构造

按伸缩缝设置要求,楼板层伸缩缝的位置、大小应与墙体、屋面伸缩缝一致。楼板的面层、顶棚和结构层均应在缝隙处全部分离,面层和顶棚均应采用盖缝材料遮盖,缝内常用可压缩材料填缝处理。地坪层只需做面层处理,在其基层中填充有弹性的松软材料即可,构造如图4-111所示。

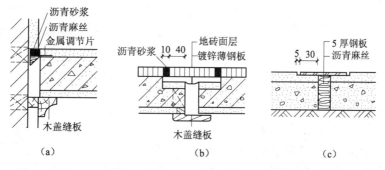

图 4-111　楼地层伸缩缝构造
（a）转角处盖缝构造；（b）地砖楼面；（c）地面盖缝

3. 屋面伸缩缝构造

屋面伸缩缝常见位置一般在同层等高屋面和高低屋面交接处,处理原则是在不影响屋面变形的同时,防止雨水从缝隙处渗入室内。等高屋面一般在缝两侧加砌矮墙,按屋面防水要求做好盖缝板的防水和矮墙的泛水构造。高低屋面应在低侧屋面板上砌筑矮墙,并将盖缝板固定在较高一侧的墙上,泛水高应大于250mm。具体构造如图4-112所示。

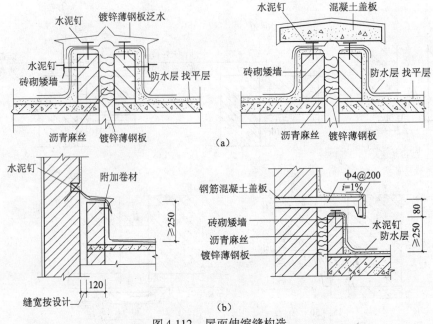

图 4-112　屋面伸缩缝构造
(a)等高屋面伸缩缝；(b)高低屋面伸缩缝

二、沉降缝

(一)沉降缝设置

为了防止建筑物各部分由于地基不均匀沉降引起房屋破坏而设置的垂直缝隙就称之为沉降缝。当建筑物建造在土层性质差别较大的地基上，或因建筑物相邻部分的高度、荷载和结构形式差别较大时，建筑物体型复杂其连接部位又比较薄弱时以及新建建筑与原有建筑毗连时均应考虑设置沉降缝，如图 4-113 所示。沉降缝是将建筑物划分成可以自由沉降的独立单元，以保证各独立部分均匀沉降。

沉降缝构造复杂，设计时应从选址、地基处理、体形优化、结构选型等多方面考虑，从而达到不设或尽量少设的目的。沉降缝与伸缩缝的不同之处在于沉降缝是从建筑物的基础、墙体、楼板、屋顶等全部断开。由此看出，沉降缝可代替伸缩缝，而伸缩缝则不能代替沉降缝。沉降缝的缝宽随地基情况和建筑物高度的不同而不同，一般为 50～70mm。

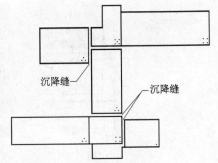

图 4-113　沉降缝设置的位置和形式

(二)沉降缝构造

沉降缝一般兼起伸缩缝作用，填塞材料与伸缩缝基本相同，但盖缝材料、构造必须考虑缝两侧部分在垂直方向自由变形，具体处理时应考虑构件的变形方向。而屋面沉降缝还应考虑不均匀沉降对屋面泛水产生的影响，最好采用金属调节片以利于沉降变形。楼地层与屋面沉降缝构造可参见图 4-111 和图 4-112。墙体沉降缝构造如图 4-114 所示。

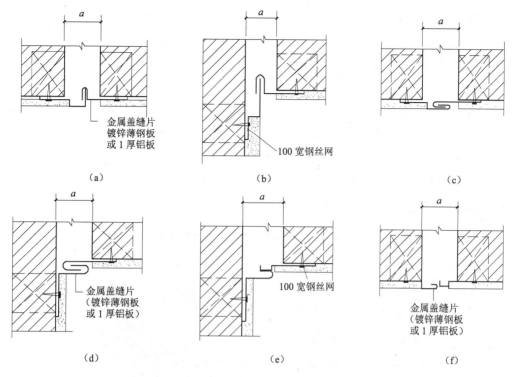

图 4-114　兼具伸缩作用的外墙沉降缝构造
注:图中 a 代表缝宽

　　沉降缝基础断开,基础可采用双墙方案和悬挑方案处理。双墙方案是在缝两侧均设有承重墙,使承重横墙和各自的纵墙都有很好的连接,以保证两侧沉降单元的整体刚度,但基础为偏心受力。悬挑方案能使缝隙两侧的基础距离加大,各自沉降而相互影响却较小。当沉降缝两侧基础埋深较大或新建建筑与原有基础毗连时,宜采用悬挑方案,而挑梁上的墙体应尽量采用轻质材料。基础沉降缝构造如图 4-115 所示。

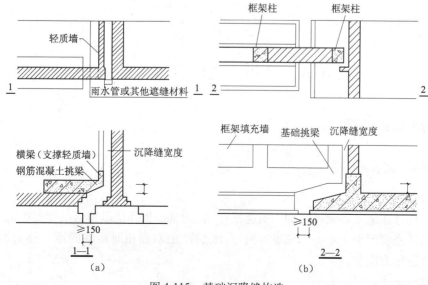

图 4-115　基础沉降缝构造
(a)砖墙承重条形基础沉降缝;(b)框架结构基础沉降缝

三、防震缝

(一)防震缝设置

在地震设防区,当建筑物体型复杂、有错层且楼板高差较大,或建筑物各部分的结构刚度、重量相差悬殊时,应设置防震缝,一般仅在基础以上设置。防震缝应同伸缩缝、沉降缝协调布置,做到一缝多用。当防震缝与沉降缝结合时,基础也应断开。

防震缝缝宽应沿建筑全高设置,缝两侧应布置双墙或双柱,以保证各部分有较好刚度。一般防震缝缝宽可取 50~100mm。

(二)防震缝构造

防震缝在墙身、楼地层及屋顶各部分的构造基本上和伸缩缝、沉降缝相同,只是防震缝较宽,盖缝处的防护措施更应处理好,构造如图 4-116 所示。

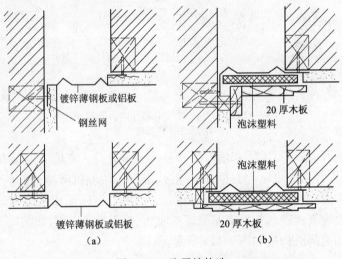

图 4-116　防震缝构造
(a)外墙;(b)内墙

第九节　民用建筑抗震及防火构造

一、民用建筑抗震

(一)地震、震级和烈度

1. 地震

地震是地球在运动和发展过程中的能量作用,能量蓄积到足以使岩层剧烈振动,并以波的形式向地表传播就产生了地震。在地球内部,断层产生剧烈相对运动的地方称为震源。震源正上方的位置称为震中。

2. 震级

震级表示地震的强烈程度,震级的大小是由一次地震释放能量的多少决定的。一次地震只有一个震级,震级每差一级,能量相差32倍。震级是衡量某次地震大小的指标。

3.地震烈度

是指某地区地面及房屋建筑遭受一次地震影响的强烈程度。对应一次地震,震级只有一个,由于各地距震中远近不同,地震烈度不同。一般来说,震中区烈度最大,离震中愈远烈度愈小。表4-8为震级和震中烈度的关系。

表4-8 震级与震中烈度的关系

震 级	1~2	3	4	5	6	7	8	8以上
震中烈度	1~2度	3度	4~5度	6~7度	7~8度	9~10度	11度	12度

地震烈度又分基本烈度和设防烈度。基本烈度是指该地区今后一定时期在一般场地条件下,可能遭遇的最大地震烈度。设防烈度是指设计中所采用的地震烈度,是根据建筑物的重要性,在基本烈度的基础上调整确定的。

(二)抗震设计原则

房屋的抗震设防是对房屋进行抗震设计,并在构造上采取抗震措施,以达到房屋抗震的目的。现行《建筑抗震设计规范》(GB 50011—2001)规定,房屋建筑经抗震设防后,当遭受低于本地区设防烈度的地震时,不受损坏或不需修理仍可继续使用;当遭受本地区设防烈度的地震影响时,可能损坏,经一般修理或不需修理仍可继续使用;当遭受高于本地区设防烈度的预计地震时,不致倒塌或发生危及人身生命的严重破坏。即在设计中贯彻"小震不坏,中震可修,大震不倒"的设计原则。规范还规定,地震烈度在6度及6度以上地区,房屋必须进行抗震设计,对房屋进行抗震设防,以确保国家财产和人民生命的安全。

(三)抗震构造措施

多层砖混结构的抗震构造措施,主要来自抗震实践经验,是为了增强房屋的整体性,提高结构薄弱环节的抗震能力。

1.圈梁

圈梁是多层房屋中外墙和部分内墙设置的连续封闭的卧梁,其作用是增强房屋的整体刚度,减少地基不均匀沉降所引起的墙身开裂,提高房屋的抗震能力。表4-9为钢筋混凝土圈梁设置要求。

表4-9 钢筋混凝土圈梁设置要求

圈梁设置及配筋		设 计 烈 度		
		6度、7度	8度	9度
圈梁设置	沿外墙及内纵墙	屋盖处及每层楼盖处	屋盖处及每层楼盖处	屋盖处及每层楼盖处
	沿内横墙	同上,屋顶处间距不大于7m处,楼板处间距大于15m,构造柱对应部位	同上,屋顶处沿所有横墙且间距不大于7m处,楼板处间距不大于7m,构造柱对应部位	同上,各层所有横墙
配 筋	最小纵筋	4φ10	4φ12	4φ14
	最大箍筋间距(mm)	250	200	150

注:本表摘自《建筑抗震设计规范》(GB 50011—2001)。

圈梁目前主要采用钢筋混凝土圈梁,也有钢筋砖圈梁构造做法(同钢筋砖过梁做法)。钢筋混凝土圈梁截面高度不小于120mm,宽等同墙厚或不小于墙厚的2/3并不得小于180mm。当圈梁被门窗洞口切断而不能交圈时,应在洞口上部设附加圈梁,圈梁搭接构造如图4-117所示。在地震设防区,圈梁应完全闭合,不得被洞口切断。

2. 构造柱

构造柱是地震设防区多层房屋中设置的,用以提高建筑整体刚度和稳定性的钢筋混凝土柱。它和圈梁共同作用形成空间骨架,是防止房屋在地震力作用下房屋倒塌的一种有效措施。表4-10为一般情况下钢筋混凝土构造柱设置要求,图4-118为砖混结构构造柱设置示意图。

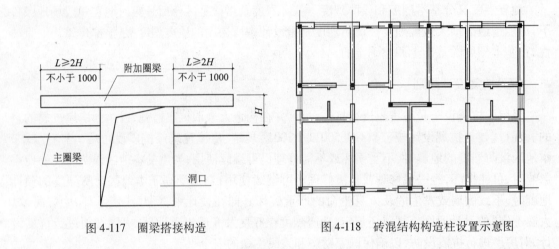

图 4-117　圈梁搭接构造　　　　　图 4-118　砖混结构构造柱设置示意图

表 4-10　砖房构造柱设置要求

房 屋 层 数				设 置 部 位	
6 度	7 度	8 度	9 度		
四、五	三、四	二、三		外墙四角,错层部位横墙与外纵墙交接处,大房间内外墙交接处,较大洞口两侧	7、8度时,楼、电梯间的四角;隔15m或单元横墙与外纵墙交接处
六、七	五	四	二		隔开间横墙(轴线)与外墙交接处,山墙与内纵墙交接处;7~9度时,楼、电梯间的四角
八	六、七	五、六	三、四		内墙(轴线)与外墙交接处,内墙的局部较小墙垛处;7~9度时,楼、电梯间的四角;9度时内纵墙与横墙(轴线)交接处

注:本表摘自《建筑抗震设计规范》(GB 50011—2001)。

构造柱最小截面尺寸240mm×180mm,竖向钢筋一般用4φ12,箍筋间距不大于250mm,构造柱可不单独设基础,但应伸入室外地面以下500mm,或锚入浅于500mm的基础圈梁内。图4-119所示为构造柱和圈梁交接处构造,图4-119(c)、(d)中虚线表示构造柱预留马牙槎的位置。多层砌块房屋抗震构造措施参见《建筑抗震设计规范》(GB 50011—2001)。

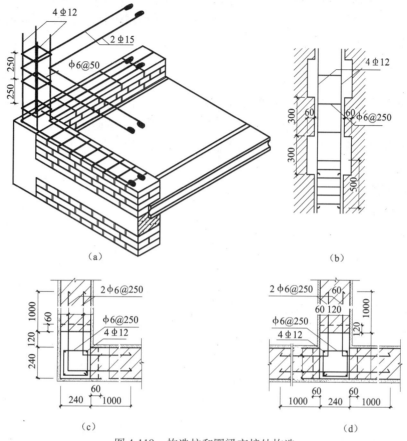

图 4-119 构造柱和圈梁交接处构造
(a)外墙转角构造柱;(b)构造柱马牙槎;
(c)墙与构造柱拉筋处理;(d)墙与构造柱拉筋处理

二、村镇建筑防火构造

村镇建筑目前已呈现出体量大且功能复杂的趋势,按现行《建筑设计防火规范》(GB 50016—2006)和《村镇建筑设计防火规范》(GBJ 39—90),建筑设计应按规范要求进行设计。

(一)防火墙

建筑物的面积大,室内容纳人数相应也较多,发生火灾后为保证人身安全、降低火灾损失,应按建筑物的耐火等级,限制其最大允许长度,在一定部位设置防火墙并划分防火分区。

根据防火墙在建筑物中的位置和构造形式,有横向防火墙、纵向防火墙、内墙防火墙、外墙防火墙和独立防火墙等。防火墙的构造如下:

(1)防火墙应由非燃烧材料构成;

(2)防火墙应直接砌筑在基础上或框架结构的框架上;

(3)防火墙应截断燃烧体或难燃烧体的屋顶结构,且应高出非燃烧体屋面(如黏土瓦、石棉瓦等)不小于400mm;高出燃烧体或难燃烧体屋面(如木板、油毡等)不小于500mm;

（4）防火墙内部不应设置排气道，必须设置时，其两侧墙身截面厚度不应小于120mm；

（5）防火墙不应开设门窗洞口，如必须开设时，应采用耐火极限不低于2h的非燃烧体或难燃烧体的防火门窗。

（二）防火门

根据需要在防火墙或疏散楼梯等开设的防火门分为甲、乙、丙三级，其耐火极限分别为1.2h、0.9h和0.6h。防火门宜为平开门，疏散楼梯或主要通道的防火门应采用单向弹簧门，并应向疏散方向开启。钢筋混凝土的防护密闭门或密闭门可代替防火门。

防火门构造如下：

（1）防火门应能关闭严密，不会窜出烟火；

（2）当防火门采用难燃烧体材料时，防火门上应设泄气孔；

（3）为保证防火门能及时关闭，应设自动关闭装置，以阻挡火势蔓延。

第五章 村镇住宅设计

近年来,随着村镇经济的发展,人们的居住意识也在发生变化,生活方式逐渐向城市化转变,从过去的单一型转向多元型,从面积型转向功能型,从温饱型转向舒适型。从总体看,村镇住宅又有自己的特点:使用功能既方便生活,又有利于家庭副业生产;建筑物室内外关系密切,房屋组合变化丰富,建筑选材能体现因地制宜,就地取材,因材致用;受当地气候、民族风俗、传统观念的影响较深,有浓重的地方特色。

第一节 概　　述

一、村镇住宅的特点

(1)地方性强。我国各地自然条件、风俗习惯、建筑材料、建造方式和建设要求等均不相同,设计时要充分了解这一特点,做到因地制宜。

(2)组成复杂。设计时要满足农民生活和生产两方面的需要。

(3)综合性强。村镇住宅大部分是几代人一起生活,而且兼有其他功能,必须综合考虑。

(4)节约性强。村镇经济条件相对较差,必须考虑村镇住宅的经济性。

(5)发展快速。村镇住宅发展速度快,而且建房基本没有统一的规划,所以要充分做好未来几年的规划。

二、住宅的技术经济指标

目前,对于村镇住宅,尚无明确的统一建筑标准,尤其是当前各地农村经济发展水平不一,农民富裕程度差别很大,给建筑标准的统一带来很大的难度,设计人员在进行设计时,应根据国家和当地已颁布的有关政策以及实际情况妥善掌握。

常用的技术经济指标有宅基地面积、平均每户建筑面积、使用面积系数、交通面积系数、结构面积系数、每户院落面积、每平方米建筑造价等。

(一)宅基地面积

根据《农村房屋管理暂行办法》,由省、市、自治区根据当地的实际情况,规定限额标准,由县级人民政府根据当地人均耕地面积、农民家庭人口构成、副业生产发展等因素确定具体指标,划给农民建房用地,如2.5分地/户。

(二)平均每户建筑面积

平均每户建筑面积,是指宅基地内所有房屋的建筑面积。建筑面积是建筑物外墙每层水平面积的总和。

（三）使用面积系数、交通面积系数、结构面积系数

$$使用面积系数 = \frac{使用面积}{建筑面积} \times 100\%$$

$$交通面积系数 = \frac{交通面积}{建筑面积} \times 100\%$$

$$结构面积系数 = \frac{结构面积}{建筑面积} \times 100\%$$

使用面积指主要使用房间和辅助使用房间的净面积（不包括墙、柱面积以及在结构面积内的烟道、通风道等）；交通面积是指走道、楼梯间等交通联系设施的净面积；结构面积是指建筑平面中结构（墙、柱等）所占面积。

使用面积系数是衡量房屋面积利用率的一项指标。这一系数越大，住宅面积的使用率越高；反之，住宅面积的使用率越低。

（四）每户院落面积

指宅基用地范围内，除去建筑物及其他设施所占面积以外，形成的比较规整的前庭、后院或天井的面积，它是衡量宅基地利用效率的一项参考指标。

（五）每平方米建筑造价

按当地单位估价表算出总造价之后，折算出每平方米造价，列入经济技术指标档内。它包括土建筑造价和设备（电照、室内给排水、沼气池、贮仓等）的造价。造价指标是控制建筑质量标准和计算投资用的，它可以衡量同一地区内住宅方案的合理性。

三、村镇住宅与用地

村镇住宅应在合理的规划布局中，解决好改善居住条件同节约用地的矛盾。在具体设计中应注意以下几方面的问题：

（1）合理布局。在规定的宅基地内，合理布局，力求紧凑规整，尽量减少交通面积，缩短活动路线；

（2）充分利用空间。在注意利用居室内部空间的同时，也要充分利用宅基地范围内的外部空间。如利用杂屋或厨房的屋顶作晒场；把猪舍、鸡舍、柴草贮藏等加以组合等，都是行之有效的方法；

（3）加大进深，减少建筑面宽，提高土地利用率；

（4）利用地形，因地制宜，不占或尽量少占耕地；

（5）多建筑楼房。在经济条件允许的地区，要提倡建楼房，达到节约用地的目的。

四、村镇住宅的分类

（一）根据使用性质分

（1）农业种植型。包括多种农产品种植户，如种田、果树、蔬菜等农业。

（2）饲养型。包括各种家禽饲养户，如养鸡、养猪等饲养型专业户。

（3）工副型。包括各种家庭工副业户,如编织、绣花、服装、运输等工副型专业户。

（4）商业型。包括各种经商户,如小百货、副食、日杂、文化娱乐等经营户。

（二）按户型方式分

（1）一堂一室型。一般供两人或单身居住。

（2）一堂二室型。一般供四口以下的两代人居住。

（3）一堂三室型。一般供五～六口三代人居住。

（4）一堂四室型。一般可供七口以上三代人居住。

五、住宅通用图的意义与选用

（一）采用通用图的意义

村镇住宅通用图的目的是在保证建筑质量,合理解决功能要求的前提下,求得最佳的综合经济效益、环境效益和社会效益。其次要解决好通用图的对象和方法。如果将住宅本身作为通用图的对象和方法,注意保护房屋多样化的要求,则完全可能在通用图多样化的前提下收到一定的效果。

既然通用图是为了解决共性的问题,以求得综合效果,因此必须在统一认识,正确理解通用图意义的基础上,与有关单位特别是建材部门合作,共同制定一个符合本地区的村镇住宅通用图的中长期发展规划,只有突出重点,明确目标,才能取得更好的效果。

（二）通用图推广应用要点

通用图在具体推广应用中,应加强以下几个方面的工作:

（1）村镇住宅通用图的基础理论和标准工作;根据标准化技术政策和标准化方面的有关规定,主要有建筑模数协调体系、住宅功能标准体系和综合效果评价标准等。

（2）组织好通用图住宅标准设计工作。通用图标准设计是推行建筑标准化的重要环节,但通用图标准的要求和形式应"因地、因事"及随着用户的需要改进,因此,在推广通用图应用中,要不断总结村镇住宅建设的经验。在满足广大用户要求的前提下,编制好有一定住宅体系和通用部件的通用图。

（3）根据住宅户型、面积、空间等使用功能的要求,确定平面轴线和垂直方向的参数系列,使构配件系列化。编制成多种基本平面方案,适应各种不同的使用要求,使构件配件系列化、定型化适应工厂预制,逐步使村镇住宅建筑过渡到工业化、商品化生产的轨道。

第二节　村镇住宅的平面设计

从居住性质而言,村镇住宅的内容比城市住宅要复杂些,它除了居住的要求外,还包含农副业生产的功能。加之采用能源不同,使其具有某些独特的内容。尽管随着社会的发展,生活水平不断提高,村镇住宅也有向城市化发展的趋势,但这只说明村镇人民对住宅的内容要求越来越多,设备上要求更加完善,而在相当长的历史时期内,城乡的差别依然会存在,住宅的差别也会存在。村镇住宅的设计要从村镇经济生活的实际情况出发,求得在材料、结构和功能与形式方面高度的统一。

住宅建筑设计如同其他建筑方案设计一样,一般都是从平面设计,即首先绘制草图、平面图开始的。这是因为建筑的最基本的功能和使用要求,也就是说人的活动在平面图里反映得最突出、最具体。例如:房屋需要多大面积从事人的各种活动;这个部分与那个部分的联系;室内活动与室外活动的联系等。确定平面设计内容和主要依据可参阅表 5-1。

表 5-1　建筑平面设计内容和主要依据

序　号	设 计 内 容	主 要 依 据
1	确定主要入口即大门的朝向和位置	①规划中的用地形状; ②道路、交通和主要人流方向; ③建筑室外场地要求
2	房间分区分层	①使用功能的类型和性质; ②对内、对外或相互之间的密切程度; ③有无室外场地要求
3	设置门厅、过厅、过道、楼梯等交通枢纽部分的大小和数量	①房间联系的密切程度; ②人流的大小及使用的频繁程度; ③建筑的公共活动性质; ④防火和疏散要求
4	确定各房间面积大小、基本形状和朝向	①任务书提出的使用和功能要求; ②通用构件如预制梁板的长宽度; ③通用的设备和家具尺寸; ④采光、通风等卫生要求
5	设置厕所、确定位置、设置厕位和朝向	根据建筑类型(如住宅和公共建筑之不同、公共建筑中固定使用对象如学校和非固定使用者如影剧院之不同)
6	初步确定门窗的位置、大小和数量	①房间的性质和使用者数量; ②根据设计规范的朝向、采光和通风要求; ③是否采用门窗通用图
7	确定外墙和内墙、承重墙和非承重墙及其厚度	①结构形式和荷载要求; ②建筑所在地区的保暖、隔热要求; ③选用的墙体建筑材料
8	组合各类、各层房间,从而初步确定平面的外轮廓	综合各项平面设计内容,考虑结构形式,并参照总平面、立面、剖面设计的设想反复、交叉调整

村镇住宅主要由住房(包括堂屋、卧室、厨房、杂屋等)及院落(包括厕所、禽畜圈舍、沼气池、晒场、柴堆及绿化用地等)两部分组成。

一、村镇住宅户内组成及其设计要点

对于一幢住宅,住宅户内设计是最基本的单位,分析户内组成是村镇住宅设计的基础。村镇住宅一般由起居厅、客厅(堂屋)、卧室、厨房、仓库、卫生间、畜舍、走道、楼梯及园圃等各个单体组成。图 5-1 所示为农村住宅平面图。

(一)起居厅与客厅(堂屋)

1. 起居厅与客厅(堂屋)的功能

起居厅与客厅(堂屋)各自的功能是不同的。客厅(堂屋)对外,起居厅对内。凡邻里社交、来访宾客、婚寿庆典、供神敬祖等活动均应纳入客厅的使用功能,而起居厅仅供家人团聚休息、交谈和看电视之用。在村镇单元式住宅中,起居厅与客厅一般是合而为一的,还起着连接多个卧室、厨房的交通枢纽作用,也是从事家庭农副业等活动的地方。

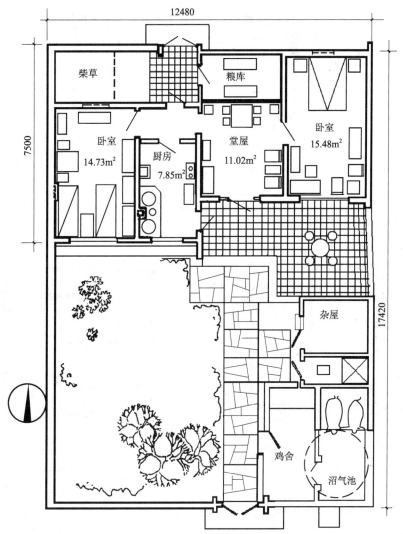

图 5-1 农村住宅平面图

2. 客厅的尺寸

由于客厅具有生活、生产、贮存等多功能性质,使用时间长、使用人数多,因而客厅一般要求宽敞、明亮,有足够的面积和家具布置空间,方便集中活动。可相对分为会客区、娱乐区、祭祀区等。

村镇客厅常见的尺寸,开间一般为 3300~3900mm,进深一般为 4200~5400mm。近年来,新建的农村住宅客厅的平面尺寸有扩大的趋势,这主要是由于客厅功能的变化及受城市住宅的影响,生活方式向城市化转变而带来的。

3. 客厅的平面布置

由于村镇居民有在家宴请亲朋的习惯,故客厅最好与餐厅毗连,隔而不断,厅内家具可移动,可与餐厅一起连成大空间。由于家人起居、团聚一般不与会客同时进行,所以可以不设家人团聚起居区,利用会客区即可。图 5-2 所示为门厅、客厅、餐厅布局。

村镇住宅中的客厅经常兼作通向各室的交通枢纽,设计时要尽可能减少门的数量,增加使用面积,结合家具设备和布置,合理布置门窗的位置,如图 5-3 所示。

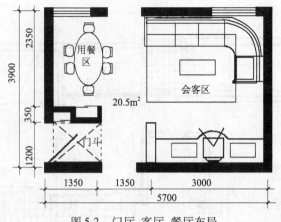

图 5-2　门厅、客厅、餐厅布局

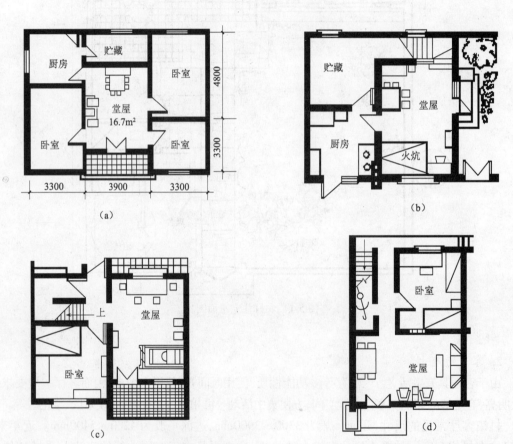

图 5-3　客厅(堂屋)平面布置
(a)堂屋兼餐室;(b)堂屋设火炕和餐室;
(c)堂屋设织布机;(d)堂屋趋向城市化布置

(二)卧室

1. 卧室的平面布置

卧室的大小必须满足家具需要,并保证必要的室内活动空间,家具的尺寸可参考表5-2。

表 5-2　家具的尺寸

家具名称	数量	长(m)×宽(m)	占地面积(m²)	家具名称	数量	长(m)×宽(m)	占地面积(m²)
双人床	1	2.00×1.50	3.00	书架	1	0.70×0.25	0.18
单人床	1	2.00×1.00	2.00	木箱	1	0.90×0.58	0.52
摇床	1	1.05×0.54	0.57	木椅	2	0.45×0.45	0.20×2
小柜	1	1.20×0.60	0.72	小凳	2	0.30×0.30	0.09×2
方桌	1	0.90×0.90	0.81	床头柜	1	0.42×0.42	0.19
书桌	1	1.00×0.60	0.60	缝纫机	1	1.20×0.43	0.50

　　农村住宅的卧室一般可分为主、次卧室两种,主卧室供长辈或夫妻居住,设置双人床或两张单人床。开间一般为3.3m,3.6m,进深一般为4.8m左右。次卧室供孩子们居住或兼作客房,设置单人床。开间为3.0~3.6m,进深为2.4~3.0m。

　　家庭养老、多代同堂是村镇家庭的一大特点,因此,在三代、四代同堂的住户中必须设置老人卧室。老人卧室最好在一层、朝南、阳光充足的地方,还应邻近出入口使之出入方便。二代四口之家,有一子一女时,至少应有三间卧室。既要住得下,又要分得开,以求分配灵活,减少干扰。

　　卧室的数量和面积大小可根据家庭人口结构及分室要求来合理确定。卧室的面积在12~18m²较为合适,应有专用壁柜贮存衣物。

　　一般常见卧室平面布置示例与尺寸:

　　(1)单人卧室示例与尺寸如图5-4所示;

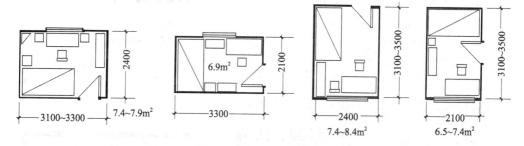

图 5-4　单人卧室布置

　　(2)双人卧室示例与尺寸如图5-5所示;

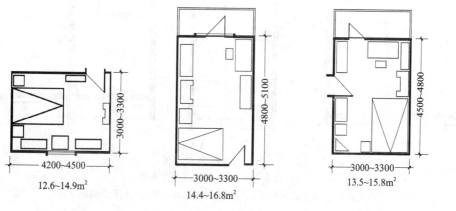

图 5-5　双人卧室布置(1)

图 5-5 双人卧室布置(2)

（3）三人卧室示例与尺寸如图 5-6 所示；

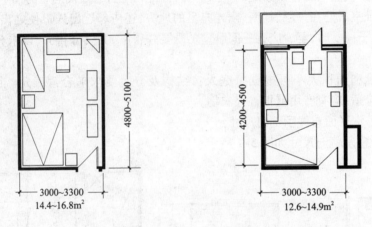

图 5-6 三人卧室布置

（4）设有火炕的卧室示例如图 5-7、图 5-8 所示。

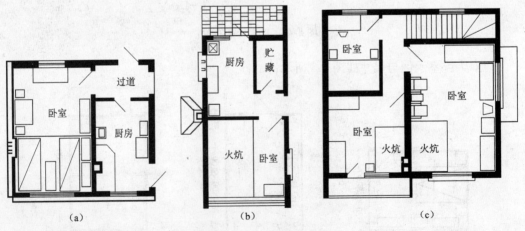

图 5-7 火炕卧室布置
(a)设有火炕、书桌、桌椅的卧室布置；
(b)设有火炕、书桌的卧室布置；(c)设有火炕、床、沙发、梳妆台等的卧室布置

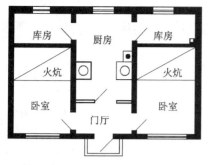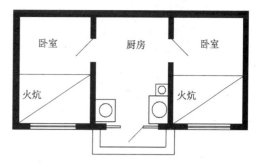

图 5-8 传统的"二把火"火炕卧室

2. 卧室的采光与通风

卧室的朝向选择与通风组织对保证户内的卫生及使用条件影响很大,卧室应尽可能朝南,并在南墙上设置面积足够的窗口,以供采光、日照和通风的需要。北方寒冷地区的住宅,应尽量避免出现北墙的卧室;南方炎热地区住宅,应注意创造良好的通风条件,可利用前后墙的门窗来组织穿堂风。

(三)厨房

厨房的主要功能是炊事,有的厨房还同时兼有进餐或洗涤的功能。当住宅内不设置供洗漱用的卫生间时,厨房还兼有洗漱、洗涤甚至沐浴的功能。

1. 厨房的设计要求

(1)要有适当的面积,以满足设备布置和操作活动的要求,其空间尺寸要便于合理布置设备和方便操作,并能充分利用空间解决好贮藏问题。

(2)设备的布置及尺度要符合人体工程学的要求,流线简洁,有利于减少体力消耗。

(3)要有良好的室内环境,有利于迅速排除有害气体及保持清洁卫生。

(4)要有利于住宅内设备管线的合理布置。

2. 厨房的类型

按功能厨房分为炊事厨房、餐室厨房、生产厨房。炊事厨房仅安排炊事活动;餐室厨房则有炊事和进餐的功能;生产厨房除安排炊事活动外,另设有煮饲料的炉灶。按布置方式分为独立式、穿过式、套间式、户外式等,如图 5-9 所示。

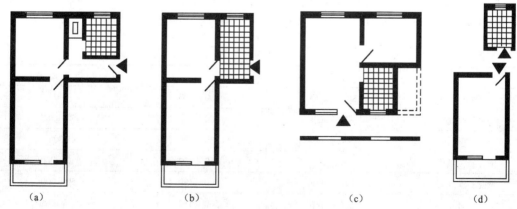

图 5-9 厨房布置方式图
(a)独立式;(b)穿过式(c)套间式;(d)户外式

131

（1）独立式厨房

这种厨房是经交通空间进入的独立房间,可防止油烟气进入其他居室,如图5-9(a)所示。

（2）穿过式厨房

厨房有炊事和交通两种功能,可以充分利用面积,使平面布置紧凑,在传统的北方农村住宅中应用较多,如图5-9(b)所示。但炊事和交通两种功能互相干扰往往会造成使用不便。穿过式厨房按交通面积和炊事面积分配的不同分为角穿、横穿、竖穿、斜穿、复合穿几种情况,如图5-10所示。其中以交通面积占得少又便于布置设备的角穿和横穿对厨房的使用影响较小。

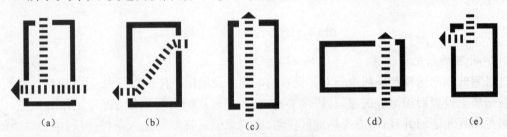

| (a) | (b) | (c) | (d) | (e) |

图5-10　穿过式厨房的形式
(a)复合穿;(b)斜穿;(c)竖穿;(d)横穿;(e)角穿

（3）套间式厨房

这种厨房是独立的房间,但门直接开向卧室。这种厨房直接与卧室相通,油烟及余热容易影响卧室的卫生,一般不宜采用。在北方寒冷地区使用火墙、火炕采暖的住宅中,考虑"做饭、取暖"一把火,常将厨房紧靠卧室做成套间式厨房,这种情况要处理好厨房的通风排气问题,如图5-9(c)所示。

（4）户外式厨房

经户外交通进入的独立厨房,从住宅的独门独户要求来说,这种做法是不可取的,但在使用高硫煤或木柴作燃料的地区,为解决通风要求,采用户外式厨房是有利的,如图5-9(d)所示。

图5-11所示为几种厨房的类型。

3. 厨房的设备及空间尺寸

厨房的炊事操作一般包括主副食的贮藏、清洗、加工、烹饪四道工序,而炊事的全过程还有备餐及清洗餐具。为了适应这些环节,村镇住宅的厨房设备一般有:炉灶、洗池、贮柜、案桌、排油烟机、电器设备等,兼作餐室的还需要布置餐桌、坐凳等。其常用尺寸如表5-3所示。由于各地生活习惯、气候条件及能源供应不同,其厨房布置及面积大小都有不同要求,一般为10~15m^2。

表5-3　厨房常用设备参考尺寸(mm)

设　备　名　称	长	宽	上缘离地
煤　灶	800~1200	500~700	780
蜂窝煤灶	400~500	400~500	450~550
煤气灶	600~700	250~300	780
液化石油气罐	330~350	330~350	650~700
液化石油气灶	650~700	300~350	650~700
水　池	550~600	500~550	800
洗涤槽	560~600	410~460	800

图 5-11　厨房的类型
（a）独立式；（b）穿过式；（c）户外式；（d）兼有畜食加工功能

4. 厨房的平面布局

厨房的布置原则：①按照贮、洗、切、烧的工艺流程进行设施布置；②按现代化生活要求及不同燃料、不同习俗等具体条件配置厨房设施；③考虑各地村镇的传统、不同年龄段生活习惯的不同以及燃料互补等因素，在一户内可设多厨房、多灶台。

在洗切、烹调等主要操作空间之外，厨房宜设有附属贮藏间，包括粮食、蔬菜及燃料的贮藏等。其功能布局可视具体情况采取多种形式，如双排平面布置（图 5-12）、单排平面布置（图 5-13）和双灶台厨房布置（图 5-14）。

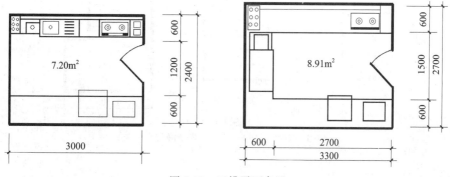

图 5-12　双排平面布置

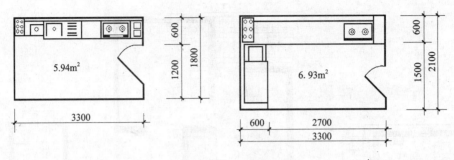

图 5-13　单排平面布置

个别地方由于受燃料问题的牵制,一定时期内可以设置冬夏分别使用的厨房,一个在本体住宅里,供冬、春、秋使用,另一个在院内附属房内,供夏天使用。对于小康初级居住标准住户,其燃煤、燃柴的大灶台可以短时期内继续使用,作为就餐人多时的应急补充,平时主要使用燃气灶台(图5-14)。而在北方,特别是寒冷地区,大灶台一般常用作火炕加热升温,但随着节能生态住宅的发展,燃煤、燃柴的大灶台逐渐废弃。

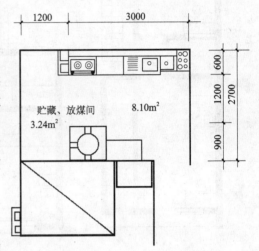

图 5-14　双灶台厨房示意图

(四)厕所与卫生间

依当地条件不同,经济发展水平不一致,有的采用水厕(即卫生间),有的仍采用住宅外设旱厕和茅坑等做法。

卫生间的设计按照适用、卫生、舒适的现代文明生活准则和功能齐全、标准适当、布局合理、方便使用的原则设计。

经济发达地区,新建村镇住宅卫生间宜与城镇住宅的形式一样,即采用水厕。卫生间内设大便器(可为蹲式或坐式)、洗脸台,还可以设置淋浴或浴缸以及可放洗衣机。洗面、梳妆、洗浴、便溺、洗衣等功能,根据不同情况做到可分可合。垂直独立式住宅每层至少设置一个卫生间。如果有老人卧室,则应设老人专用卫生间,并配置相应的安全保障措施。卫生间布局组合方案举例如图5-15所示。

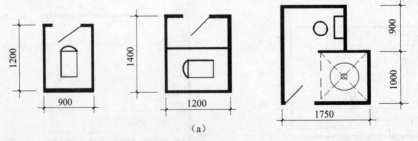

(a)

图 5-15　卫生间布局组合方案及净尺寸(一)
(a)单件布置;

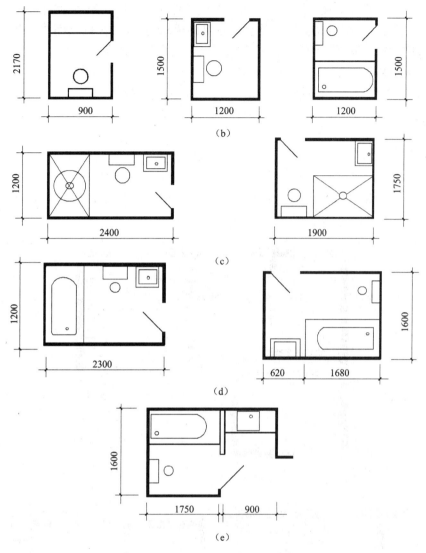

图 5-15　卫生间布局组合方案及净尺寸(二)
(b)两件布置；(c)两件及淋浴布置；(d)三件合设布置；(e)三件分设布置

经济欠发达地区经常采用旱厕,有的地方采用公共厕所,有的地方每户均设厕所,有利于积肥,但应注意改进卫生条件。厕所要有屋顶,以防雨淋日晒,茅坑应不渗不漏,以防止污染水源。

(五)贮藏空间

贮藏物品种类多、贮藏空间数量多、贮藏面积大是村镇住宅的一大特点,这是由村镇居民的生产和生活方式决定的。村镇住宅,特别是村镇小康住宅的贮藏间设计,无论是新建还是改建,均要避免现有村镇住宅在贮藏方面存在的问题:随意堆放,贮藏室与其他功能空间没有明确划分;贮藏间内没有合理安排,建筑空间没有得到充分利用;贮藏间不够时临时就地搭建平房,从而导致脏乱差,环境质量下降等问题。村镇住宅贮藏间的设计应遵循以下原则:

（1）相对独立，使用方便。贮藏空间要和其他功能空间加以区分，应就近分离设置；

（2）分类贮藏。贮藏空间应满足类别和数量的要求，基本功能的空间要有相应的贮藏空间。可以采用建筑墙体、隔板等设置，或配置用以贮藏物品的家具；

（3）隐蔽。贮藏空间位置要隐蔽，不宜外露，避免空间凌乱，影响美观；

（4）不准破坏原有规划设计的布局，不得随意在室外临时搭建贮藏间。

（六）门厅

村镇住宅一般不设计门厅，进门直接就是堂屋、起居厅，没有空间的过渡。按照合理的文明的居住行为，应设置门厅或门斗，作为户内外的过渡空间，在此换鞋、更衣、脱帽以及存放雨具、大衣等，同时还起到屏障及缓冲的作用，如图 5-16 和图 5-17 所示。

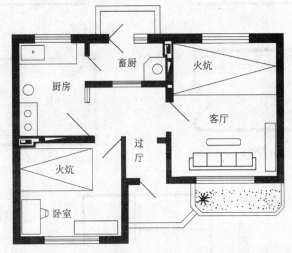

图 5-16　设有过厅的北方住宅平面示例

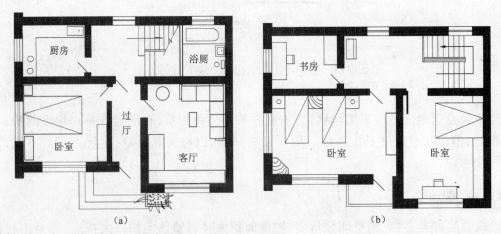

图 5-17　设有过厅的南方住宅平面示例
(a)底层平面；(b)二层平面

门厅的面积以 3～5m² 较为合适。其地面做法应以容易打扫、清洗及耐磨为原则。门厅最好单独设置，或是大空间中的相对独立的一部分。

(七)楼梯、走道

当住宅为二层及二层以上的楼房时,楼梯的布置方式与住宅平面设计密切相关。楼梯可分为室内楼梯和室外楼梯两种,在设计中楼梯及走道的空间应尽可能紧凑,以扩大整幢楼房住宅的使用面积。

1. 走道、楼梯的宽度

住宅走道净宽尺寸不小于 1000～1100mm,以方便户内联系各房间和水平交通。楼梯的宽度,既考虑行人上下方便,又要考虑家具的搬运。目前常采用的净宽尺寸为:直跑梯为1000mm,双跑梯为 2000～2300mm,坡度通常取 35°～40°。

2. 楼梯的形式

常见平面布置形式有横式双跑、直式单跑、直式双跑、三跑式、曲尺式等,参见第四章图 4 -67。

3. 楼梯的位置

楼梯位置要明显,便于使用,布置紧凑,节省面积,上下楼安全,方便,具有较好的导向性和一定的装饰性。

(1)位于前后室之间

特点是以楼梯间为交通枢纽,前后、左右各室的关系较好,平面紧凑,上下路线顺畅,适用于大进深的住宅,如图5-18 所示。

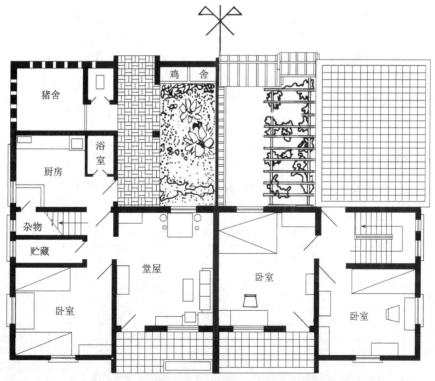

图 5-18　楼梯位于前后室之间的设计

(2)位于左右室之间

楼梯设于左右室之间有横向布置双跑或直跑的形式。特点是楼梯坡度平缓、使用方便,适用于小进深住宅,如图 5-19 所示。

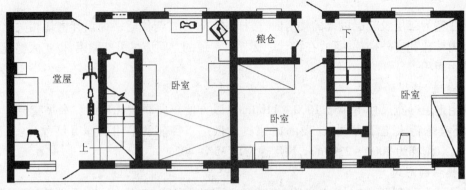

图 5-19　楼梯位于左右室之间的设计

（3）位于堂屋中

特点是面积较经济,但上下楼须穿越房间,使用上有一定干扰。

（4）位于室外

特点是可以避免对底层房间的干扰,但在风雨天使用不便。适用于南方少雨地区,北方地区很少采用。

二、村镇住宅套型设计

村镇住宅科学、合理的套型设计应注意两个方面的内容:一是要确立一个适用、安全、方便、卫生、舒适的生活程式,包括户内外空间的过渡、住宅内的合理功能分区、各专用功能空间的界定及彼此适度变通的可行性等,这些统称为基本功能需求;二是要顾及到村镇家居功能的多样性,不同职业的住户有超越上述基本功能的特殊家居功能需求,诸如农具粮食贮藏、手工作坊、营业店铺、仓库,以及专用的书房、客厅、健身活动娱乐室等,这些统称为附加功能需求。户类型、户结构、户规模是决定住宅套型的三个要素。

（一）户类型

每个住户均需要必备的基本生活空间,各种不同的户类型还要求有不同的特定的附加功能空间,户类型及其特定功能空间可参考表 5-4。

表 5-4　户类型及其特定功能空间

序号	户类型	与家居功能有关的生产经营活动	特定功能空间	备　注
1	农业户	种植粮食、蔬菜、果木;饲养家禽家畜	小农具贮藏、粮仓、菜窖、微型鸡舍、猪圈等	少量家禽饲养要严加管理,确保环境卫生
2	专(商)业户	竹藤类编制、刺绣、服装、雕刻、书画等	小型作坊、工作室、商店、业务会客室、小库房	垂直分户,联立式或联排式建造。多为下店(坊)上宅
3	综合户	以从事专(商)业为主,兼种自家的口粮田或自留地	兼有 1、2 类功能空间,但规模稍小,数量较少	
4	职工户	在机关、学校或企事业单位上班,以工资收入为主	以基本家居功能空间为主,较高经济收入户可增书房、阳光室、健身房、娱乐活动室等	一般采用单元式多层住宅

（二）户结构和户规模

户结构的繁简和户规模的大小是决定住宅功能空间数量和尺度的主要依据。村镇住宅住户的辈分结构主要有两代户、三代户和四代户，人口规模大多为 4 ~ 6 人。目前，我国村镇住户一般两代户家庭比例最高，三代户家庭次之，四代户家庭最少，一代户很少，为过渡户型。

不同户类型、不同户结构、不同户规模应对应设置不同种类、不同数量、不同标准的基本功能空间和辅助功能空间的套型。

农业种植户和综合户，基本功能空间要设置 1 间门厅、1 间起居厅、1 间餐厅、1 ~ 2 间厨房、1 ~ 3 间浴厕等；附加功能空间根据标准的高低，可设置书房、家务室、谷仓、禽舍等。两代户一般采用一户一套型，设置 2 ~ 3 间卧室；三代户一般采用一户两套，可分可合型，设置 3 ~ 4 间卧室；四代户一般采用一户两套或一户三套，可分可合型，设置 4 ~ 6 间卧室，图 5-20 所示为 3 间卧室的农业户平面示意图。

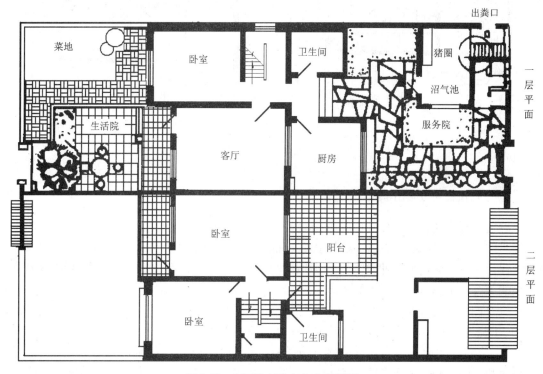

图 5-20　3 间卧室的农业户平面图

专业户和职工户，基本功能空间要设置 1 间门厅、1 间起居厅、1 间餐厅、1 ~ 2 间厨房、1 ~ 3 间浴厕等；附加功能空间根据标准的高低，可设置书房、家务室、商店、库房、车库、加工间等。两代户一般采用一户一套型，设置 2 ~ 4 间卧室；三代户一般采用一户两套，可分可合型，设置 3 ~ 6 间卧室，如图 5-21 所示。

三、村镇住宅平面组合设计

据用户的使用要求，确定各个房间的面积、数量，尽可能既方便生活又利于家庭农副业生产活动。

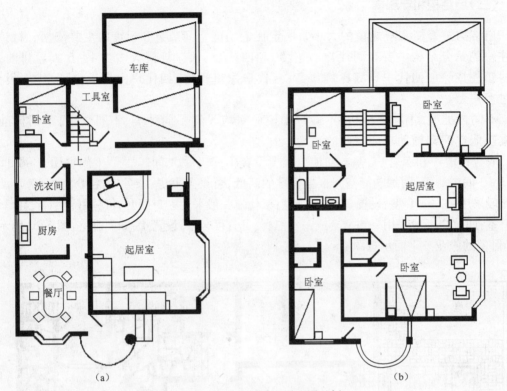

图 5-21　3~6 间卧室平面图示例
(a)一层平面；(b)二层平面

(一)村镇住宅功能布局

确定合理的功能布局是住宅平面组合设计的关键问题。村镇住宅功能布局时,生产生活功能不能混杂,家居功能按生活规律分区,功能布局要恰当,功能空间的专用性要确定。根据村镇住户一般家居功能规律及不同户类型的特定功能需求,村镇住宅功能布局可参考村镇家居功能综合分析图,如图 5-22 所示。

这个图式较为全面、准确地表述了村镇家居功能的有关内容、活动规律及其相互关系,例如:①强调设置室内外过渡空间,以改善家居环境卫生;②为提高生活质量和家居的私密性,可以将对内的起居厅与对外的客厅分设;③基于村镇居民生活水平和收入的提高,可以增设书房、健身活动室等高层次的功能空间;④对于二、三产业的专业户和商业户,可以增设加工间、店铺及仓库等;⑤从村镇向小康住宅的发展趋势考虑,可以为农业户增设农具及杂物贮藏间、粮食蔬菜贮藏间及微型家禽饲养等。在功能布局时力争做到以下几点:

(1)生产和生活要分区。凡是对生活质量有影响的生产功能,一般应拒之于住宅之外,若受经济水平限制或出于特定需要,可以允许无污染的生产功能及虽有轻度污染但采用一些手段能确保环境不受污染的部分生存功能纳入住宅或住区;

(2)内与外要分区。由户内到户外,尽量设置更衣换鞋的室内外过渡空间;客厅及客流路线尽量避开家庭内部生活领域;

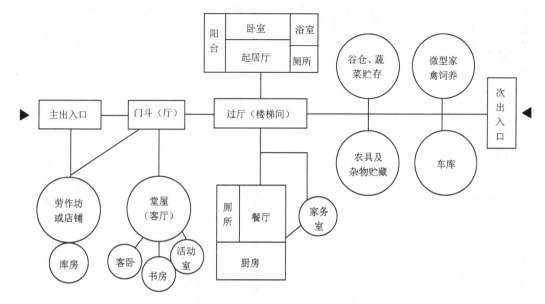

图 5-22　村镇家居功能综合分析图

注:1. 图中基本功能空间用□表示,附加功能空间用〇表示。
　　2. "—"表示彼此有联系,"□□"及"〇〇"表示彼此联系更紧密

(3)做到"公"与"私"分区。"公"即是公共活动房间,如起居、餐厅、过厅等,应与私密性较强的卧室、洗漱间等分离,避免"公"对"私"的干扰;

(4)做到"洁"与"污"分区。诸如烹调、洗涤、便溺、农具、燃料、杂物贮藏,特别是禽舍等有不同程度的污染,应远离清洁功能区;

(5)做到生理分室。生理分室是居住文明的一项重要标志;

(6)继承农居功能布局的合理传统,诸如以"堂屋"为中心的功能布局格局,对内与对外分开,正房与杂屋分开,正房及对外区在前,杂屋和对内区在后等。

(二)村镇住宅平面组合的原则

(1)结合本地区气候特点、生活风俗习惯,合理布置各房间的位置,同时注意朝向、通风、采光、防寒、隔热、防火等要求。

(2)平面形状力求紧凑,有利于统一和减少构件类型,要注意增强建筑物的抗震性能。

(3)严格掌握国家和本地区规定的住宅建筑标准,注意节约用地,降低工程造价。

(4)积极推广钢筋混凝土代替木构件,尽量采用通用构件。

(三)村镇住宅组合形式

农村住宅根据院子、户内组合与住宅拼联户等不同情况,可组合成独院式、双联式和联排式等形式。

1. 独立式

独立式住宅的特点是每户住宅不与其他户相连,有独立院落,建筑四面临空,四面均可开窗,平面组合灵活,朝向、通风、采光好,环境安静干扰少,可根据需要组织院落。如图 5-23、图 5-24、图 5-25 所示。

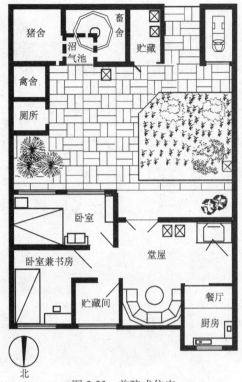

图 5-23　前院式住宅

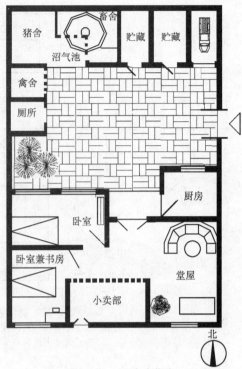

图 5-24　后院式住宅

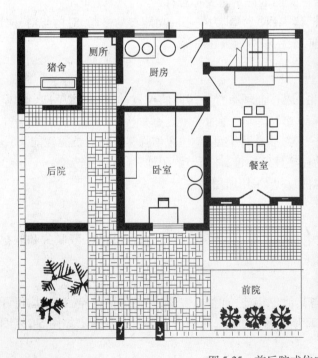

图 5-25　前后院式住宅

独立式住宅的缺点是占地面积较大、外墙多,所以在用地不太紧张的地方采用较多。独立式住宅多为一户使用,也可以设计成二层独立式住宅,上、下层为不同的住户。如图 5-26 所示。

图 5-26　二层独立式住宅

2. 双联式

双联式组合是以独立式住宅为单元,将两个独立式住宅单元拼联在一起,两户共用一面山墙,每户建筑三面临空,组合较灵活,朝向、采光、通风好。图 5-27 所示为双联式住宅方案。

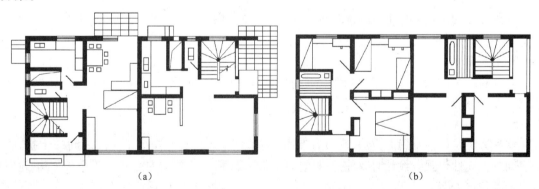

（a）　　　　　　　　　　　　（b）

图 5-27　双联式住宅方案
（a）底层平面图；（b）二层平面图

3. 联排式

联排式组合是由 3 个以上独立式住宅单元拼联。特点是中间户可两面共用山墙,室外工程管线集中且节省,故节约土地节省投资。联排式住宅除两侧尽端住户能有三向院子外,中间户只能有前后两向(或单向)院子,住宅两面临空,能合理布置平面,采光、通风较好,使用方便。

联排式住宅的户数不宜太多,否则建筑过长,前后交通迂回,干扰较大,通风也有影响,一般建筑物的长度以30m左右为宜。根据与院子的组合不同,基本上可分前后院、单向院和内院三种。图5-28所示为联排式住宅方案。

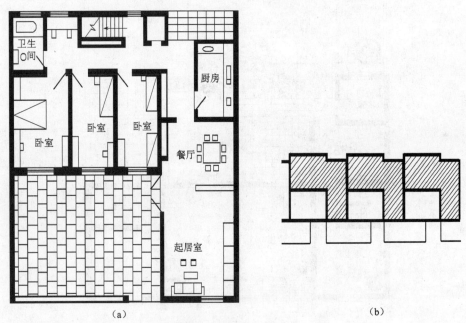

（a）　　　　　　　　　　　　　　　（b）

图 5-28　联排式住宅方案
(a)联排式住宅每户户型平面图;(b)联排式住宅示意图

(四)户内组合方式

1. 过道联系

这种方法的优点是每个房间都与过道相连,房间独立性强,互相干扰小,缺点是房内交通面积大,面积利用率低。

2. 套间联系

套间联系的优点是房间本身兼作交通面积,可以节省单纯作为过道的面积,房间之间的联系较简捷,缺点是房间之间干扰大,房间的灵活性小。

3. 堂屋辐射联系

这种方法是目前常用的方法,既节省专用走道的交通面积,又减少了房间之间的干扰,各个房间的独立性较强。设计时要注意堂屋中门的开设,利用好堂屋的空间。图5-29所示为多层组合型住宅方案。

4. 混合式联系

根据不同的户型和不同的要求,有时户内组合要采用上述两种或三种方法,并以一种为主。

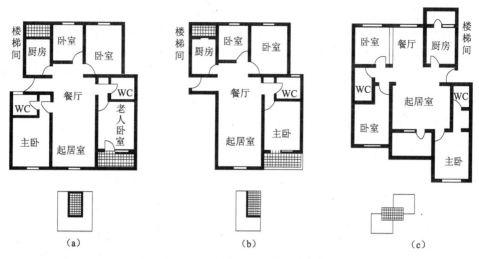

图 5-29　多层组合型住宅方案
(a)以厅为中心,U 形围合;(b)以厅为中心,L 形围合;
(c)以厅为中心,对角线围合

第三节　村镇住宅的剖面设计

　　住宅剖面设计的目的是为了确定室内的空间和各种竖向尺度,以及进行采光、通风、结构和构造处理等。剖面设计一般包括屋顶、墙身、楼面、地面、楼梯以及基础等内容。要使住宅获得较好的空间效果,必须在平面设计的同时就应考虑到内部空间的尺度,再在剖面设计时确定下来,求得空间尺度合理,给人一种方便和舒适之感。

一、村镇住宅各部分高度的确定

(一)层高

　　层高是指室内地面至楼面,或楼面至檐口的高度。

　　农村和集镇住宅的层高,底层一般取 2.9m,楼层取 2.7m 或 2.8m,和城市住宅相近。从保温、散热的要求出发,北方地区多采用较低的层高,通过减少住宅外表面积,降低热损失,住宅层高约为 2.7m 或 2.8m,也有 3.0m;南方炎热地区常用 3.0m,也有 3.2m。

　　如何确定适当的层高,用什么标准来衡量,这里关系到人体尺度、室内空气的卫生标准、门窗尺寸等综合因素,当然也包括着经济与美学方面的因素。总之,要求具有舒适感和亲切感。从经济角度看,层高过高,会使楼梯踏步增多,从而占地面积大,影响平面的安排,也使房屋用料增加,造价相应提高。当然,层高也不宜过低,过低给人压抑感。从卫生角度要求看,层高应能满足人们在冬季闭门睡眠时所需的空气容积,容积过小会增高空气中二氧化碳的浓度,不利于健康。一些设计资料表明,住宅层高不宜低于 2.7m。但在采用坡屋顶的顶层部分,有一个坡顶结构空间,如不吊平顶,则层高可适当降低至 2.6m。

（二）窗台高度

窗台高度主要是根据房间的使用性质、人体尺度和靠窗家具、设备的高度来确定。一般住宅中窗台的高度采用900~1000mm,这样的尺寸和桌子的高度相适应,保证了桌面的光照,如图 5-30 所示。有些特殊要求的房间,如卫生间、浴室的窗台高度,为防止视线干扰,可提高到1800mm。设火炕的农村住宅,窗台一般要比火炕高出200~300mm。目前,农村住宅为了扩大视野,丰富室内空间,常将客厅的窗台设置的较低。

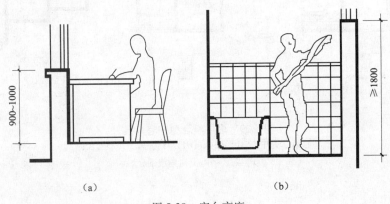

图 5-30　窗台高度
(a)住宅;(b)卫生间

（三）室内外高差

为了保持室内的干燥和防止室外地面水侵入,除宅基选址应在地势高、地面干燥的地带外,还通常把室内地坪填高数十厘米,做成室内外高差1~3级踏步的台阶。如果室内采用架空木地板,除了结构的高度之外,还需留有一定的通风防潮空间,因此室内外高差不应低于450mm,如图 5-31 所示。

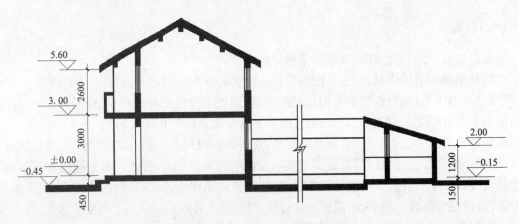

图 5-31　村镇住宅剖面设计

山地和坡地建筑物,应结合地形的起伏变化和室外道路布置等因素,综合确定底层地面标高,如图 5-32、图 5-33 所示。

146

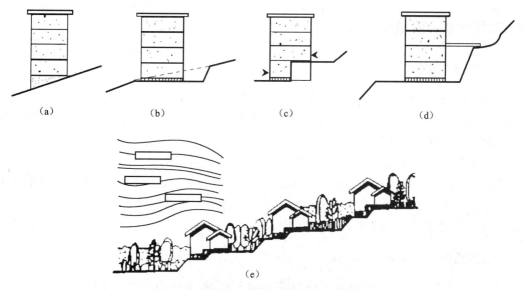

图 5-32　地面标高确定(一)
(a)前后勒脚调整到同一标高；
(b)筑高；(c)横向错层；(d)入口分层设置；(e)平行于等高线布置

图 5-33　地面标高确定(二)
(a)垂直于等高线布置；(b)斜交于等高线布置

二、层数和剖面组合方式

（一）村镇住宅的层数

村镇住宅的层数与当地经济发展状况、当地风俗习惯、施工技术条件和用地紧张程度等密切相关。在住宅设计和建造中，适当增加住宅的层数，可提高建筑容积率，节省用地，丰富村镇形象。在与平房相同的建筑面积并在同样大小的宅基地上的条件下，建造楼房住宅可以获取更多的院落空间；但随着层数的增加，会在住宅垂直交通、结构类型、建筑材料、抗震等方面带来一些问题。平房在使用上较为方便。当然，还要根据村镇具体条件，包括材料、施工技术和风俗习惯等全面比较，因地制宜地选择建筑形式。根据我国村镇发展状况，我国农村住宅过去多为平房，近年来新建楼房渐多，村镇住宅应以低层为主。

（二）村镇住宅的剖面组合方式

村镇住宅剖面组合方式按层数可分为平房和楼房。楼房多数为二层或三层的低层楼房。

三、村镇住宅空间的利用

为了充分利用住宅的建筑空间，在住宅设计时要尽量创造条件，争取较大的贮藏空间，以解决日常生活用品和季节性物品的存放问题（图5-34～图5-36）。这对改善住宅的卫生状况，创造良好的生活环境具有重要意义。住宅设计中常见的贮藏空间主要有壁柜、吊柜、墙龛、搁板等。

壁柜（壁橱）是利用墙体做成的落地柜，它的容积大，可用来贮藏较大物品，一般是利用平面的死角、凹面或一侧墙面来设置。壁柜净深不应小于0.5m。靠外墙、卫生间、厨房设置时应考虑防潮、防结露等。

吊柜是悬挂在空间上部的贮藏柜，一般是设在走道等小空间的顶部，由于存放不太方便，常用来存放季节性物品。吊柜的设置不应破坏室内空间的完整性，吊柜内净高度不应小于0.4m，同时要保证其下部净空。

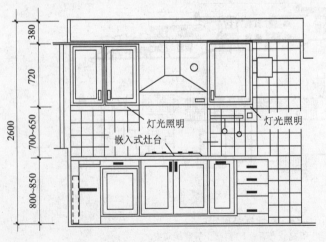

图 5-34　住宅上部空间利用

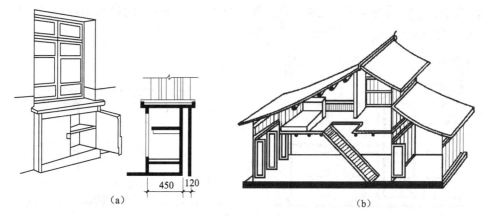

图 5-35　建筑结构空间利用
（a）窗台下部空间利用；（b）坡屋顶空间利用

图 5-36　户内楼梯间下空间利用

　　壁龛、搁板一般设置在厨房内,用于存放餐具、调料等物品,也可用于其他房间,放置较小物品。

第四节　村镇住宅的体型与立面设计

　　村镇住宅的立面设计应反映村镇住宅建筑宁静、亲切的性格和新的家庭生活气息。因此,在设计中应注重建筑物本身的体型组合、立面的比例尺度、墙面与门窗的虚实对比以及建筑材料本身的质感与色彩美。堆砌装饰、追求所谓气派既费钱又不美观。

一、村镇住宅体型设计

　　在进行平、剖面设计时,住宅的体型轮廓实际上已大体形成。由于村镇住宅常常兼有生产和生活两种功能,所以它的体型构图必须兼顾附房、院落和围墙的处理。
　　住宅体型设计要注意整体的效果,处理好房屋前后、上下、左右、内外之间的关系,并选择好高低、大小、长短、粗细等几个比例尺度。在体型设计中,屋顶、门窗和阳台的选型与安排会直接影响住宅立面构图。图 5-37 表达了平面相同屋顶不同的住宅体型。

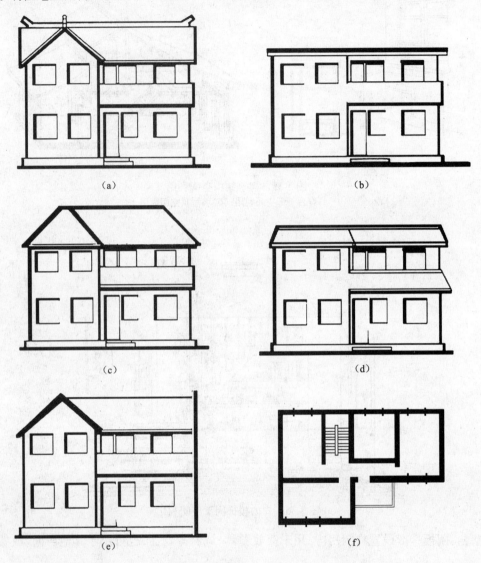

图 5-37　平面相同屋顶不同的住宅体型
(a)悬山屋顶;(b)平屋顶;(c)四坡顶;(d)盘顶;(e)硬山出山;(f)平面图

二、村镇住宅立面设计

(一)立面设计

住宅体型确定后,还要对立面进行处理。处理内容有门窗的形式与布置,阳台的位置与选型,墙面的虚实对比,材料、线条、色彩的选用及细部装饰等。

农村住宅设计,传统的民居多是独立式、双联式,少有联排式房屋,并以平房为主,具有浓厚的地方与民族特色。新建的农民住宅,除平房外,又日益多建低层楼房住宅,其体量小巧,有的外形不失地方传统特色。而集镇住宅多数为多层楼房,体量较大,外观造型与城市住宅相

仿。在进行村镇住宅设计时,应注意这样几点:

(1)注意汲取当地传统居民的经验。传统民居是当地群众在长期实践中适应所在环境创造出来的。它的形象体现了乡土的环境特征、技术和物质材料、人们的审美情趣和一定的生活习俗。当然,我们要立足于当代的功能要求和物质手段;

(2)符合村镇住宅的"身份"。村镇的住宅建筑是大量建造的生活用房,不属于艺术性要求高的公共建筑物,其立面设计,没有必要采用高档建筑材料,也不需要虚假的装饰构件。它可借助一、二层组合的形体,利用墙体和阳台产生的立面凹凸和光影造成的虚实明暗对比,利用颜色、质感和线脚丰富立面,利用亲切怡人的窗户分割等,来取得既朴素又大方的外观效果。住宅立面的颜色宜采用淡雅、明快的色调,并应考虑地区气候特点、风俗习惯等做出不同的处理。如南方炎热地区宜采用浅色调以减少太阳辐射热;北方地区宜采用较淡雅的暖色调,创造温馨的住宅环境。住宅立面上的各部件可以有不同的色彩和质感,但要相互协调,统一考虑;

(3)要切实地体现住宅可识别性和私密性。以往村镇住宅的大量建造和技术信息的闭塞,往往重复使用设计图纸,为避免家家户户建筑外观的雷同,则需要在群体统一中寻求个体有所变化。一般做法是:如果住宅的平、立面基本不变,可以院墙入口大门的装修、花窗的砖瓦组合、阳台栏板的色彩和组合等局部处理的不同取得变化。所谓私密性体现在外观上,主要是对外出入口要少,其次卧室的窗户不宜开得过大。

目前,村镇常见的有独院式、联排式和双连式的村镇住宅。不同的平面组合必然会有不同的立面形式。然而同一平面,也可以从屋顶形式、外墙面材料、门窗组合、色彩和表面处理等各个方面的不同设计中,获得各种立面效果。

具体确定建筑立面设计的各个部位要依据其各个部位的功能要求进行,如表5-5所示。

表5-5　建筑立面设计内容和主要依据

序号	设 计 内 容	主 要 依 据
1	确定建筑层高	①房间性质和使用功能; ②主要房间或大量房间的面积大小; ③北方因采暖要求偏低,南方因通风而要求偏高
2	确定建筑屋顶形式;确定坡屋顶之坡度	①材料、结构和施工条件的可能; ②排雨水、排雪的要求; ③平面组合或建筑体型组合带来的要求和结构、构造的限制
3	选择和确定建筑外墙墙面的材料、色彩和表面处理	①地方材料的可能性; ②建筑本身的类型等级、投资; ③美观要求
4	参照平面设计,设置和推敲门窗、凹廊或阳台之数量、大小和组合形式及它们在墙面上的位置	①采光和通风要求; ②是否采用通用构配体的尺寸大小; ③与外墙实墙所形成的虚实、比例、韵律、均衡统一等美观要求; ④其他特殊要求如浴室高窗、商店橱窗
5	参照平面设计,推敲和调整建筑之总体体型组合	①环境和美观要求; ②环境对建筑体量感的要求
6	突出建筑主要入口	

立面开窗要上下、左右对齐,窗的类型不宜多。如遇窗户有高低时,窗洞上沿应对齐,使立面规整,也有利于窗过梁的设置。如上、下层房间大小不同时,立面上的窗户可能因大小不一而出现凌乱现象,应进行调整。如图5-38所示,将底层小房间的两个窗户尽量靠近而组成一

组窗,将楼层的大窗改用与底层组窗相同的窗,左侧上、下层窗采用同一型号,立面即取得整齐统一的效果。

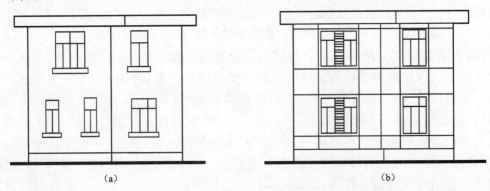

图 5-38　立面窗的不同处理

(二)立面细部装饰

立面细部装饰是住宅立面设计中的一个重要环节,处理得当对住宅起到画龙点睛的作用。各地传统民居在立面的细部装饰方面积累了丰富的经验,如山花、墀头、脊饰、窗罩、门套、漏窗、栏杆、花格等,新建住宅仍广泛采用这些装饰方式。立面细部装饰应结合住宅功能,力求大方得体,避免生搬硬套和出现繁琐、臃肿现象。

(1)山花。坡屋面住宅山墙上部,可结合顶棚通风要求,做成各种镂空的图案,如图 5-39 所示。

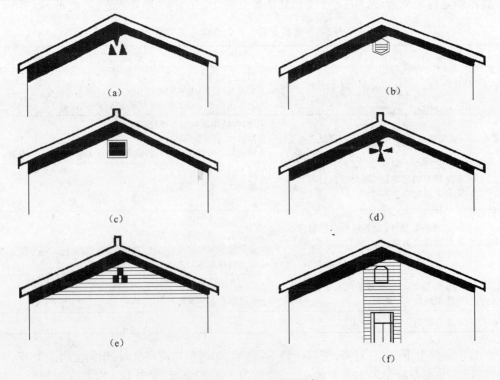

图 5-39　山花通风洞图案

（2）墀头。有些地方叫墙嘴。在瓦屋顶中，墀头作为承托檐檩（椽）的结构部位，常加以雕饰美化，在立面装饰中颇引人注目，如图 5-40 所示。

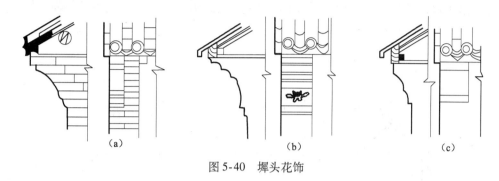

图 5-40　墀头花饰

（3）脊饰。瓦屋顶住宅常对屋脊进行处理使住宅外观挺拔秀丽、丰富多姿，如图 5-41 所示。

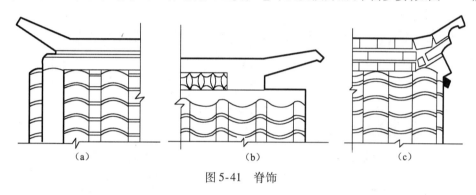

图 5-41　脊饰

（4）什锦门。一般为住宅庭院的院墙门，也可作住宅门洞。处理得当可使住宅优雅别致，别有一番风味，如图 5-42 所示。

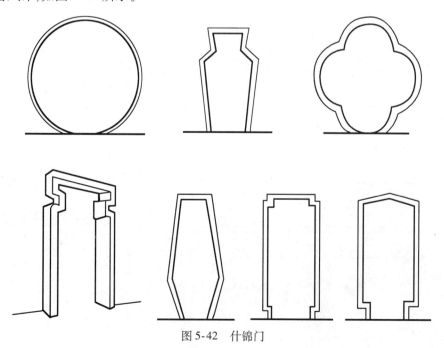

图 5-42　什锦门

(5)漏窗。又称花窗、什锦窗等,是我国园林和传统民居的建筑艺术形式之一,玲珑剔透,款式繁多。漏窗可以用砖、瓦、混凝土、金属、竹、水、陶瓷等材料制作,用于住宅的院墙、楼梯间、厨房、杂屋墙面部位,在立面上可起到很好的装饰点缀作用。同时,漏窗还能使主体建筑同庭院、院墙和院门等得以有机联系,建筑空间内外渗透,彼此呼应,形成统一的住宅群体,如图5-43所示。

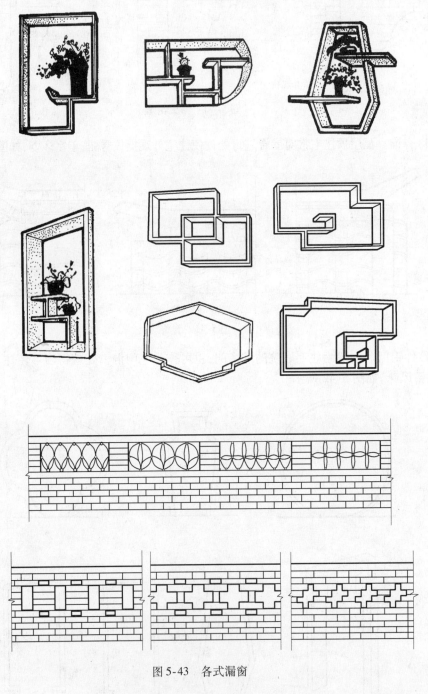

图 5-43　各式漏窗

第六章　村镇公共建筑设计

第一节　概　　述

一、村镇公共建筑的特点

我国传统村镇是在小农经济基础上发展起来的,也就是人们常说的自然村,带有规模小而分散的特点。现在,随着经济的发展、社会化和产业化进程的加快,农村的生产要素也要从分散走向集聚,人口向城镇集中,工业向园区集中。围绕城镇,组团式布局,或者采取撤村并点、撤乡建镇等措施,进行规模和结构调整,既节约用地,又利于基础设施的建设和农民生活质量的提高,保证居住环境的可持续发展。中心村的兴起就是采取撤村并点的措施之一,增强了土地集聚效应,有利于促进城乡一体化的实现,农村的公共建筑也应当在规划设计的基础上统一布局,结合地方性与民族性,形成村镇的文化中心及休闲中心,既方便生活又有利于交往。

公共建筑是人们进行各种社会活动的场所,是满足人们物质文化生活的需要而设置的建筑物。公共建筑类型繁多、功能复杂,与人们的政治、经济、文化生活有密切联系,随着人们生活水平的提高,公共建筑在村镇建筑中占有重要地位,因此对公共建筑的设计应给予足够的重视。本章主要介绍村镇应有的各种公共建筑的设计原理及方法,并介绍部分村镇公共建筑的设计实例。

二、公共建筑的分类

村镇常见的公共建筑有以下几类:
(1)村镇中小学建筑和幼儿园;
(2)村镇医疗建筑;
(3)村镇商业建筑;
(4)其他建筑,如:村委会、敬老院、文化中心等。

第二节　中小学校建筑和幼儿园建筑设计

一、中小学校建筑设计

(一)建筑组成及面积标准

中小学建筑主要由教学及办公用房组成;另外应有室外运动场地及必要的体育设施。条件好的中小学还有礼堂、健身房等。

教学及行政用房建筑面积,小学约为 $2.5m^2$/每生,中学约为 $4m^2$/每生。基本教学用房使用面积参考指标参见表6-1。

表6-1　教学用房使用面积参考指标(m^2)

小　学		中　学	
		普通教室	53
普通教室	50	音乐教室	53
音乐教室	50	物理、化学、生物实验室	71
实习室	65	实验准备室	30～50
阅览室	20～50	阅览室	80～90
书库	16	书库	35
体育器材室	30	体育器材室	54

行政办公用房每间 $12～16m^2$,需要量按学校的具体要求确定。

中、小学用地面积,小学为 $9～18m^2$/每生,中学为 $10～20m^2$/每生。

(二)中小学校基本用房设计

1. 教室

教室大小和学生桌椅排列有关。为保护学生视力,第一排书桌的前沿距黑板应不小于2m,而最后排书桌的后沿距黑板应不大于8.5m,同时为避免两边的座位太偏,横排座位数不宜超过 8 个。因此,小学教室根据座位及走道尺寸要求,进深应不小于6m,教室的每个开间应不小于2.7m。一个教室占 3 个开间,所以小学教室轴线尺寸一般不宜小于 $8.4m×6m$ 。因中学生课桌尺寸较大,教室轴线尺寸一般不宜小于 $9m×6.3m$ 。以上尺寸的教室,每班可容纳学生 54 个。教室层高:小学可为 $3.0～3.3m$,中学可为 $3.3～3.6m$ 。音乐教室大小可与普通教室相同。教室座位布置如图6-1 所示。

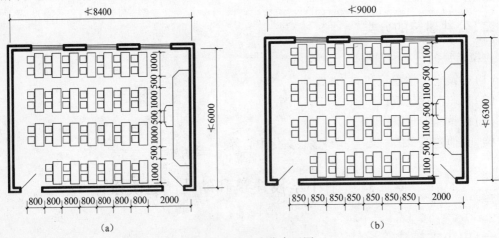

图6-1　教室座位布置图

(a)小学教室;(b)中学教室

为便于疏散,教室前后需各设一门,门宽不小于 $0.9m$ 。窗的采光面积为 $1/4～1/6$ 地板面积。窗下部宜设固定窗扇或中悬窗扇,并用磨砂玻璃,以免室外活动分散学生注意力。走廊一侧的墙面上应开设高窗以利通风。北方寒冷地区外墙采光窗上可开设小气窗,以便换气,小气窗面积为地板面积的 1/50 左右。

教室的黑板一般长 3～4m，高 1～1.1m，下边距讲台 0.8～1.0m。简易黑板是用水泥砂浆抹成，表面刷黑板漆。为避免黑板反光，可用磨砂玻璃黑板。讲台高 0.2m，宽 0.5～1.0m，讲台长应比黑板每边长 0.2～0.3m。黑板构造如图 6-2 所示。

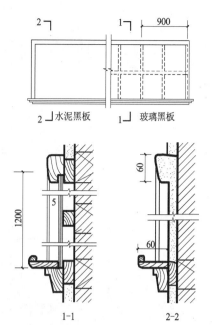

图 6-2　教室黑板构造

2. 实验室

中学物理、化学、生物课需要有实验室，规模小的学校可将化学、生物合并为生化实验室。小学有自然教室，实验室面积一般为 70～90m²，实验准备室为 30～50m²。为简化设计和施工，实验室及准备室的进深和教室一致。

实验室及准备室内需设置实验台、准备桌及一些仪器药品柜等。一般设备形式、尺寸及实验室、准备室布置如图 6-3、图 6-4 所示。

3. 图书阅览室

阅览室的面积与学校规模的大小和阅览方式有关。中等规模学校一般按 50 个座位设计，每座面积：中学 1.4～1.5m²，小学 0.8～1.0m²。阅览室宽度尺寸宜与教室一致。如房间过长，空间比例失调也可分成两间使用，大间作为普通阅览室，小间作报刊或教师阅览室。阅览室层高与教室相同。

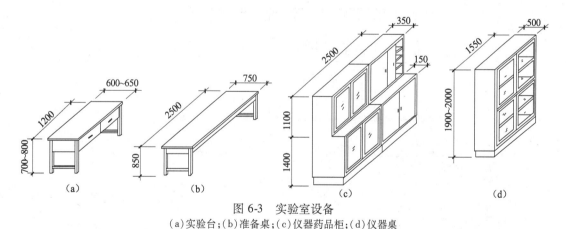

图 6-3　实验室设备
（a）实验台；（b）准备桌；（c）仪器药品柜；（d）仪器桌

阅览室与书库位置要靠近，并有门相通。在阅览室与书库之间需设出纳台，办理书刊借还手续和照管阅览室。其布置如图 6-5 所示。

书库面积：中学为 25～50m²，小学为 16～30m²。书库与取水点不能靠近。书库底层近地面处应进行防潮处理，空气要流通。为防止阳光直接照射紫外线对书籍的损伤，可在窗上加百页、格片、窗帘等，也可采用绿色、橙色玻璃等。

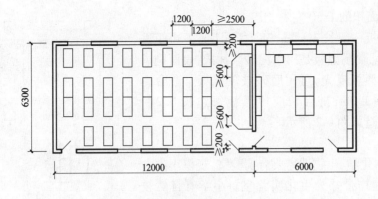

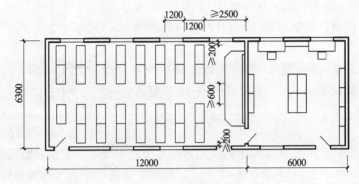

图 6-4　实验室、准备室布置

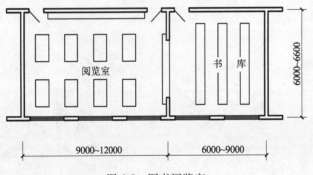

图 6-5　图书阅览室

4．厕所

厕所所需面积,男厕所可按每大便池 $4m^2$,女厕所每大便池 $3m^2$ 计算。卫生器具数量可参考表 6-2 确定。

表 6-2　中学生厕所卫生器具数量

项　目	男　厕	女　厕	附　注
大便池数量	每 40 人一个	每 25 人一个	或每 20 人 0.5m 长小便池或每 80 人 0.7m 长洗手槽
小便斗数量	每 20 人一个	—	
洗　手　盆	每 90 人一个	每 90 人一个	
污　水　池	每间一个	每间一个	

男女学生的人数可按 1∶1 考虑。男女生厕所内可增加教师用厕所一间;也可将教师用厕所和行政人员用厕所合设。

学生厕所的布置与使用人数有关。每层人数不多时可各设男女厕所一间,集中布置。每层人数较多时,可将男女厕所分别布置在教学楼两端,在垂直方向将男女厕所交错布置,以便利使用。

大便池有蹲式、坐式两种。小学生和女生用大便池可考虑蹲式、坐式各半。

小学厕所内大便池隔断中不设门。小学生所用卫生器具,在间距和高度方面的尺度可比一般的尺度约小 100mm。学校厕所设备及布置示例如图 6-6 所示。

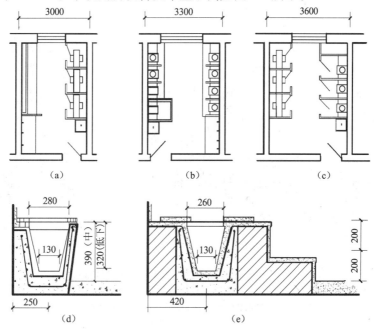

图 6-6　厕所设备及布置
(a)男厕所;(b)低年级女生厕所;(c)女厕所;
(d)坐式大便槽构造;(e)蹲式大便槽构造

(三)体育运动设施

1. 田径运动场

田径运动场按场地条件,跑道周长可为 200m,250m,300m,350m,400m。小学宜有一个 200~300m 跑道的运动场,中学宜有一个 400m 跑道的标准运动场。运动场长轴宜南北向,弯道多为半圆式。场地要考虑排水。田径运动场形式、尺寸、排水方式及场地构造等如图 6-7 所示。

2. 各类球场

(1)足球场。足球场一般设在田径运动场内。大型足球场的长×宽为(90~120)m×(45~90)m,小型的为(50~80)m×(35~60)m,如图 6-8(a)所示。

(2)篮球场。标准场地为 28m×15m,长度可增减 2m,宽度可相应增减 1m。场地上空 7m 以内不得有障碍物。球场长轴按南北向布置(其他球场同)。篮球场及篮球架的尺寸如图 6-8(b)所示。

（3）排球场。场地尺寸为 18m×9m。网高（以球网中间为准）男子为 2.43m，女子为 2.24m。场地上空 7m 以内不得有障碍物。如图 6-8（c）所示。

（4）羽毛球场。单打场地为 13.40m×5.18m，双打场地为 13.40m×6.10m，场地四周净距不宜小于 3m，网高为 1.524m，如图 6-8（d）所示。

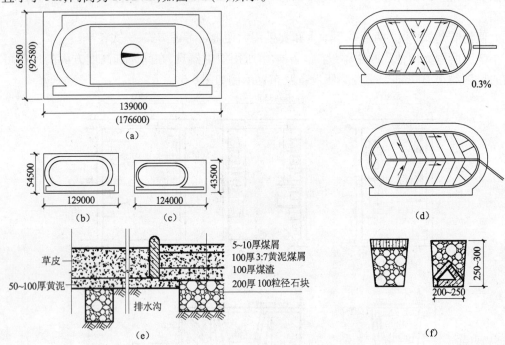

图 6-7　田径运动场形式、尺寸、排水方式及场地构造
（a）300m（400m）跑道；（b）250m 跑道；（c）200m 跑道；
（d）排水管布置方式；（e）田径场构造；（f）排水暗管

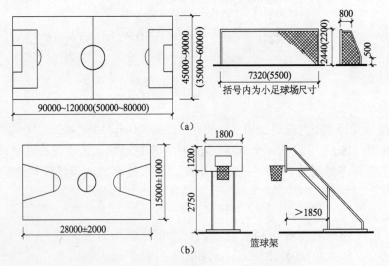

图 6-8　各类球场尺寸及场地构造（1）
（a）足球场的尺寸；（b）篮球场及篮球架的尺寸

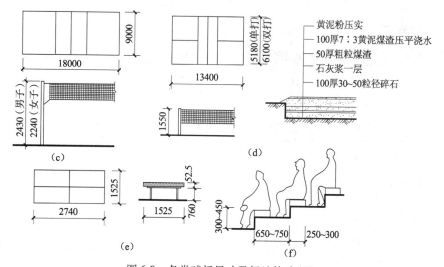

图 6-8　各类球场尺寸及场地构造(2)

(c)排球场及排球架的尺寸;(d)羽毛球场、球架的尺寸和球场场地构造;

(e)乒乓球桌及球网尺寸;(f)看台座位宽 400～450mm

(5)乒乓球场。球桌尺寸为 2.740m×1.525m。场地一般为 12m×6m(国际标准为 14m×7m)。乒乓球比赛仅限在室内进行,地面宜采用木地板,深暗色,无反光。球桌及球网尺寸如图 6-8(e)所示。

中小学球场设置种类和数量根据学校具体情况确定。球场周围可以设简易看台,如图 6-8(f)所示。

(四)平面组合形式

学校建筑的平面组合主要是对教室、实验室、办公三部分的合理布置(小学不需考虑实验室)。教室是学校建筑的主体部分。教室的设置数量依学制、班级数确定。办公部分包括行政、教学办公两部分。办公室的开间进深都比较小。实验室面积比教室大,并且要有准备室、仓库等辅助房间。以上三部分功能不同,在建筑上各有特点。组合时相互间既要有方便的联系又要有一定的功能分区。综合地形、总体规划及技术经济等条件,可将实验室、办公室分别布置在教室主体部分的两端或集中在一侧。教室、实验室、办公室的房间可按外廊式排列,也可按内廊式排列。学校的平面形式可为对称的或不对称的(图 6-9)。

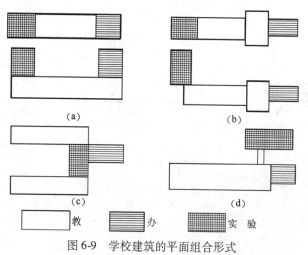

图 6-9　学校建筑的平面组合形式

(五)设计要点

(1)学校应选建在居民比较集中的地段,以方便少年儿童上学。同时要求环境安静、卫生良好、阳光充足、空气新鲜,距铁路线 300m 以外。表6-3 为中小学校各类用房工作面(桌面)或地面上的采光系数最低值和窗地比。

表 6-3　学校用房工作面或地面上的采光系数最低值和窗地比

房 间 名 称	采光系数最低值(%)	窗 地 比	工 作 面
普通教室、美术教室、书法教室、语言教室、音乐教室、史地教室、合班教室、阅览室	1.5	1:6	课桌面
实验室、自然教室	1.5	1:6	实验桌面
微型电子计算机教室	1.5	1:6	机台面
琴房	1.5	1:6	谱架面
舞蹈教室、风雨操场	1.5	1:6	地面
办公室、保健室	1.5	1:6	桌面
饮水处、厕所、淋浴	0.5	1:6	地面
走道、楼梯间	0.5	1:10	地面

注:1. 全年阴天数在 200 天以上,早上 8 时的云量在 7 级以上地区,教学及教学辅助用房工作面(或地面)的采光数不应低于20%,其窗地比不应低于 1:4.5;临界照度为 4000lx。

2. 走道、楼梯间应直接采光。

(2)要尽量利用山坡地、荒地、薄地。少占或不占农田。在有条件的地方宜建楼房,以节省土地。

(3)学校附近应有较大的运动场地,并有种植、饲养、气象等自然学科学生实验园。

(4)学校的办公部分如集中设置在教室建筑的一端,办公室的层高可比教室低一些,以节约材料、降低造价。音乐教室宜设在教学建筑的一端,如有条件也可单独设置在教学建筑以外,和普通教室隔开,以避免干扰。图 6-10 所示为小学平面组合方案比较,图 6-11、图 6-12、图6-13 所示为中小学校教学楼设计参考方案。

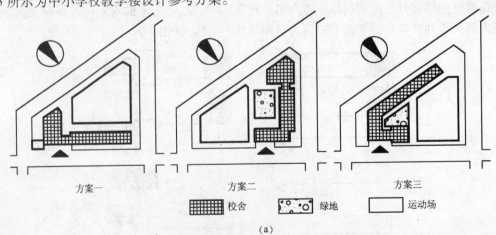

方案一　　　　方案二　　　　方案三

▦ 校舍　　🔲 绿地　　□ 运动场

(a)

图 6-10　小学平面组合方案比较(1)

(a)总平面方案比较

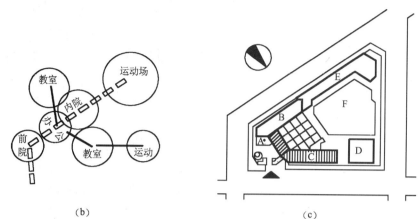

（b）　　　　　　　　　　　　　　　　（c）

图 6-10　小学平面组合方案比较（2）

（b）小学功能关系分析；（c）最后方案

A—办公；B，C—教学楼；D—多功能教室；E—扩建教学楼；F—操场

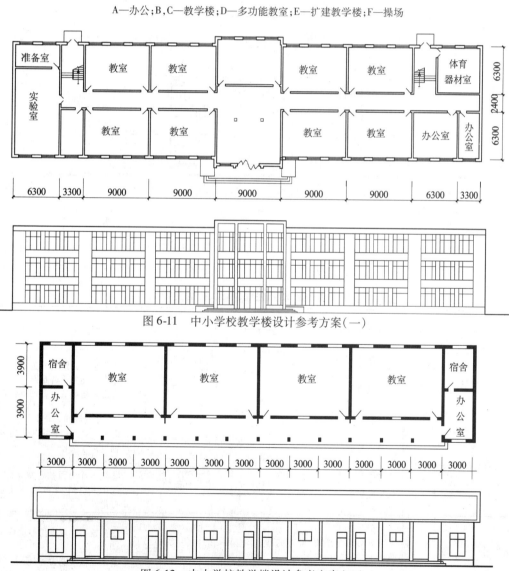

图 6-11　中小学校教学楼设计参考方案（一）

图 6-12　中小学校教学楼设计参考方案（二）

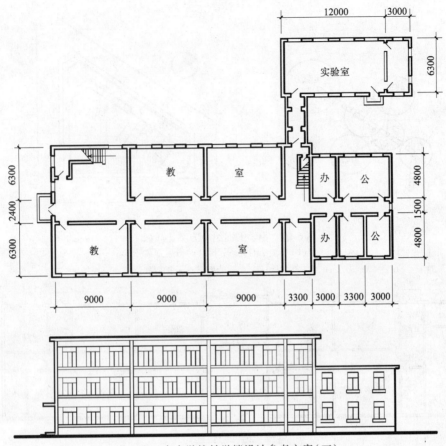

图 6-13 中小学校教学楼设计参考方案(三)

二、托幼建筑设计

儿童出生后,根据其生长发育速度和生理特点,分为婴儿期、乳儿期、托儿期、幼儿期,各个时期的生理、心理、行为特点如表 6-4 所示。

表 6-4 婴、幼儿生理、心理、行为特征

时 期	年 龄 段	特 征		
		生 理	心 理	行 为
婴儿期	初生~2个月	①躯体发育不完全; ②骨骼软,机能差; ③注意保温,环境温度保持在16~20℃	①具备一定的心理活动; ②触觉、嗅觉敏感; ③已出现与人交往的最初萌芽	①产生观看四周行为; ②会微笑并手舞足蹈; ③出现初期的一些回答性动作
乳儿期	2个月~12个月	①生长发育迅速,肌体新陈代谢旺盛; ②冬季室内环境温度保持在16~20℃	①有较强的感知力及初步的注意力、记忆力; ②会摆弄物体,出现了模仿成人和成人交往的萌芽	①3个月时可以俯卧; ②4~5个月时可以扶坐片刻及翻身; ③6~7个月会爬行; ④8~9个月可扶栏站立; ⑤10~11个月可开始独立迈步行走
托儿期	12个月~3岁	身体各部分组织、器官的发育和成熟较快	①产生了与他人接触的能力; ②有较好的模仿及一定的形象思维能力; ③注意力不稳定	①开始了游戏模仿但动作不够协调; ②独立活动能力差,依恋感强

时 期	年 龄 段	特 征		
		生 理	心 理	行 为
幼儿期	3～6岁	①身体各部分组织、器官发育迅速,尤其是心脏发育,5岁儿童比新生儿重4～5倍; ②皮肤黏膜、淋巴等组织的屏障作用不足; ③肌体新陈代谢旺盛,消耗多	①各种社会交往形式有了发展,游戏能力提高; ②形象思维发展迅速,抽象思维开始萌芽,4岁幼儿就开始了创造要求和行动; ③富于幻想,乐于探索,喜欢自己动手,有创造才能,能接受粗浅的知识及学习操作技能	①爱动,喜欢有思考力的游戏; ②4岁幼儿游戏的独立性和水平有较快提高; ③5岁幼儿动作灵活,讲究活动的内容和形式并注意活动的效果; ④有独立活动的能力和个性要求

托儿所、幼儿园是对幼儿进行保育和教育的机构。接纳不足三周岁幼儿的为托儿所,接纳三至六周岁幼儿的为幼儿园。托儿所、幼儿园的建筑造型及室内设计应符合幼儿的特点,平面布置应功能分区明确,避免相互干扰,方便使用管理,有利于交通疏散。

(一)托儿所、幼儿园的类型

(1)按不同年龄段婴幼儿的生理、生活特点分,如表6-5所示。

表6-5 托儿所、幼儿园的分类

类 别		特 点	
按年龄分	托儿所	收托3周岁以下的乳、婴儿	哺乳班	初生～10个月
			小班	11月～18个月
			中班	19个月～2岁
			大班	2～3岁以下
	幼儿园	收托3～6周岁幼儿	小班	3～4岁以下
			中班	4～5岁以下
			大班	5～6岁

(2)按管理方式分,如表6-6所示。

表6-6 托儿所、幼儿园按照管理方式的分类

按管理方式分	全日(日托)	幼儿白天在园(所)生活
	寄宿制(全托 保育院)	幼儿昼夜均在园(所)生活
	混合制	以日托班为主,也收托部分全托班

(二)托儿所、幼儿园的规模、组成与要求

1. 规模

班数的多少是托儿所、幼儿园建筑规模大小的标志,托、幼建筑规模的大小除考虑其本身的卫生、保育人员的配备以及经济合理等因素外,尚与托、幼机构所在地区的居民居住密度和均匀合理的服务半径等因素有关。

(1)幼儿园的规模(包括托、幼合建的)

以3,6,9,12个班划分为宜,6～9个班幼儿园居多。

（2）单独的托儿所的规模

以不超过 5 个班为宜。

（3）托儿所、幼儿园每班人数

1）托儿所。乳儿班及托儿小、中班 15～20 人,托儿大班 21～25 人。

2）幼儿园。小班 20～25 人,中班 26～30 人,大班 31～35 人。

2. 组成

托儿所、幼儿园一般由以下几部分组成：

（1）生活用房

包括活动室、寝室、乳儿室、配乳室、喂奶室、卫生间（包括厕所、盥洗、洗浴）、衣帽贮藏室、音体活动室等。全日制托儿所、幼儿园的活动室,与寝室宜合并设置。

（2）服务用房

包括医务保健室、隔离室、晨检室、保育员值宿室、教职工办公室、会议室、值班室（包括收发室）及教职工厕所、浴室等。全日制托儿所、幼儿园不设保育员值宿室。

（3）供应用房

包括幼儿厨房、消毒室、烧水间、洗衣房及库房等。

（4）室外活动场地

包括班级活动场地和公共活动场地。

3. 要求

处于 0～6 岁的儿童,在不同时期生活发育速度、生理特点差别很大,其生活内容、活动规律对环境的要求也不同。与之相对应,保育人员的任务、工作内容和对托幼建筑的室内环境要求,也是不一样的。

（1）了解婴幼儿生活的特点

1）乳、婴儿一天睡眠需 20～14h,尤其是乳儿除了吃奶就是睡眠。

2）随着年龄的增长,幼儿的睡眠时间缩短,动态活动时间将逐渐增加,游戏成了幼儿活动的主旋律。

为此,应创造舒适的睡眠和良好的室、内外活动环境以适应婴、幼儿生活规律的要求。

（2）创造良好的卫生、防疫环境

1）婴幼儿处于发育、成长时期,其机体抵抗力弱,易感染,他们生长的环境应安静、卫生、无污染、易防疫。

2）托、幼建筑从选址到设计应创造阳光充足、空气新鲜的环境,满足卫生、防疫要求,利于婴幼儿健康活泼成长。

（3）创造安全、利于防护的环境

婴幼儿时期,身体骨骼发育不完全,他们行动较笨拙,防护意识差,而且好奇、好动、好幻想,因此,托幼建筑设计应为他们创造安全、利于防护的环境,以保障婴、幼儿的安全。

（4）托儿所、幼儿园的任务

1）托儿所的任务是对三周岁前的乳、婴儿实施合理的教养,实行科学育儿。

2）幼儿园的任务是对三至六七周岁的幼儿实施保育与体、智、德、美全面发展的教育,培养幼儿独立性、创造力、自信心和不断探索的精神,促进幼儿良好个性的形成和充分发展。

（三）托儿所、幼儿园的基地选择及总平面设计

1. 基地选择

4 个班以上的托儿所、幼儿园应有独立的建筑基地，一般位于居住小区的中心。

（1）托儿所、幼儿园的服务半径不宜超过 500m，方便家长接送，避免交通干扰。

（2）日照充足、通风良好、场地干燥、环境优美或接近城市绿化地带，有利于利用这些条件和设施开展儿童的室外活动。

（3）应远离各种污染源，并满足有关卫生防护标准的要求。

（4）应有充足的供水、供电和排除雨水、污水的方便条件，力求管线短捷。

（5）能为建筑功能分区、出入口、室外游戏场地的布置提供必要条件。

2. 总平面设计

托儿所、幼儿园应根据设计任务书的要求对建筑物、室外游戏场地、绿化用地及杂物院等进行总体布置，做到功能分区合理、方便管理、朝向适宜、游戏场地日照充足，创造符合幼儿生理、心理特点的环境空间。

（1）出入口的布置

出入口的设置应结合周围道路和儿童入园的人流方向，设在方便家长接送儿童的路线上。一般杂务院出入口与主要出入口分级，小型托、幼机构可仅设一个出入口，但必须使儿童路线和工作路线分开。

主要出入口应面临街道，且位置明显易识别。次要出入口则相对地隐蔽，不一定面临主要街道。

根据基地条件的不同，一般出入口的布置方式有：主、次出入口并设；主、次出入口面临同一街道分设；主次出入口面临两条街道。

（2）建筑物的布置

1）建筑朝向。要保证儿童生活用房能获得良好的日照条件：冬季能获得较多的直射阳光，夏季避免灼热的西晒。一般在我国北方寒冷地区，儿童生活用房应避免朝北；南方炎热地区则尽量朝南，以利通风。

2）卫生间距。应考虑日照、防火的因素，必要时还应考虑通风的因素。

3）建筑层数。幼儿园的层数不宜超过 3 层，托儿所不宜超过 2 层。易于解决幼儿的室外活动，充分享受大自然的阳、光、空气，以利于增强幼儿的体质。

（3）室外活动场地

必须设置各班专用的室外游戏场地。每班的游戏场地面积不应小于 $60m^2$。各游戏场地之间宜采取分隔措施。

全园共用的室外游戏场地，其面积不宜小于下式计算值：室外共用游戏场地面积（m^2）= $180 + 20(N-1)$，其中 180,20 为常数，N 为班数（乳儿班不计）。托儿所、幼儿园合建时，其面积合并计算。场内除布置一般游戏器具外，还应布置 30m 跑道、沙坑、洗手池和贮水深度不超过 0.3m 的戏水池等，如图 6-14 所示。

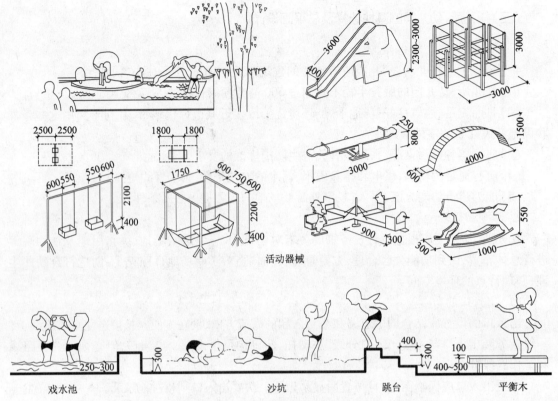

活动器械

戏水池　　　　　　　　　　　　沙坑　　　　　　跳台　　　　　　平衡木

图6-14　幼儿园室外活动场地设施

(四)托儿所、幼儿园各类房间的设计

1. 生活用房

托儿所、幼儿园的生活用房应布置在当地最好日照方位,并满足冬至日底层满窗日照不少于3h,温暖地区、炎热地区的生活用房应避免朝西,否则应设遮阳设施。建筑侧窗采光的窗地面积之比,不应小于表6-7的规定。

表6-7　窗地面积比

房 间 名 称	窗 地 面 积 比
音体活动室、活动室、乳儿室	1/5
寝室、医务保健室、喂奶室	1/6
其他房间	1/8

(1)幼儿园生活用房

寄宿制幼儿园的活动室、寝室、卫生间、衣帽贮藏室应设计成每班独立使用的生活单元。

1)活动室设计

活动室是供幼儿室内游戏、进餐、上课等日常活动的用房,最好朝南,以保证良好的日照、采光和通风。其空间尺度要能够满足多种活动的需要,室内布置和装饰要适合幼儿的特点。地面材料宜采用暖性、弹性地面,墙面所有转角应做成圆角,有采暖设备处应加设扶栏,做好防护措施。

①活动室的家具和设备。活动室的家具除桌、椅外,其他的家具设备大致可分为教学和生

活两类,分别是:黑板、作业教具柜、分菜桌等。

②活动室的平面形状及布置。活动室应满足多种活动的需要,主要有上课、作业、就餐、游戏等。活动室的平面形状以长方形最为普遍。长方形平面结构简单、施工方便,而且空间完整,能满足各种活动的使用要求。其他形状如扇形、六边形等的活动室平面,不少是在特定条件下,根据平面布局的要求而有所变化的。

2)寝室设计

寝室是专供幼儿睡眠的用房。寄宿制幼儿园和工厂三班轮托的托儿所一般设专用的寝室。托儿小班一般不另设寝室,在活动室内设床位,并辟出一定的面积供幼儿活动。

寝室应布置在朝向好的方位,温暖地区和炎热地区要避免西晒或设遮阳设施,并应与卫生间邻近。幼儿床的设计要适应儿童尺度,制作要坚固省料、使用安全、便于清洁。床的布置要便于保教人员巡视照顾,并使每个床位有一长边靠走道。靠窗和靠外墙的床要留出一定距离。其平面形式如图6-15所示。

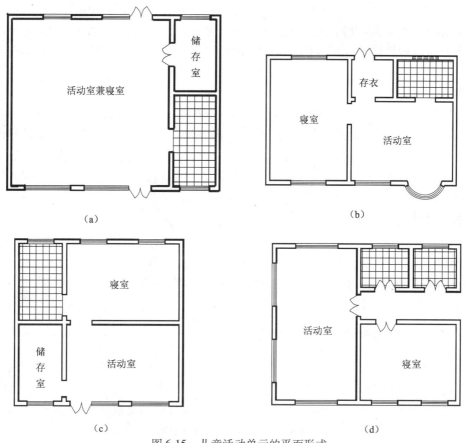

图6-15　儿童活动单元的平面形式
(a)活动室、寝室和厕所并排南北朝向;(b)活动室和寝室并排;
(c)活动室朝南寝室朝北;(d)由内走廊连接单元各部分

3)卫生间

托幼建筑中的卫生间,必须一个班设置一个,它是幼儿活动单元中不可缺少的一部分。卫生间主要由盥洗、浴室、更衣、厕所等部分组成。

卫生间应邻近活动室和寝室,厕所和盥洗应分间或分隔,并应有直接的自然通风。每班卫生间的卫生设备数量不应少于规范规定。卫生间地面要易清洗、不渗水、防滑,卫生洁具尺度应适应幼儿使用。常用卫生设施供保教人员使用的厕所宜就近集中,或在班内分隔设置。

4)音体活动室

音体活动室是幼儿进行室内音乐、体育、游戏、节目娱乐等活动的用房。它专供全园幼儿公用,不应包括在儿童活动单元之内。其布置宜邻近生活用房,不应和服务、供应用房混设在一起。可以单独设置,此时宜用连廊与主体建筑连通,也可以和大厅结合,或与某班活动室结合。音体室地面宜设置暖、弹性材料,墙面应设置软弹性护墙以防幼儿碰撞。

(2)托儿所生活用房

托儿所分为乳儿班和托儿班。乳儿班的房间设置和最小使用面积应按有关的规定进行设计。托儿班的生活用房面积及有关规定与幼儿园相同。乳儿班和托儿班的生活用房均应设计成每班独立使用的生活单元。乳儿班不需活动室,它主要有乳儿室、喂奶间、盥洗配奶及观察室等。托儿所和幼儿园合建时,托儿生活部分应单独分区,并设单独的出入口。乳儿班的生活用房应布置在当地最好的日照方位,温暖及炎热地区的生活用房应避免朝西,否则应设遮阳设置。

2. 服务用房

服务用房可分为行政办公、卫生保健等用房。行政用房是行政管理人员工作的房间,这些单间集中在一个区域便于联系工作,同时又要兼顾对外联系方便。卫生保健用房最好设在一个独立单元之内,医务保健和隔离室宜相邻设置,与幼儿生活用房应有适当距离。如为楼房时,应设在底层。隔离室应设独立的厕所。晨检室宜设在建筑物的主出入口处。服务用房的使用面积不应小于有关的规定。

3. 供应用房

供应用房包括幼儿厨房、消毒室、烧水间、洗衣房及库房等。厨房应处于建筑群的下风向,以免油烟影响活动室和卧室。厨房门不应直接开向儿童公共活动部分。托儿所、幼儿园为楼房时,宜设置小型垂直提升食梯。烘干室附设在厨房旁,要有良好的隔离。洗衣房可与烘干室相连。

(五)托儿所、幼儿园建筑的平面组合设计

幼儿园应能满足儿童正常的生活要求,即活动、饮食、睡眠、排泄、医疗保健等内容,应具备与幼儿生活和教育相关的一整套设施。所使用的房间包括活动室、寝室、厕所盥洗室、保健室、集体活动室、办公室、厨房、贮藏用房等,还应有与幼儿园规模相适应的户外活动场地,配备相应的游戏和体育活动设施,并创造条件开辟沙地、动植物园地。

幼儿园各种用房的功能关系如图6-16所示。按照功能分区幼儿园可分为两大部分:儿童活动区和办公后勤区。儿童活动区又包括儿童活动单元、公共室外活动场地、公共音体教室;办公后勤区包括行政办公室、值班室、医务保健室、厨房、洗衣房、杂物院等。幼儿园的人流路线宜保证两条,使幼儿出入园的路线和杂物垃圾路线分开。

1. 基本要求

(1)各类房间的功能关系要合理。

(2)应注意朝向、采光和通风,以利创造良好的室内环境条件。

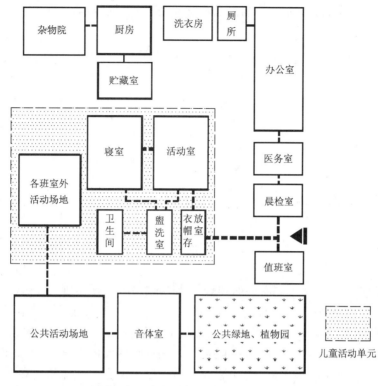

图 6-16　幼儿园各种用房的功能关系

（3）注意儿童的安全防护和卫生保健。在平面组合中应防止儿童擅自外出，穿入锅炉房、洗衣房、厨房等。注意各生活单元的隔离及隔离室与生活单元的关系。

（4）要具有儿童建筑的性格特征。通过建筑的空间组合、形式处理、材料结构的特征、色彩的运用、建筑小品及其他手法的处理，使建筑室内外的空间形象活泼、简洁明快，反映出儿童建筑的特点。

2. 组合方式

托儿所、幼儿园建筑的组合方式是多种多样的，从房间组合的内在联系方式上，有以下几种：

（1）以走廊联系房间的方式。每层由几个儿童活动单元及办公用房拼成一字形，在一侧或者沿周围设置内廊或外廊连接各部分的房间（图 6-17）。这种走廊式组合对组织房间朝向、采光和通风等具有很多优越的条件；

（2）以大厅联系房间的方式。这种大厅式组合以大厅为中心联系各儿童活动单元，联系方便，交通路线短捷。一般多利用大厅为多功能的公共活动用，如游戏、放映、集会、演出等；

（3）按功能不同，组织若干独立部分，分幢分散组合的称为"分散式"（图 6-18）；

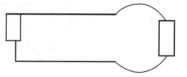

（4）围绕庭院布置托、幼建筑的各种用房称为"庭园式"或"院落式"。各类房间沿周围布置，内部围合成庭院，内庭院一侧设环形走廊联系平面各部分。一般朝南向的

图 6-17　走廊式平面组合

171

一侧布置儿童活动单元,北向一侧布置办公和其他用房(图 6-19)。

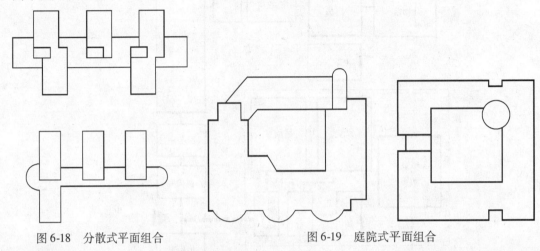

图 6-18　分散式平面组合　　　　图 6-19　庭院式平面组合

　　这几种平面形式适用于不同条件的场地。当场地狭小时,用走廊式,这也是较经济和常用的平面组合形式。这种平面形式的建筑体型系数最小,有利于保温和防热,但不利之处在于,处于中部的各单元外墙较少,易造成暗卫生间。当活动室与寝室相连,横向布置时,造成房间单侧采光。横向的大进深也不利于自然通风,北向房间终年无阳光直射(图 6-20)。

　　当场地条件较好、面积较大时,采用庭院式组合较多。庭院式建筑在热环境方面优点甚多,如庭院热稳定性好,内庭院产生的烟囱效应利于自然通风等。但如果围合成的庭院面积过小,则对底层房间的光线遮挡非常严重。

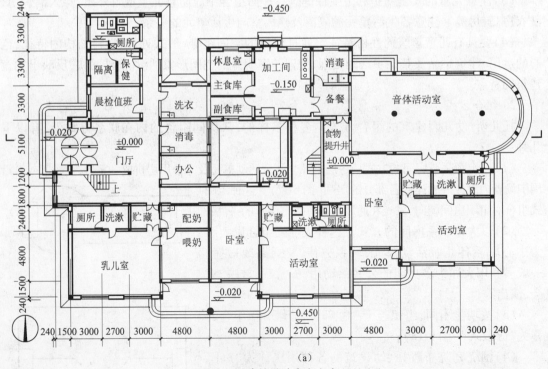

(a)

图 6-20　幼儿园建筑设计参考方案(一)(1)

(a)首层平面图

172

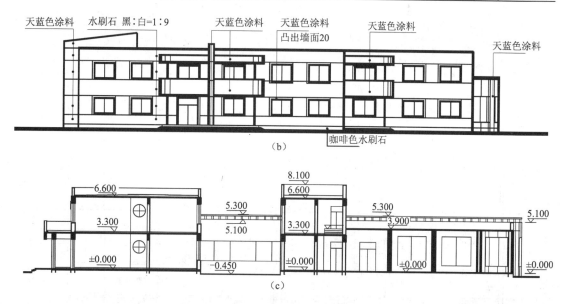

图 6-20　幼儿园建筑设计参考方案(一)(2)
(b)南立面图;(c)1—1 剖面图

分散式平面组合的最大优点是,各儿童活动单元的外墙面积大,可根据需要灵活开窗,利于自然通风、自然采光和争取日照,适用于南北方向长的场地。但这种组合形成的建筑体型系数大,对冬季保温和夏季防热都是不利的(图 6-21)。

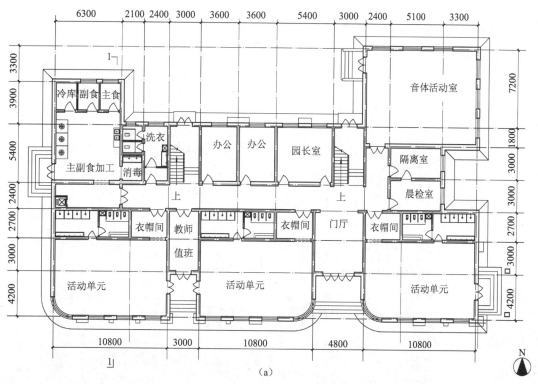

图 6-21　幼儿园建筑设计参考方案(二)(1)
(a)首层平面图

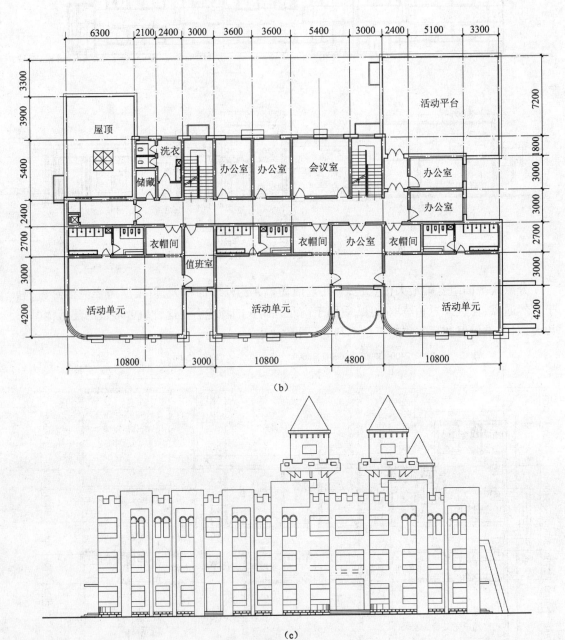

（b）

（c）

图 6-21 幼儿园建筑设计参考方案（二）（2）

（b）二层平面图；（c）立面图

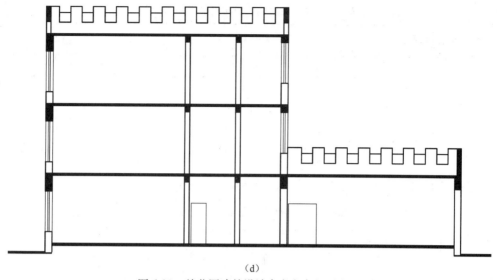

(d)

图6-21 幼儿园建筑设计参考方案(二)(3)

(d)1—1 剖面图

第三节 村镇医疗建筑设计

一、村镇医院的分类与规模

根据我国村镇的现实状况,医疗机构可按村镇人口规模进行分类:中心集镇设中心卫生院;一般集镇设乡镇卫生院;中心村设村卫生站。

中心卫生院是村镇三级医疗机制的加强机构。由于目前各县区域的管辖范围大,自然村的居民点分布较散,交通很不便利,这样,县级医院的负担和解决全县医疗需求方面的实际能力,显得过于紧迫。因此,在中心集镇原有卫生院的基础上,予以加强,成为集镇中心卫生院,以此分担县级医院的一些职责,它除负责本区的医疗卫生工作外,还要接受本区所属卫生院转来的病人,并协助和指导下属卫生院的业务,起到县级医院的助手作用。它的规模较县医院小,但是比一般卫生院大,通常有病床50～100张,门诊平均200～400人次/日,如表6-8所示。

表6-8 村镇各类医院规模

序 号	名 称	病床数(张)	门诊人次数(人次/日)
1	中心卫生院	50～100	200～400
2	卫生院	20～50	100～250
3	卫生站	1～2张观察床	50左右

卫生站是村镇三级医疗机制的基层机构。它主要是承担本村卫生宣传、计划生育等方面的工作,把医疗卫生工作真正落实到基层。卫生站的规模,平均每天门诊人数为50人左右,附带设置1～2张观察床,如表6-8所示。

村镇医院用地指标与建筑面积指标可参考表6-9。

表 6-9　村镇医院用地面积与建筑面积指标参考

床位数（张）	用地面积（m²/床）	建筑面积（m²）
100	150～180	1800～2300
80	180～200	1400～1800
60	200～220	1000～1300
40	200～240	800～1000
20	280～300	400～600

村镇医院各部分使用面积及总使用面积可参考表 6-10。

表 6-10　村镇医院使用面积参考（m²）

部　　　别 ＼ 床位数（张）	30	50	80	100
门诊部分	139	156	223	258
入院处	26	50	48	54
病床部分	322	454	770	912
手术部	44	58	88	96
放射科	—	—	36	36
理疗科	—	—	12	12
化验室	14	18	24	30
药　房	20	24	30	36
病理解剖室	12	12	16	16
行政办公室	68	80	94	100
事务及杂用	20	30	50	58
营养厨房	24	32	54	70
洗衣房	22	34	42	50
使用面积总计	711	948	1487	1728

二、村镇医院的选址

村镇各类医院的布点是在村镇三级医疗卫生网的统一规划下进行的,选址时应注意以下几个方面:

(1)要方便看病。由于村镇医院的服务半径较大,因此,村镇医院应设在交通方便,人口比较集中的村镇内,但应避免靠近公路干线,以免影响交通和卫生;

(2)要便于做好疾病的防治和环境卫生保护。不仅需要满足医院本身的环境要求,同时应防止医院污染环境。故新建医院一般布置在村镇的边缘地带,与居住点既便于联系又有适当距离。同时要便于污水、脏物的处理；

（3）用地要求地势高爽，阳光充足，空气洁净，环境安静、优美。应在工场和畜牧区的上风方位，并有一定的防护距离和绿化带，同时，应考虑村镇医院发展方向和规模并留出发展用地。

三、建筑的组成与总平面布置

（一）医院建筑的组成

村镇医院建筑一般可分为四个部分：

（1）医疗部分。包括门诊部、辅助医疗部、住院部等；

（2）总务供应部分。包括营养厨房、洗衣房、中草药制剂室等；

（3）行政管理用房。包括各种办公室等；

（4）职工生活部分。规模大的应设职工生活区。

（二）医院的总体布局原则

在医院的总平面布置中要根据功能关系合理安排医疗部分、总务供应及管理部分。具体要求如下：

（1）医疗部分应位于医院用地的中心，靠近主要出入口，便于内外交通。建筑物的布置要有较好的朝向和自然通风，环境安静，并处于厨房等烟尘染源的上风方向；

（2）医疗区的传染病病房应位于其他医疗建筑和职工生活区的下风方向，并有适当的距离和防护绿化带，但又要联系方便。传染病区不宜靠近水面，以免扩大污染范围；

（3）放射治疗部分的位置，要便于门诊和住院病人使用，并与周围建筑物保持必要的防护距离；

（4）总务区要与医疗区联系方便，但又互不干扰。要注意厨房和烟尘对其他部分的干扰；

（5）太平房应设在医院的隐蔽处，避免干扰住院病人，并有直接对外的出入口；

（6）职工生活区如设在医院用地范围内时，应与医院各部分用房有一定的分隔，不能混杂在一起；

（7）交通路线组织合理，对外联系直接，对内联系方便。出入口的位置明显，一般应设主要的出入口与次要出入口。主要出入口供医疗、探访、总务人流使用。次要出入口作为职工生活的人流使用；

（8）厕所以集中设置为宜，对传染患者应另设专厕，便于消毒处理。

（三）总平面布局形式

1. 分散布局

这种布局其医疗和服务性用房基本上都分幢建造，其优点是功能分区合理、医院各建筑物隔离较好、有利组织朝向和通风、便于结合地形和分期建造。其缺点是交通路线长，各部分的联系不太方便，增加了医护人员往返的路程；布置松散，占地面积较大，管线也长。

2. 集中式布局

这种布局是把医院各部分用房安排在一幢建筑物内，其优点是内部联系方便、设备集中、便于管理、有利于综合治疗、占地面积较少、节约投资；其缺点是各部分之间的干扰难以避免，但在村镇卫生院中采用较多。

四、医院建筑主要部分的设计要点

(一) 门诊部的设计要点

1. 门诊部的组成

村镇卫生院门诊部科室情况及房间组成如下:

(1)诊室。包括内科、外科、儿科、五官科、妇产科、中医科、计划生育科等;

(2)辅助治疗。包括注射科、换药科、针灸科、化验科、药房、X光室、手术室、病案室等;

(3)公共部分。包括挂号室、收费室、候诊室及门厅等;

(4)行政办公室及生活辅助用房。

各科室面积的确定,可参考表6-11。

表 6-11　村镇医院门诊部科室面积参考(m^2)

房　间　名　称		病　床　数　(张)				
门厅及候诊		70	60	50	35	28
挂号收费		20	13	13	8	—
诊室分科与房间数量	内科	26	13	13	13	13
	外科	13	13	13	13	13
	中医科	26	26	26	13	13
	妇产科	26	21	13	13	13
	儿科	13	13	13	—	—
	五官科	13	13	13	13	—
	计划生育科	13	13	13	13	13
	房间数	10	9	8	6	5
	使用面积小计	130	111	104	78	65
注射室		13	13	13	13	13
急诊室		13	13	—	—	—
换药处		13	13	—	—	—
使用面积总计		259	223	193	147	106

2. 门诊部设计的一般要求

(1)门诊部建筑层数多为1~2层,当为两层时,应将患者就诊不方便的科室或就诊人次较多的科室设在底层。如外科、儿科、妇产科、急诊室等。

(2)应合理组织各科室的交通路线,防止人流拥挤,往返交叉。规模较大的中心卫生院,由于门诊量较大,有必要将门诊入口与住院入口分开设置。

(3)要有足够的候诊面积。候诊室与各科室以及辅助治疗区保持密切联系,路线尽量缩短。

3. 诊室的设计要点

诊室是门诊部的重要组成部分,诊室设计合理与否,将直接影响门诊部的使用功能和经济效益。诊室的形状、面积和诊室的家具布置、医生诊察活动以及患者的候诊处置直接相关。一般卫生院的诊室使用情况是习惯于合用诊室。一科一室两位医生合用,或两科一室几位医生合用。

目前村镇卫生院诊室的常用轴线尺寸为:开间为 3.0m,3.3m,3.6m,3.9m;进深为 3.0m,3.6m,4.2m,4.5m,4.8m;层高为 3.0m,3.3m,3.6m。

几种典型的诊室平面布置如图 6-22 所示。

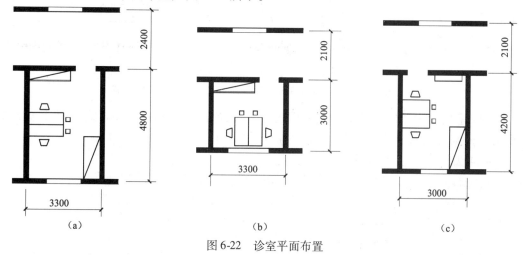

图 6-22　诊室平面布置

（二)住院部设计要点

1. 住院部的组成

住院部由入院处、病房、卫生室、护士办公室以及生活辅助房间等组成。病房是住院部中最主要的组成部分。

2. 病房的设计要点

病房应有良好的朝向、充足的阳光、良好的通风和较好的隔声效果。

病房的大小与尺寸,与每间病房的床位数有关。目前村镇医院的病房多采用四人一间和六人一间。随着经济的发展和条件的改善,可多采用三人一间乃至两人一间的病房。此外,为了提高治疗效果和不使患者相互干扰,对垂危患者、特护患者应另设单人病房。

病房的床位数及常用开间、进深尺寸可参考表 6-12。

表 6-12　病房尺寸参考

病房规模	上限尺寸(m)	下限尺寸(m)
三人病房	3.3×6.0	3.3×5.1
六人病房	6.0×6.0	6.0×5.1

3. 病房内床位布置形式

患者床位最好的摆法是平行于外墙。对患者来说,既可能避免太阳光直射,又可以观望室外景观,能舒展心情。如果床位垂直于外墙,阳光直射时,会造成患者的不适。所以,比较科学的床位摆法是平行于外墙,图 6-23 所示是几种病房的床位摆法。

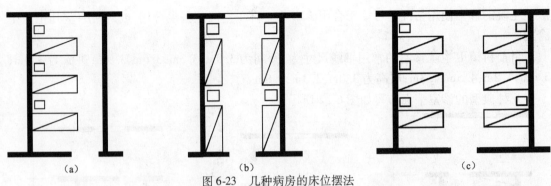

图 6-23　几种病房的床位摆法
(a)三人病房床位布置;(b)四人病房床位布置;(c)六人病房床位布置

卫生院建筑的平面形式,以走廊与房间的相对位置分,有内廊式与外廊式平面;以建筑的平面形式分,则有一字形、L 形、工字形等平面。

图 6-24 为村镇中心卫生院设计参考方案。

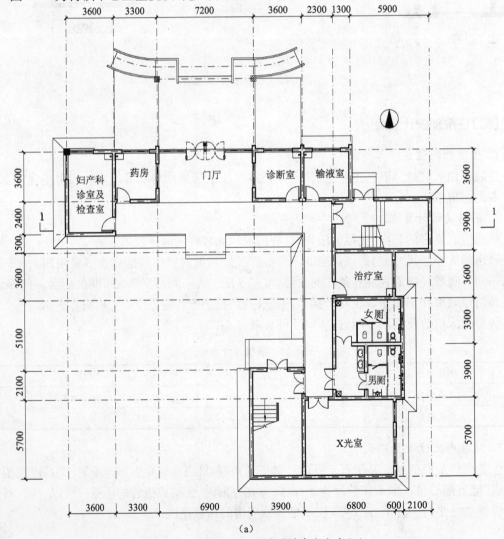

(a)

图 6-24　村镇中心卫生院设计参考方案(1)
(a)一层平面图

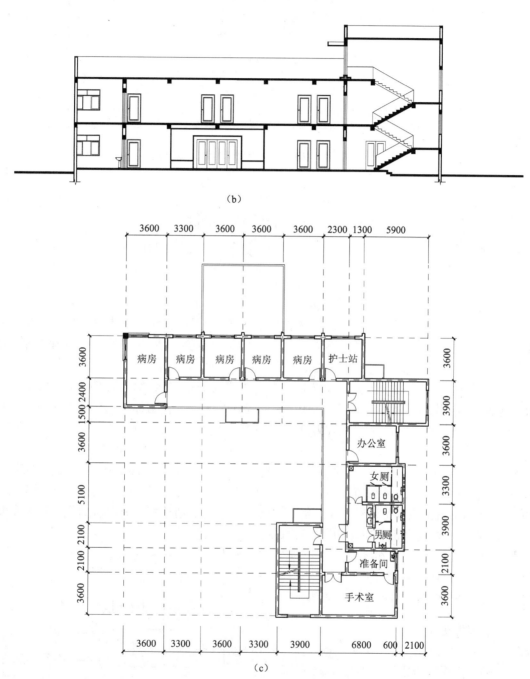

（b）

（c）

图6-24　村镇中心卫生院设计参考方案（2）
（b）1—1剖面图；（c）二层平面图

(d)

图6-24　村镇中心卫生院设计参考方案(3)

(d)立面图

第四节　村镇商业建筑设计

一、村镇商业建筑的类型

村镇商业建筑大致可分为如下三类:

(1)村镇供销社建筑。村镇供销社向农民销售商品,再从农村收购农民向国家交纳的农副产品,所以它是供销、收购的综合形式。供销社的组成有供生活、生产用的商品和农副产品仓库,以及各类门市部、行政办公室、职工生活用房及车库、货场等。

供销社的门市部根据商品品种的不同可分为如下几类形式:针织百货部、食杂果品部、五金交电部、文化用品部、生活煤炭部、肉食水产部等。农副产品收购部有的可设在有关的部门中,但如果条件许可,也可单独设立收购站。

(2)集贸市场建筑。集贸市场是近年来迅速发展起来的。它一般属于个体性质,按商品品种的不同大致可分为两大类:其一是农贸市场,农贸市场里的商品都是农民自产品,如蔬菜、水产、肉食、蛋禽等;其二是小商品市场,小商品市场除从城里购销的商品,如服装、鞋帽等以外,还有相当数量是地方民间工艺品。集贸市场是对村镇供销社的一种补充,因为它灵活、方便、营业时间长,深受居民欢迎,因而具有广阔的发展前景。

(3)小型超市建筑。在乡镇或连村地段、要道口,开设小型超市。超市的货物一定要全,包括家居日常用品、烟酒副食等。

二、小商场设计

(一)小商场的组成

小商场一般由入口广场、营业厅、库房及行政办公用房等组成,其功能关系如图6-25所示。

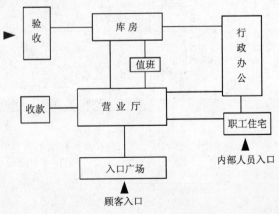

图6-25　小商场功能关系图

(二)小商场各部分的设计要点

1. 营业厅设计

营业厅是商场的主要使用空间,设计时要合理安排各种设施,并处理好空间,创造一种良好的商业环境。对于销售量大、挑选性弱的商品,如食品、日用小百货等,应分别布置在营业厅底层并靠近入口,以方便顾客的购买;对挑选性强和贵重商品应设在人流较少的地方。体积大而重的商品应布置在底层。对有连带营业习惯的商品应相邻设置。营业厅与库房之间,要尽量缩短距离,以便管理。营业厅的交通流线要设计合理,避免人流过多拥挤,尤其是顾客流线不应与商品运输流线发生交叉。如果营业厅与其他用房如宿舍合建于一幢建筑,则营业厅与其他用房要采取一定的分隔措施,保证营业厅的安全。小商店一般不设置室内厕所,营业厅的地面装饰材料就选用耐磨、不易起尘、防滑、防潮及装饰性强的材料。营业厅应有良好的采光和通风。

营业厅不宜过于狭长,以免营业高峰期间中段滞留过多的顾客。营业厅的开间一般采用3.6~4.2m。如果楼上设办公室或宿舍,底层营业厅中设柱子,此时柱子的柱网尺寸既要符合结构受力的要求,又要有利营业厅中柜台的布置。营业厅的层高一般为3.6~4.2m。

营业厅中柜台的布置是一个关键环节。营业员在柜台内的活动宽度,一般不小于2m,其中柜台宽度为600mm,营业员走道为800mm,货架或货柜宽度为600mm;顾客的活动宽度一般不小于3m,这两个参数是营业厅柜台布置的基本数据。柜台的布置方式一般有以下几种情况:

(1)单面布置柜台。柜台靠一侧外墙,另一侧为顾客活动范围,如图6-26所示;

(2)双面布置柜台。柜台靠两侧外墙布置,顾客走道在中间。这种布置方式要考虑好采光窗与货柜的相互关系,如图6-27所示;

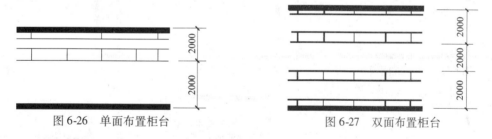

图 6-26　单面布置柜台　　　　　　　图 6-27　双面布置柜台

(3)中间或岛式布置柜台。柜台布置在中间,能很好地利用室内空间和自然光线,柜台布置较灵活,比较适合目前的村镇,如图6-28所示。

2. 橱窗的设计要点

橱窗是商业建筑的特有标志,它是供陈列商品用的,数量应适当。橱窗的大小,根据商店的性质、规模、位置和建筑构造等情况而定。由于安全的需要,橱窗的玻璃不宜过大。橱窗的朝向以南、东为宜,为避免西晒和眩光,可适当考虑遮阳措施,以免使陈列品受损。橱窗内墙应密闭,不开窗,只设小门进入橱窗内。小门尺寸可采用700mm×1800mm,小门设在橱窗端侧为好。

橱窗一般有下列几种剖面形式:

(1)外凸式橱窗。即橱窗的内墙与主体建筑的外纵墙重合。其优点是橱窗不占室内面积,但其结构复杂,并且橱窗顶部应有防水处理,如图6-29所示;

（2）内凹式橱窗：即橱窗完全设于室内。其优点是做法比较简单，但占据了室内有效面积，如图 6-30 所示；

（3）半凸半凹窗式橱窗。即橱窗设于主体建筑的外墙中，且向室内外凸出，是村镇商业建筑采用得较多的一种橱窗，如图 6-31 所示。

3. 库房的设计

库房的面积大小一般应按所经营商品的种类来确定，库房与营业厅保持密切的联系，以便随时补充商品。库房的大门要合理设置，避免交通面积过大，要提高库房的面积使用率及空间利用率。库房要防潮、隔热、防火以及防虫、防鼠等。

库房与营业厅的相对位置，通常有如下几种布置方式：

（1）分散式布置。这种布置使用方便，能随时补充商品，但库房不能相互调节，如图 6-32 所示；

（2）集中式布置。这种布置管理方便，种类商品存放位置可相互调节，并且货运与人流完全不交叉，如图 6-33 所示；

（3）混合式布置。这种布置方式的特点是，能分散存放的商品就分散存放，不能分散存放的商品就集中存放，如图 6-34 所示。

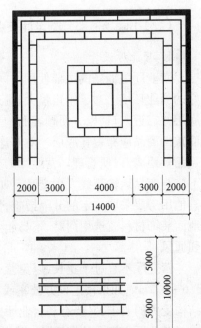

图 6-28　中间或岛式布置柜台

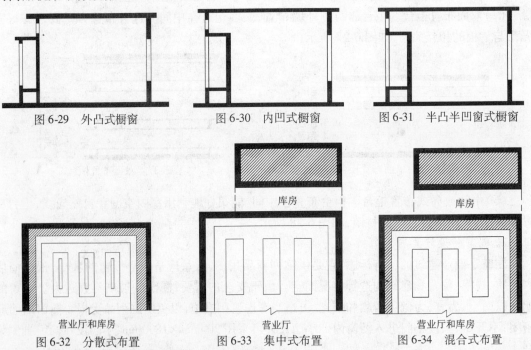

图 6-29　外凸式橱窗　　图 6-30　内凹式橱窗　　图 6-31　半凸半凹窗式橱窗

图 6-32　分散式布置　　图 6-33　集中式布置　　图 6-34　混合式布置

三、集贸市场设计要点

集贸市场包括农贸市场与小商品市场两大类。

（一）选址原则及布置方式

农贸市场的选址应考虑以下几个原则：

（1）应选在交通方便的地段，以方便农民的销售，对于有批发业务的大型农贸市场，还应考虑农副产品外运时的交通；

（2）地势宜平坦、高爽，排水畅通；

（3）应遵循节约用地的原则，尽量利用荒地与缓坡地段以及集镇的零星地段；

（4）要与居民点保持适当的距离，以减少农贸市场的嘈杂对居住的干扰，但又要方便居民的生活，不宜隔得太远。对于建在居民点内的小型农贸市场，要采取适当的分隔措施以保证居住的安静。

1）利用原有街道进行布置。这种布置方式适宜建造小型农贸市场，便于居民的生活，能利用集镇的现有设施，其缺点是妨碍交通。因此，这种布置设在次厅街道上，如图6-35所示。

2）独立进行布置。这种布置方式适宜建造比较大的农贸市场，能减少对居民点的干扰，不妨碍交通，便于统一管理，如图6-36所示。

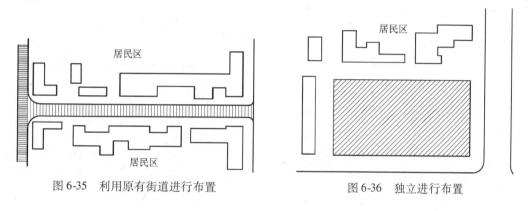

图6-35 利用原有街道进行布置　　　　图6-36 独立进行布置

（二）农贸市场的组成及功能关系

农贸市场一般由以下几个部分组成：

（1）摊位。包括各类摊位，如：肉类、蛋禽类、水果类、蔬菜类、水产类等，是农贸市场的主要部分；

（2）市场管理办公室；

（3）入口广场。包括：自行车、板车及其他交通工具的停放场地；

（4）垃圾处理站。

各部分的功能关系如图6-37所示。

图6-37 农贸市场功能关系图

(三)农贸市场设计的一般要求

1. 规模

农贸市场的规模一般应根据村镇人口而定,按占地面积,一般为 1500～3000m²。

2. 摊位设计

摊位设计是农贸市场设计的关键,在设计时要安排好内部的货流与人流路线,利用摊台的布置作为人流的导向,人流路线要便捷、畅通,通道要有足够的宽度,要满足携带物品的人流边走边看,并停下来挑选货物的要求,一般情况可按 3000mm 设计。如果修建棚架时,高度不小于 4000mm。摊位的布置方式通常如下:

(1)两边布置摊位,中间布置通道,如图 6-38 所示;

(2)中间布置摊位,两边布置通道,如图 6-39 所示。

图 6-38　两边布置摊位

图 6-39　中间布置摊位

对于成片状布置的农贸市场,其摊位的布置方式,可采用上述两种方式进行组合。对于摊位的长度,一般每隔 10m 设一个横向通道,以方便顾客的挑选。

对于不同的农副产品应分类布置摊位,如肉类、蔬菜类、水果类、蛋禽类、水产类等;对需要量大或购买人多的产品,应布置在入口附近,如蔬菜类;对于蛋禽类,由于家禽多以活的出售,为防止粪便影响环境卫生,宜将禽类布置在尽端或人流比较少的地方;对于水产类,为防止废水对其他部分的影响,宜将水产类布置在两边或尽端,并做好给水与排水的设计。

3. 采光与通风

对建造有棚架或建筑的农贸市场,要利用侧窗、高侧窗及天窗进行采光与通风。

4. 环境设计

农贸市场的环境设计,要处理好它与周边的道路、顾客的流向、附近建筑的关系。

5. 垃圾站

农贸市场每天都有大量的废物垃圾排出,因此,在农贸市场附近要设置一个垃圾站或垃圾场,其位置应位于摊台的下风向,并设置独立的出入口。

四、小型超市建筑

村镇小型超市常以出售食品和小百货为主,它是一种综合性的自选形式的商店。

小型超市的商品布置和陈列要充分考虑到顾客能均等地环视到全部的商品。营业厅的入口要设在人流量大的一边,通常入口较宽,而出口相应窄一些。根据出入口的设置,设计顾客流动方向,以保持通道的畅通。图 6-40 所示为小型超市平面设计。

营业厅内食品与非食品的布置,通常是在入口附近布置生活的必需品——各种食品,以利于吸引顾客;而以非食品为主的小型超市,顺序恰恰相反,应突出主要的商品。

小型超市的出入口必须分开,通道宽度一般应大于 1.5m,出入口的服务范围在 500m² 以内。有条件的营业厅出口处设置自动收银机,每小时 500~600 人设一台。在入口处要放置篮筐及小推车供顾客使用,其数量一般为入店顾客数的 1/10~3/10。

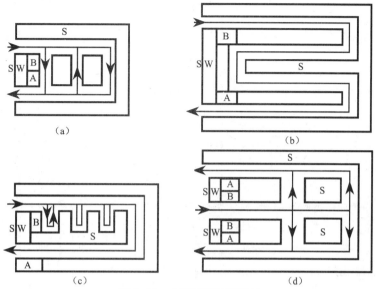

图 6-40 小型超市平面设计

S—开架柜台;SW—存包架;B—存包、租篮、租车;A—收款台

图 6-41 所示为小型超市设计参考方案。

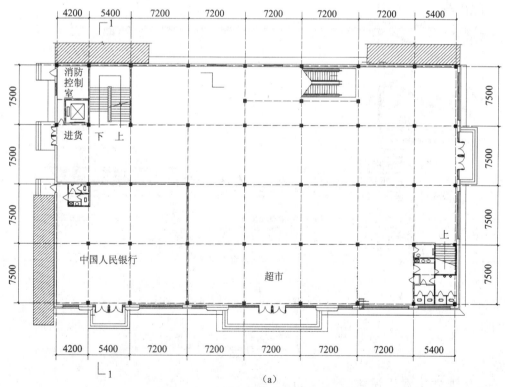

(a)

图 6-41 小型超市设计参考方案(1)

(a)首层平面图

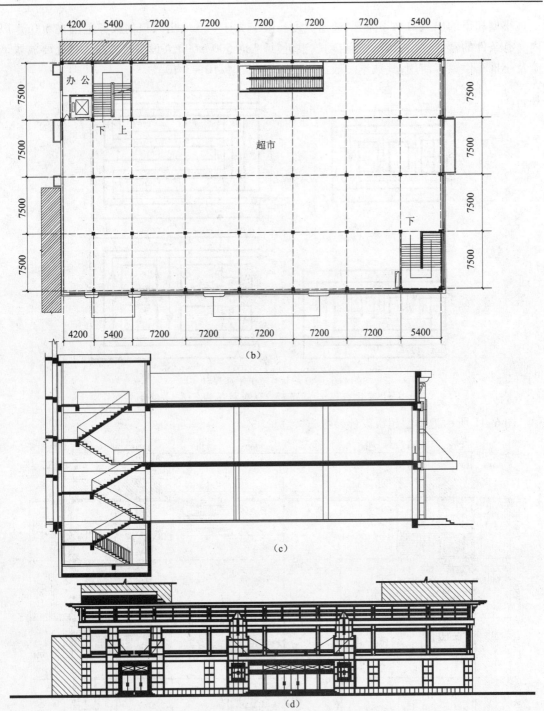

图6-41　小型超市设计参考方案(2)

(b)二层平面图；(c)1—1 剖面图；(d)正立面图

第五节　村镇文化娱乐设施设计

一、村镇文化娱乐设施设计特点

村镇文化娱乐设施是党和政府向广大农民群众进行宣传教育、普及科技知识、开展综合性

文化娱乐活动的场所,是两个文明建设的重要组成部分。文化站建筑一般有如下几个基本特征:

(1)知识性与娱乐性。村镇文化娱乐设施是向广大村镇居民进行普及知识、组织文化娱乐活动和推广实用技术的场所,如文化站、图书馆、影剧院等。文化站组织学习不像学校那样正规,而是采用灵活、自由的学习方式。从它的娱乐性看,文化站设有多种文体活动,可满足不同年龄、不同层次、不同爱好者的需要,例如:茶座交往、棋室、舞厅、儿童游艺室、阅览室、教室、表演厅等;

(2)艺术性与地方性。文化站建筑不仅要求建筑的功能布局合理,而且要求造型活泼新颖、立面处理美观大方,具有地方特色;

(3)综合性与社会性。文化站的活动是丰富多彩,而且是向全社会开放的。

二、村镇文化娱乐设施的组成及功能关系

村镇文化娱乐设施一般有以下几个部分:

(1)入口及入口广场;

(2)表演用房。多功能影剧院、书场与茶座等;

(3)学习用房。大小教室、阅览室等;

(4)各类活动室。棋室、游艺室、舞厅等;

(5)办公用房。行政办公用房及学术研究用房。

各部分的功能关系如图 6-42 所示。

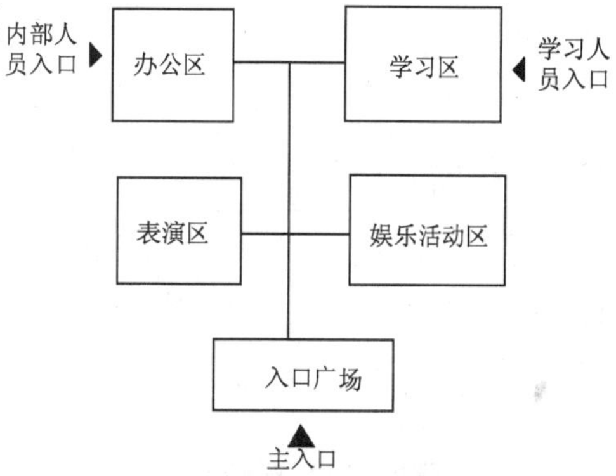

三、表演用房设计要点

图 6-42　文化站功能关系图

影剧院是电影院、剧院的统称,属表演用房,这里着重叙述它的组成及设计的一般要点。

(一)影剧院的组成及规模

影剧院的建筑组成,根据使用功能的不同可划分如下几个部分:

(1)观众用房部分。包括在观众厅、休息厅或休息廊等;

(2)舞台部分。包括舞台、侧台及化妆室等;

(3)放映部分。包括放影室、倒片室、配电室等;

(4)管理部分。包括管理办公室及宣传栏等。

附设在文化站中的影剧院,其规模一般不大,根据观众厅能容纳观众的多少,其规模可划分为 500 座、600 座、800 座、1000 座等几个档次。

(二)观众厅的设计

1. 观众厅设计的一般要求

观众厅不仅要符合一般的放映电影与小型文艺演出的需要,而且要使观众能看得到听得清,具体要求如下:

(1)视觉的设计要求。要使观众厅中的每一位观众都能看得到,观众厅就必须设计一定的地面坡度,并且使座位的排列符合一定的技术要求;

(2)音质的设计要求。音质的好坏主要取决于观众厅的平面形式、容积以及大厅的装饰材料的声学性能;

（3）安全疏散要求。观众厅有一定数量的出入口，以保证在正常使用及意外事故发生时，观众能畅通无阻，并能迅速、安全地离开；

（4）通风换气的要求。为保证大厅内的空气新鲜，必须设置通风换气的装置；

（5）电气照明的要求。尤其舞台的电器照明，必须符合一定的艺术效果。

2. 观众厅的设计参数及平面形状

村镇影剧院的观众厅，一般为单层，标准较低、造价低廉、受力合理、构造简单、施工方便。

观众厅的大小可按平均每座 $0.6 \sim 0.7\text{m}^2$ 计算，体积可按平均每座 $3.5 \sim 5\text{m}^2$ 计算，观众厅平面宽度与长度之比宜采用 $1:1.5 \sim 1:1.8$。

对于矩形平面的观众厅及尺寸可参考表6-13。

表6-13　常见观众厅平面尺寸参考

规模类型（座）	宽　度（m）	长　度（m）	宽　度　比
500	15	24	1：1.6
600	15	27	1：1.8
800	18	30	1：1.67
1000	21	33	1：1.57

观众厅的平面形状通常有：矩形平面、梯形平面及钟形平面等，如图6-43所示。村镇采用较多的为矩形平面，这种平面形式体形简单、施工方便、声音分布均匀，适合于中小型影剧院使用。

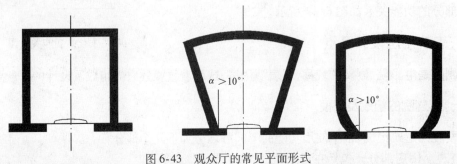

图 6-43　观众厅的常见平面形式

3. 观众厅的剖面形式

村镇影剧院的观众厅一般不设挑台楼座，所以吊顶棚不应过高，以免造成浪费。严格地控制每座位的建筑体积指标，以免混响时间过长而造成声音不清晰。村镇影剧院的观众厅的顶棚在 $3.5 \sim 8\text{m}$ 比较合适。吊顶剖面可根据声线反射原理，做成折线形或曲线形。同时为了加强观众厅声响效果，常在台口附近做成反射斜面的吊顶，如图6-44所示。

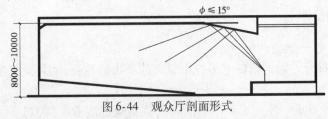

图 6-44　观众厅剖面形式

斜面顶棚与水平面的夹角φ宜小于或等于15°。舞台上部为了装设吊杆和棚顶，一般要高于观众厅；但以放电影为主要用途的影剧院，应尽量降低舞台的高度，以利降低造价。小型观众厅的舞台上空高度可与观众厅高度相同。这是由于观众厅内设有吊顶和台口反射面,必然使得舞台净空高于观众厅的净空,如图 6-44 所示。

4. 舞台的设计

一般用的舞台形式均为箱形,由基本台、侧台、台唇、舞台上空设备及台仓所组成。舞台的有关尺寸如下:

(1)台口的高宽比可采用 1 : 1.5,高度可采用 5 ~ 8m,宽度可采用 8 ~ 12m;

(2)台深一般为台口宽度的 1.5 倍,可采用 8 ~ 12m;

(3)台宽一般为台口宽度的 2 倍,可采用 10 ~ 16m;

(4)台唇的宽度可采用 1 ~ 2m。

舞台一般有双侧台与单侧台之分,如图 6-45、图 6-46 所示。

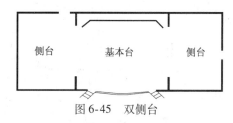

图 6-45　双侧台

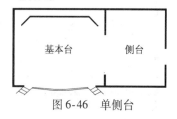

图 6-46　单侧台

5. 观众厅的疏散与出入口

根据防火规范要求,村镇影剧院的安全出入口的数目不应少于两个。当观众厅容纳人数不超过 2000 人时,每个安全出口平均疏散人数不应超过 250 人。观众厅的疏散走道宽度,应按共通过人数每 100 人不小于 0.6m 计算,但最小宽度不小于 1m,在布置疏散走道时,横向走道之间的座位排数不宜超过 20 排。纵向走道之间的座位数每排不超过 18 个。并且要求横向走道正对疏散出口,如图 6-47 所示。

观众厅的疏散门以及各走道的总通行宽度,在观众厅座位数小于或等于 1200 人、耐火等级为三级时,宽度按每百人 0.85m 计算。观众厅的入场门、太平门都不应设置门槛,门的净宽不应小于 1.4m,紧靠门口处不应设置踏步,太平门必须向外开启,并设置自动门闩,太平门的位置应明显,并应设置事故照明器。

6. 观众厅的视觉设计

为了保证观众厅内每个观众都有比较好的视觉质量,观众厅的地面应做成前低后高的坡度,观众厅地面的坡度形成阶梯形和弧线形,如图 6-48 所示;但村镇影剧院应优先采用阶梯形。当观众厅的排数小于 24 排,升高值用 120mm 时,可采用逐排升起、隔排升起或每隔二排升起的方法来确定地面的坡度,这种地面的坡度一般变化在 1 : 2.6 ~ 1 : 8.7 之间,除上述方法外,也可采用图解法。

图解法可采用 1 : 50,1 : 40 或 1 : 30 比例作图求解,这种方法直观、简单。

图解法的基本思路是后排观众的视线通过前面一排或两排的头顶,然后到达设计视点。

由于人眼距头顶有一定的距离,因此,观众厅的地面要依次升高,才能使后排的观众能看清视点。

所谓视点,就是设计时,在舞台上假设的一点,作为观看的对象,使每个观众都能看到这一点。实际上这个视点本身就是一个标准,因为其位置高低、远近,直接影响到地面起坡值的大小和每个座位的视觉质量。视点位置的选择,与其观赏节目的种类有关,如看电影与看戏的视点位置是不同的,但对于综合性影剧院则可选在台口的中心并距台面高 300 ~ 400mm,如图

6-49所示。

一般成年人正座时,眼中心线到地面的高度是1100mm,眼睛到头顶上皮的高度是120mm。观众厅的座位排距是750~900mm,扶手中距为460~480mm,如图6-50所示。第一排观众到视点的距离可采用6.0~8.0m。

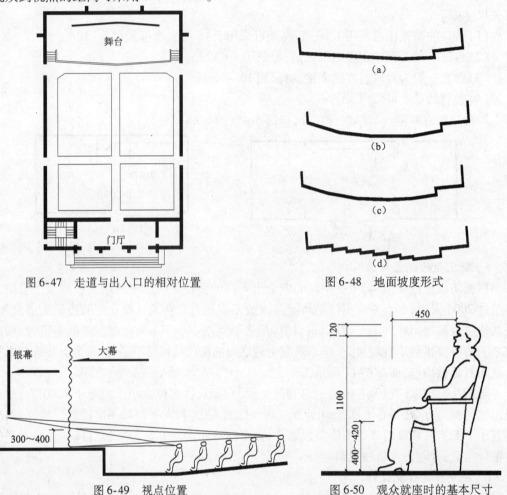

图6-47 走道与出入口的相对位置　　　图6-48 地面坡度形式

图6-49 视点位置　　　　图6-50 观众就座时的基本尺寸

图解法的具体做法如图6-51所示:视点为0点,第一排观众到0点的距离为L_1,排距为d,视高差值δ均为已知数,先用垂线绘出各排的位置,再由0点通过第一排头顶高度$1'$连线,与后一排位垂直相交于2点,即得第二排观众的眼睛高度。在2点之上取$22' = 60$mm,连$02'$交第三排于3点。依此类推,就可求出各排观众的头顶高度和眼睛高度,最后由第二排开始,从眼睛位置的垂线上向下取1100mm,分别交于$B,C,D\cdots$各点,以基线为准,用比例尺分别量出$A,B,C,D\cdots$各点与±0.000的距离,±0.000以下为负值,在其上为正值。再将各点的标高修正为厘米以上的整数,以便施工。连接$A,B,C,D\cdots$各点的折线,即是所求的地面坡度。

图解法求解时,比例越大越准确,另外,各排的视高差值和地坪标高均采用比例尺直接量得,在绘制中有时会产生一些误差,不过,实践证明,其误差对实际视线效果的影响不大。

图解法中δ取60mm,这要根据座位的排列方式进行选择,如果观众厅中的座位前后排不错位时,则δ取120mm。如果观众厅中的座位前后排错位时,则δ取60mm。在实践设计中,后排错位的座位布置方式采用的较多。

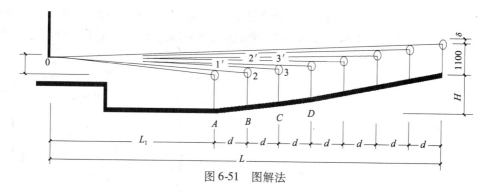

图 6-51　图解法

7. 观众厅的音质设计

观众厅内应使每一个听众都能听得见与听得清,并能使声音保持原有特色。观众厅的音质设计包括音响度、清晰度及丰满度等方面的问题。声音的音响度可用电声系统来保证每个观众能听得到;而声音的清晰度与丰满度则须创造最佳混响时间来保证。

四、文化站的平面布置形式

文化站一般有两种平面布置形式:

(1)集中式布置。即是将表演用房、娱乐活动用房、学习用房等布置在一幢建筑内,如图 6-52 所示。这种布置功能紧凑,在北方有利于节约常规能源,空间富于变化,建筑造型丰富多变,但相互间有一定的干扰,尤其应注意观众厅、舞厅对其他用房的影响。

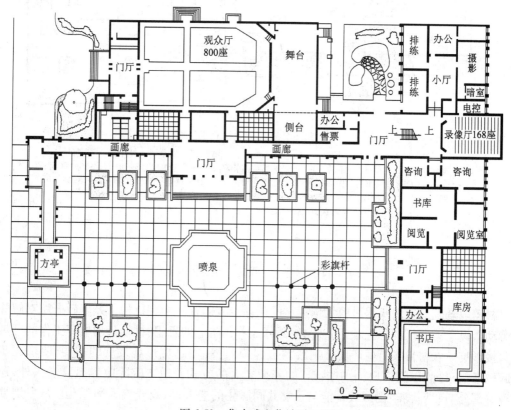

图 6-52　集中式文化站平面图

（2）分散式布置。即是将表演用房、舞厅等比较吵闹的部分独立设置,如图 6-53 所示。这种布置方式能减少各部分之间的影响,能根据经济情况分期建设,但联系与管理不便。

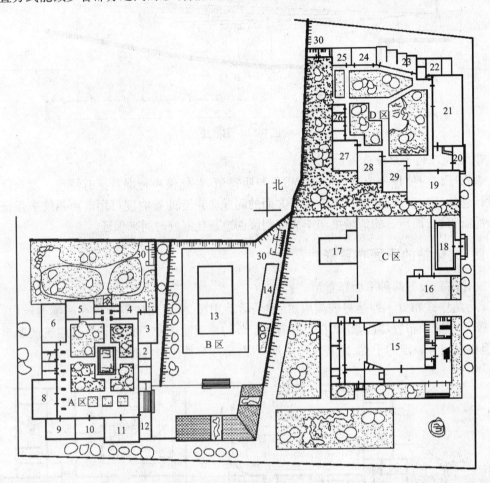

图 6-53　分散式文化站总平面图

1—门卫;2—辅导;3—生物;4—标本;5—美术;6—歌咏;7—乐器;8—舞蹈;9—展室;
10—无线电;11—航模;12—库房;13—灯光球场(旱冰场);14—管理用房;15—电影院;16—库房;
17—锅炉房;18—书店;19—电视、录像、讲座;20—门厅;21—展览、排练、画室;22—摄影;
23—画廊;24—服务;25—咨询;26—办公;27—棋类;28—乒乓;29—电子游艺;30—厕所
A 区—学习区;B 区—球场;C 区—影视区;D 区—游戏区

第六节　村镇敬老院建筑设计

村镇敬老院是专门收养村镇无依无靠的孤寡老人的社会福利机构。办好敬老院对解除农村劳动人民老无所依的思想顾虑,破除一部分人养儿防老的思想,推动计划生育工作的开展都有直接影响。农村自实行生产责任制后,"五保户"已经不适应形势发展的需要,要求逐步建立起敬老院实行"以院代户、集中供养"的养护老人的方式。敬老院除收养孤寡老人外,还要收容一部分"自费代养"的因故不能与子女共同居住的老人,以及残疾人和孤儿。从发展要求来看,敬老院的建筑使用功能要求也将不断趋向完善。

一、建设规模及选址

（一）建设规模

根据有关方面的调查,目前我国村镇 60 岁及 60 岁以上的老人占村镇总人口数为 5% ~ 7%,孤寡老人约占老人总数的 5%。考虑到今后自费代养的老人数量增多的因素,敬老院收容老人的床位是:中心集镇为 25 ~ 50 床,一般集镇为 15 ~ 25 床,中心村为 10 ~ 15 床。建筑面积指标每床为 15 ~ 20m²。在规模较大的集镇可建造设施较全的福利院或老人养护中心。

（二）选址

敬老院尽可能建在环境幽静、空气清新的区域,以满足老人休养和室外活动的需要。同时也要考虑到老年人行动不便,便于老人就近看戏看电影、就近求医治病和上街购物,敬老院也可与公共设施结合规划。为了减少建筑物内外地面的台阶,建筑场地尽可能选用平地或缓坡地。此外,建造地点交通要方便,以便亲友探望,总体环境要安静而不偏僻,以免加深老人的孤独感。为了能使老人参加一些力所能及的劳动,并获得一定的经济收入,使他们感到生活更充实,敬老院应与工艺、园艺性生产和养殖等场地结合建造。

二、建筑组成与设计要求

（一）建筑组成

（1）居住生活单元。居住生活单元由卧室、公共起居室、卫生间及贮藏等用房组成。

1）卧室。根据老人们的不同组合居住要求,需设单床、双床或多床卧室,每床居住面积为 5m² 左右,每间卧室面积为 10 ~ 20m²。

2）公共起居室。供老人日常起居活动如聊天、看电视、阅读及用餐等活动之用,房面净面积需 25 ~ 30m²。

3）卫生间。包括厕所及盥洗室。考虑到老人的洗浴要求及有些老人洗浴需人照顾的情况,可在全院集中设一个带有盆塘或池塘的浴室。

4）贮藏。存放老人个人的物品,应设个人专用的贮存小间或壁柜。老人使用的搁板最上层高度不宜过大。

（2）多功能厅。多功能厅供全院老人文娱及各种集体活动之用,也可兼作餐厅。其面积大小按全院使用人数确定。

（3）医护管理人员室。医护管理人员使用房面积按工作人员数量确定。工作人员数按每人负担 4 ~ 5 床计算。

（4）生产用房及场地。生产用房及场地包括工作间及养殖场等用房。

（5）辅助用房。

（6）庭院绿化美化设施。

（二）设计要求

敬老院在整体环境设计方面要力求创造亲切的家庭气氛,便于老人自然接触、相互交往、建立友情,使他们在居住过程中减少心灵上的孤独感。建筑物宜建平房;为了节省用地也可建楼房,但层数不宜超过两层。在建筑细部处理方面,要充分考虑老人的生理和心理的特点,方便老人使用,并确保使用过程中的安全。如建筑入口及室内有高差的地坪处尽可能用坡道代替台阶;楼梯坡度宜平缓,使老人在行走时不致感到过于疲劳;楼梯不设梯井和不采用螺旋形梯,以免老人行走时感到头晕;室内地面装修不要采用光滑的材料,以防止老人摔倒;窗台不宜过高,能使老人坐着看到室外;居室的阳台在寒冷地区应加以封闭,以利于冬季防寒;居室的楼板和墙壁均要考虑隔声处理,以防止老人在噪声中感到烦躁。此外,室内装修色彩宜采用高明度鲜亮的颜色,使老人在视力昏花的情况下,能清楚地辨别室内的方向和物品的位置。

图 6-54 所示为敬老院建筑设计参考方案。

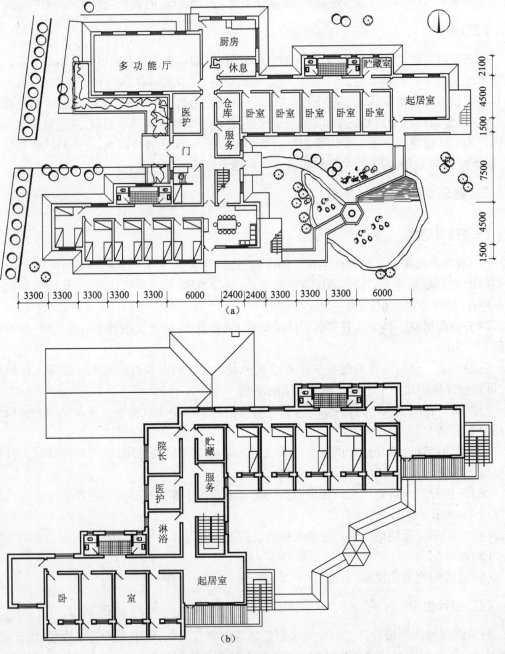

图 6-54　50 床位镇敬老院建筑设计参考方案(1)
(a)首层平面图;(b)二层平面图

(c)

图 6-54　50 床位镇敬老院建筑设计参考方案(2)

(c)南立面图

第七节　建筑小品设计

一、建筑小品的设计特点

(1)附属性。建筑小品是依附建筑主体的,不论其体量,还是其造型都必须与主体建筑相呼应。

(2)小型性。建筑小品的规模一般都比较小,投资也不多,尺度也不大。

(3)艺术性。由于建筑小品具有衬托建筑、美化环境的作用,因此,小品种类的选择及与建筑的关系都必须符合人们的审美心理,建筑小品本身造型也必须符合一定的构图规则。

二、建筑小品的类型

(一)按其构成分类

(1)花池类。如花池、花坛等。

(2)广告宣传类。如宣传栏、广告牌、布告牌画廊等。

(3)山水类。如小水池、假山等。

(4)小型雕塑类。

(5)围墙花格类。

(二)按与建筑的相对位置分类

(1)沿建筑周边设置的小品。如入口花池、沿墙花池,设在建筑山墙上的黑板报、宣传橱窗等。

(2)独立设置的小品。如水池、假山、喷水池、花坛等。

(3)小游园。小游园是建筑小品的综合体,它是在建筑群的空地上,开辟一块小绿地,设一个小水池或假山、亭之类的小品,再配以花草树木、石凳、石桌而形成的。

(三)按建筑小品的功能分类

(1)观赏性质的小品。如花坛、假山等。

(2)有一定使用功能的小品。如宣传栏、布告牌、自行车棚等。

三、建筑小品与建筑的协调

必须从建筑小品的种类选择、造型、色彩、尺度等方面综合考虑。建筑小品种类的选择要根据小品设置的位置、功能等方面的因素来确定,如在建筑入口的台阶旁宜设置花池、小兽雕等;在建筑入口的广场上宜设置喷泉、花坛等;在建筑入口广场的四周和建筑的山墙上宜设置宣传栏等。

小品的造型必须与主体建筑相互衬托。如建筑造型比较丰富时,则小品的造型宜简洁些,反之,如果主体建筑的造型比较简洁,其小品的造型则可活泼些。这样就使得它们互为条件,互相依存,融为一体。

小品的色调宜采用主体建筑色调的对比色,以突出小品的位置,吸引人们去观赏,但如果小品的体量大,色调的对比可强烈一些。

小品的尺度应与周围的建筑物协调一致。如果建筑的体量小,则小品的体量宜小一点;小品尺度与建筑的相对位置也有一定的关系,如小品离建筑近,则体量宜小;如果离建筑物远,则体量宜大。

图 6-55 ~ 图 6-57 所示为建筑小品设计参考方案。

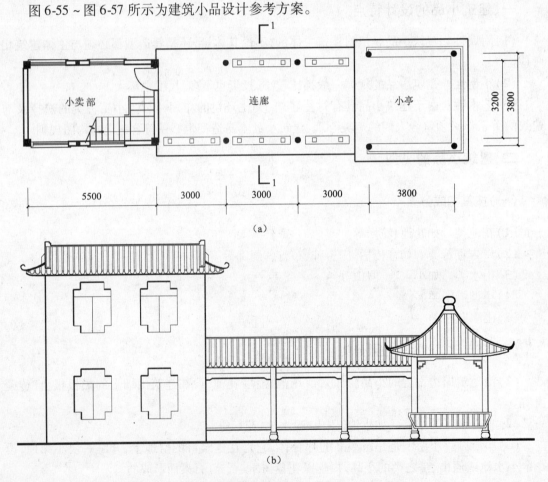

图 6-55　建筑小品(亭子)设计参考方案(1)
(a)首层平面图;(b)正立面图

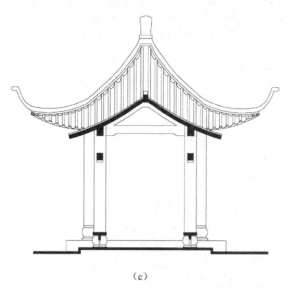

图 6-55 建筑小品(亭子)设计参考方案(2)
(c)1—1 剖面图

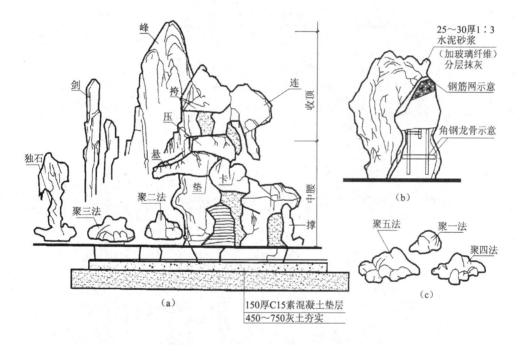

图 6-56 建筑小品(假山)设计参考方案
(a)掇山法、置石法(自然山石);(b)一筋一网(或两网)塑山法(人造山石);(c)置石法(自然山石)

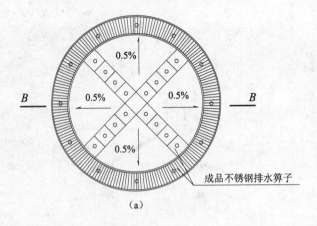

（a）

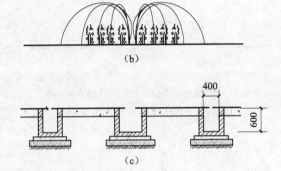

（b）

（c）

图 6-57　建筑小品（喷泉）设计参考方案

（a）平面；（b）立面；（c）B—B 剖面

第七章 村镇生态建筑设计

国家"十一五"规划适时提出"开展社会主义新农村建设",并强调"加强对农村建设工作的指导",要求发展资源型新农村、生态型新农村、城镇型新农村。随着农村经济发展步伐加快,生态型农村建设越来越引起人们的关注。生态农村的建设最终从根本上为人民创造良好的生存空间和发展空间,保障人民生活质量长久可持续提高。城市建设应控制城市用地增量,协调城市发展与土地资源、环境的关系,村镇建设也应合理用地、节约用地。村镇各项建筑应相对集中,充分利用原有的老庄基地做建设用地,新建、扩建工程及住宅应当尽量不占用耕地和林地,充分利用太阳能、风能、生物质能(沼气、秸秆造气)等可再生能源,注重建筑节能设计,保护生态环境,加强绿化和城镇环境卫生建设。

第一节 太阳能利用

太阳能是取之不竭、用之不尽、巨大而又无污染的可再生能源。我国地域辽阔,大部分地区都有着丰富的太阳能资源,全国有90%以上的地区光能辐射总量大于$5000MJ/m^2$,具有良好的开发条件和利用价值。太阳能在建筑中的利用,包括采暖、降温、热水等很多方面。太阳能在建筑中的应用包括两大类:主动式和被动式。

一、主动式太阳房

主动式太阳房是以太阳能集热器、散热器、管道、风机或泵,以及贮热装置组成的强制循环太阳能采集系统;或者是由上述设备与吸收式制冷机组成的太阳能空调系统。这种系统控制调节比较灵活、方便,应用也比较广泛,除居住建筑外,还可用于公共建筑和生产建筑。但主动式太阳房的一次性投资较高,技术较复杂,维修工作量也比较大,并需要消耗一定量的常规能源。因而,对于小型建筑特别是居住建筑来说,基本都被被动式太阳房所代替。主动式太阳能采暖系统示意如图7-1所示。

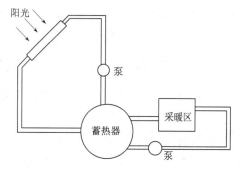

图7-1 主动式太阳能采暖系统示意图

二、被动式太阳房

被动式太阳房是通过建筑朝向和周围环境的合理布置、内部空间和外部形体的巧妙处理以及结构构造和建筑材料的恰当选择,使建筑冬季能集取、保持、贮存、分布太阳热能,从而解决冬季采暖问题;同时夏季能遮蔽太阳辐射,散发室内热量,从而使建筑物降温。被动式太阳房是一种让太阳射进房屋并加以应用的途径,整个建筑本身就是一个太阳能系统,不像主动式太阳房那样需要另外附加一套采暖设备。例如,窗户不仅仅是为了采光和观景,同时是太阳能集热装置;围护、分隔空间的墙体也是贮存辐射热量的构件。

被动式太阳房不需要或仅需要很少的动力和机械设备,维修费用少。它的一次性投资及使用效果很大程度上取决于建筑设计水平和建筑材料的选择。被动式太阳房利用太阳能来采暖降温,节约常规能源,具有良好的经济效益、社会效益和环境效益。

被动式太阳房的采暖方式主要有:直接受益式、对流环路式、蓄热墙式和附加日光间式。

(一)直接受益式

建筑物最简单、最普遍的采暖方式就是直接利用太阳能,即让阳光透过窗户直接照射到室内,提高室温,从而节约常规能源。直接受益采暖方式如图 7-2 所示。直接受益式太阳能利用主要解决以下几方面的问题:

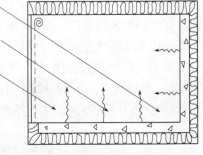

图 7-2　直接受益采暖方式

1. 太阳得热体

太阳得热体(玻璃或墙体)尽量朝向正南。玻璃采用透射率较高的净片玻璃,要使阳光照射进北向房间,可采用易于夏季遮阳的天窗。窗户的位置要尽量多地照射到贮热体(地板、墙体等)。

2. 贮热体

贮热体是室内温度的保证,当房间无阳光照射时,贮热体向室内散发热量。贮热体的材料选择蓄热系数大的材料,诸如混凝土、砖、夯土等,而且色彩宜深、重量宜重,肌理凹凸。为使贮热体的热量不向外界失,贮热体必须要有良好的保温措施。

3. 活动保温装置

由于窗户传热系数大且冷风渗透失热,在夜晚和阴雨天气,大量热量从窗户流失,所以为了保证室内具有一定的温度,窗户除可采用双层窗和双层玻璃外,窗户处必须设置一些保温装置。常用的措施有设置厚窗帘、设置保温遮阳百叶窗、设置硬质保温板,需要阳光进入时打开这些设施,没有阳光时(例如夜间)关闭。保温遮阳百叶窗和硬质保温板应尽可能放在窗户的外侧,并尽可能地严密。

(二)对流环路式

对流环路式的原理类似太阳能家用热水系统,依靠"热虹吸"作用进行循环。对流环路板是一个平板空气集热器。它是由一层或两层玻璃覆盖着一个黑色吸热板组成。空气可以流过吸热板前面或后面的通道,对流环路板的后面设有保温材料。集热器内的空气被吸热板吸收的太阳能加热后上升,经过上部进风口进入房间,同时房间下部温度较低的空气由下部风口进入集热器继续被加热,如此形成循环。

建筑中,把围护结构设计成双层壁面,在两壁面间形成封闭的空气间层,并将各部位的空气层相连形成循环,在太阳产生的热力作用下,依靠"热虹吸"作用产生对流环路系统,在对流循环过程中不断加热壁面间的空气,并使壁面不断地贮存热量,在适当的时候释放热量,保证室内温度稳定。对流环路式也可以在墙体、楼板、屋面、地面上应用。利用双层玻璃形成的空气集热器效果更好。图 7-3 所示为集热墙对流环路采暖方式,图 7-4 所示为空气集热器对流环路采暖方式。

对流环路式为了获得良好的"热虹吸"效果,集热面的垂直高度要大于 1.8m,空气层厚度一般取 100 ~ 200mm。

在对流环路系统中,夜间当集热墙变冷时,可能产生反向对流,损失掉晴天所获热量,所以设置自动防止反向对流的逆止风门。逆止风门是在风口上悬挂一层又轻又薄的塑料薄膜,热气流可以轻轻地把风门推开进入房间,反向气流则使塑料薄膜落回原来的位置遮住风口,阻止气流逆循环。

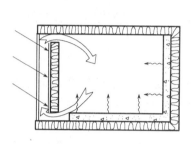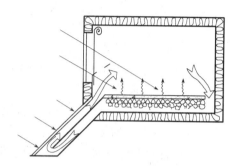

图 7-3　集热墙对流环路采暖方式　　　　图 7-4　空气集热器对流环路采暖方式

对流环路采暖方式最适用于学校、办公建筑等。由于这些建筑的主要特点是白天使用,与集热墙运行周期相一致。它也可以用于住宅这类白天和夜间均使用的建筑,但必须设置一定的贮热体,夜间向室内释放热量。

(三)蓄热墙式

蓄热墙式是综合直接受益式和对流环路式两种太阳能得热方法,主要由外侧玻璃面、空气间层和内侧贮热体构成,在贮热体上开设有一定高差的风口,调节空气间层被加热的空气流入室内。

蓄热墙常用的是采用混凝土、砖、土坯等作为贮热体,这种墙体也称为特隆布墙。蓄热墙的厚度 300mm 左右,表面色彩宜深,当阳光投射到它上面时便被加热。像对流环路一样,对流风口设在墙的底部和顶部,房间的冷空气下降进入底部风口,在贮热体和玻璃之间的空间中受热上升,经由顶部风口进入房间,如图 7-5 所示。同时,墙体吸收的太阳热能向室内传热。在没有太阳的时候,关闭底部和顶部的风口,蓄热墙向室内辐射热量。

蓄热墙也可以采用水墙,水墙热容性好,整个墙体厚度、温度保持较均匀,但构造复杂,造价较高,应用较少,如图 7-6 所示。

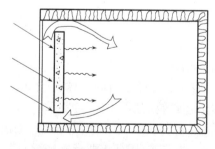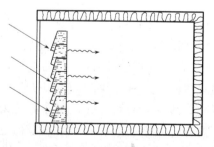

图 7-5　集热蓄热墙采暖方式　　　　　图 7-6　水墙采暖方式

夏季,集热蓄热墙还可促进房间的自然通风,从而降低室内温度。这是由于当玻璃与墙体之间的空气被太阳能加热后,通过面向室外的上部排风口被抽出。这样室内的热空气排出室外,而房屋北侧或地下的凉空气补进室内,降低室内空气温度,如图7-7所示。但是如果开向室外的排风口冬天不能严密关闭的话,这种降温系统不应考虑。

在比较寒冷的气候条件下,蓄热墙应至少设两层玻璃。集热蓄热墙的上下风口应靠近天花板和地板,上下风口的垂直距离不宜小于1.8m,上下风口的总横断面积约为该墙面积的1%左右。和对流环路(集热墙)系统一样,风口应安装塑料薄膜自动逆止风门。外侧玻璃与贮热墙体之间的空腔或流道宽度,一般为75~100mm。

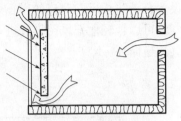

图7-7 集热蓄热墙夏季
降温时的空气流程

集热蓄热墙的贮热墙体外侧,一般喷涂黑色吸热材料。如果喷涂吸收率高而发射率低的选择性涂层,可以提高它的热效率。但是建筑立面上的大片黑色常常使人们的心情感到沉闷和压抑,所以有时改用墨绿、暗红、深棕等色,但热效率不及黑色。

由于热波自贮热墙体室外一侧向室内一侧的传导需要一个过程,因而内表面峰值温度出现的时刻将随墙体厚度和材料的不同,较外表面产生不同的时间延迟,所以它能够把白天吸收的太阳能贮存到夜晚使用。蓄热墙系统常常和直接受益式组合应用,白天由直接受益窗供暖,夜间由蓄热墙供暖,从而使房间获得稳定而舒适的温度。

(四)附加日光间式

附加日光间是指由于直接获得太阳能而使温度升高的空间,利用空间热量来达到采暖的目的。过热的空气可以立即用于加热相邻房间,或者贮存起来留待没有太阳照射时使用。在一天的所有时间内,附加日光间内的温度都比室外高,这一较高的温度使其作为缓冲区减少建筑的热损失。除此之外,附加日光间还可以作为温室栽种花草,以及用于观赏风景,交通联系,娱乐休闲等多种功能。它为人们创造了一个置身大自然之中的室内环境。

附加日光间常在南向设置,可采用的有南向走廊、封闭阳台、门厅等。把南面做成透明的玻璃墙,屋顶做成具有足够强度(保证人的安全)倾斜的玻璃,加大集热数量,如图7-8所示。

附加日光间采用双层玻璃,为了减少夜间热量的损失,可安装卷式保温帘。同时,日光间每20~30m² 玻璃需要安装1m² 的排风口,保证日光间的通风和夏季日光间过热。

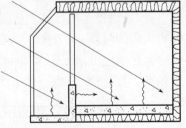

图7-8 附加日光间采暖方式

附加日光间与相邻房间传热方式常用的方法有四种:①太阳热能通过日光间与房间之间的玻璃门窗直接射入室内,如图7-9(a)所示;②日光间的热量借助自然对流或小风扇直接传送到房间,如图7-9(b)所示;③通过房间与日光间之间的墙体传导、辐射给房间,如图7-9(c)所示;④先贮存在卵石床,然后再传给建筑物,如图7-9(d)所示。

被动式太阳房建筑设计,除考虑采暖效果外,和常规建筑一样,还必须做到功能适用、造型美观、结构安全合理、维护管理方便,以及节约用料、减少投资等,因而需要反复进行方案比较。在很多情况下,一幢太阳房常常组合应用两种或三种采暖方式。

建筑中应用太阳能的案例参见附图10~附图14。

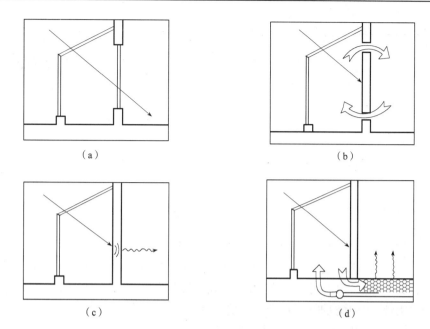

图 7-9　日光间与相邻房间传热方式

三、太阳能热水器与太阳能灶的应用

太阳能热水器是把预先存储在一个容器中的冷水,通过太阳的直接照射面加热到一定温度,为家庭提供采暖、洗衣、炊事等用途的热水。水温随季节、地区的纬度、阳光照射时间的长短而不同,在夏季一般可达到 50~60℃。

我国获得太阳能每年约为 10^6 kW·h,相当于 1.2 万亿 t 标准煤的发热量。太阳能热水器正越来越广泛用于生产、生活与科研领域,炊事用太阳能灶也越发被重视,并推广应用。我国不少农村和喜马拉雅山等地区,为保护环境,已经较为普遍地使用了太阳能灶和太阳能热水器。太阳能热水器分金属类太阳能热水器、玻璃真空管热水器、热管热水器等。玻璃真空管热水器是目前国际采用最为广泛的一种太阳能热水器。

按表 7-1 分析,水费不计算在内,燃气热水器 4 年的燃料动力费用为 2480 元,电热水器 4 年的燃料动力费用为 2552 元,同样的热水器,太阳能热水器只要 4~5 年就收回总投资,可免费使用 10~15 年,节约近万元。村镇建房由于房屋间距较大、楼层不多,使用太阳能热水器都会获得良好的收益。

表 7-1　太阳能、燃气、电热水器经济效益对比分析

类别项目	太阳能热水器 (100L,1.5m² 集热水器)	燃气热水器 (西安地区液化气 45 元/瓶)	电热水器 (西安地区 0.40 元/度)
装置投资	2400 元	600 元 + 100 元	850 元 + 100 元
装置寿命	15	6	6
每年使用天数	300	300	300
每天洗浴人数	冬天 3 人,夏天 8 人	冬天 3 人,夏天 8 人	冬天 3 人,夏天 8 人
日产热水量	冬季 100/40,夏季 200/40(L/L)	冬季 100/40,夏季 200/40(L/L)	冬季 100/40,夏季 200/40(L/L)

类别项目	太阳能热水器 （100L,1.5m² 集热水器）	燃气热水器 （西安地区液化气45元/瓶）	电热水器 （西安地区0.40元/度）
每年燃料动力费用	0 元	620 元	638 元
每人每次燃料动力费用	0 元	0.60 元	0.50 元
每人每次洗浴平均总费用	0.17 元	0.73 元	0.60 元
15 年装置总投资	2400 元	1850 元	2300 元
15 年所需总费用	2400 元	11300 元	11920 元
是否会发生人身事故	无	可能	可能
环境污染	无	有	有

在阳光资源丰富、燃料短缺的地区，推广利用太阳灶作为农村家庭的辅助生活能源是很有意义的,太阳能灶一般采用反射聚焦太阳能灶,材料较易取得,制作也较方便,特别适用于村镇建筑。家用太阳灶,必须满足以下几个基本要求:

(1)能提供400℃以上温度,这个温度是烹饪时煮沸食用油所必需的;

(2)功率在700~1500W之间,小于这个功率对于农村家庭实用性不大;

(3)廉价、方便、可靠和耐用,反光材料的有效寿命为两年以上。

太阳灶的构造由壳体、反光体、锅架、支架四部分组成。

第二节 沼气利用

沼气是有机物质在厌氧环境中,在一定的温度、湿度、酸碱度的条件下,通过微生物发酵作用,产生的一种可燃气体。由于这种气体最初是在沼泽、湖泊、池塘中发现的,所以人们叫它沼气。沼气含有多种气体,主要成分是甲烷(CH_4),是一种很好的洁净燃料。畜牧养殖业的牲畜粪便(如养鸡、养猪、养牛场的粪便)、农产品废弃物及生活有机垃圾,均可作为沼气的发酵原料。

沼气能源是农村普遍采用的节能方法。沼气用来引火煮食,达到节约煤炭、减少污染的目的。沼气能作为太阳能应用的补充,有效地解决了人聚地域内排泄物的处理和再利用问题,极好地形成建筑可持续发展的过程,符合保护人类生态环境的要求。在我国广大的农村,沼气技术已相当成熟,广大用户已积累了丰富的经验。对居民居住较为集中的小区,经济条件好,可采用集中供气发酵供给沼气。图7-10所示为沼气生态运行模式示意,它是以太阳能为动力,以沼气建设为纽带,通过"生物质能转换"技术,在农户庭院或田园,将沼气池、畜禽室、厕所、日光温室组合在一起,构成能源生态综合利用体系,从而在同一块土地上实现产气、积肥同步,种植、养殖并举,能流、物流良性循环,成为发展生态农业的重要措施。

随着我国沼气科学技术的发展和农村家用沼气的推广,根据当地使用要求和气温、地质等条件,家用沼气池有固定拱盖的水压式池、大揭盖水压式池、吊管式水压式池、曲流布料水压式池、顶返水水压式池、分离浮罩式池、半塑式池、全塑式池和罐式池。形式虽然多种多样,但是归总起来大体由水压式沼气池、浮罩式沼气池、半塑式沼气池和罐式沼气池四种基本类型变化形成的。与四位一体生态型大棚模式配套的沼气池一般为水压式沼气池,它又有几种不同形式。下面以固定拱盖水压式沼气池为例介绍。

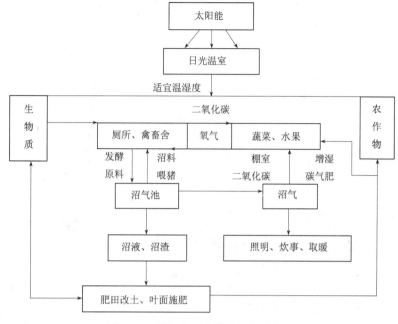

图 7-10　沼气池生态模式运行示意图

一、固定拱盖水压式沼气池

圆筒形固定拱盖水压式沼气池(图 7-11)的池体上部气室完全封闭,随着沼气的不断产生,沼气压力相应提高。这个不断升高的气压,迫使沼气池内的一部分料液进到与池体相通的水压间内,使得水压间内的液面升高。这样一来,水压间的液面跟沼气池体内的液面就产生了一个水位差,这个水位差就叫做"水压"(也就是 U 形管沼气压力表显示的数值)。用气时,沼气开关打开,沼气在水压下排出;当沼气减少时,水压间的料液又返回池体内,使得水位差不断下降,导致沼气压力也随之相应降低。这种利用部分料液来回窜动,引起水压反复变化来贮存和排放沼气的池型,就称之为水压式沼气池。

水压式沼气池,是我国农村推广最早、数量最多的池型。把厕所、猪圈和沼气池连成一体,人畜粪便可以直接打扫到沼气池里进行发酵。水压式沼气池有以下几个优点:①池体结构受力性能良好,而且充分利用土壤的承载能力,所以省工省料,成本比较低;②适于装填多种发酵原料,特别是大量的作物秸秆,对农村积肥十分有利;③为便于经常进料,厕所、猪圈可以建在沼气池上面,粪便随时都能打扫进池;④沼气池周围都与土壤接触,对池体保温有一定的作用。水压式沼气池也存在一些缺点,主要是:①由于气压反复变化,而且一般在 4 ~ 16kPa 压力之间变化,这对池体强度和灯具、灶具燃烧效率的稳定与提高都有不利的影响;②由于没有搅拌装置,池内浮渣容易结壳,又难以破碎,所以发酵原料的利用率不高,池容产气率(即每立方米池容积一昼夜的产气量)偏低;③由于活动盖直径不能加大,对发酵原料以秸秆为主的沼气池来说,大出料工作比较困难。因此,出料的时候最好采用出料机械。

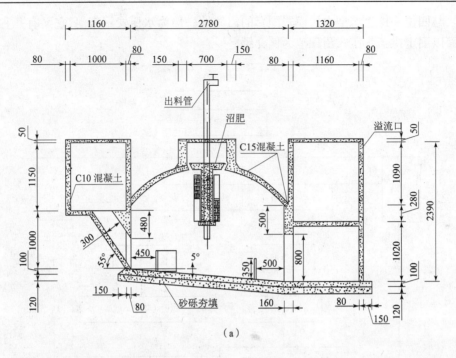

（a）

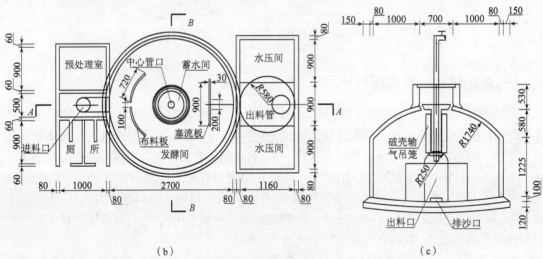

（b）　　　　　　　　　　　　　　（c）

图7-11　8m³圆筒形水压式沼气池型（单位：mm）

（a）A—A剖面图；（b）平面图；（c）B—B剖面图

二、沼气池的设计

（一）沼气池的设计原理

建造"模式"中的沼气池，首先要做好设计工作。总结多年来科学实验和生产实践的经验，设计与模式配套的沼气池必须坚持下列原则：

1. 必须坚持"四结合"原则

"四结合"是指沼气池与畜圈、厕所、日光温室相连，使人畜粪便不断进入沼气池内，保证正常产气、持续产气，并有利于粪便管理，改善环境卫生，沼液可方便地运送到日光温室蔬菜地里作肥料使用。

2. 坚持"圆、小、浅"的原则

"圆、小、浅"是指池形以圆柱形为主,池容 6～12m³,池深 2m 左右,圆形沼气池具有以下优点:①根据几何学原理,相同容积的沼气池,圆形比方形或长方形的表面积小,比较省料。②密闭性好,且较牢固。圆形池内部结构合理,池壁没有直角,容易解决密闭问题,而且四周受力均匀,池体较牢固。③我国北方气温较低,圆形池置于地下,有利于冬季保温和安全越冬。④适于推广。无论南方、北方,建造圆形沼气池都有利于保证建池质量。小,是指主池容积不宜过大。浅,是为了减少挖土深度,也便于避开地下水,同时发酵液的表面积相对扩大,有利于产气,也便于出料。

3. 坚持直管进料,进料口加算子、出料口加盖的原则

直管进料的目的是使进料流畅,也便于搅拌。进料口加算子是防止猪陷入沼气池进料管中。出料口加盖是为了保持环境卫生,消灭蚊蝇孳生场所和防止人、畜掉进池内。

(二)沼气池的设计依据

设计与"模式"配套的沼气池,制定建池施工方案,必须考虑下列因素:

1. 选择池基应考虑土质

建造沼气池,选择地基很重要,这是关系到建池质量和池子寿命的问题,必须认真对待。由于沼气池是埋在地下的建筑物,因此,与土质的好坏关系很大。土质不同,其密度不同,坚实度也不一样,容许的承载力就有差异。而且同一个地方,土层也不尽相同。如果土层松软或是沙性土或地下水位较高的烂泥土,池基承载力不大,在此处建池,必然引起池体沉降或不均匀沉降,造成池体破裂,漏水漏气。因此,池基应该选择在土质坚实、地下水位较低,土层底部没有地道、地窖、渗井、泉眼、虚土等隐患之处;而且池子与树木、竹林或池塘要有一定距离,以免树根、竹根扎入池内或池塘涨水时影响池体,造成池子漏水漏气;北方干旱地区还应考虑池子离水源和用户都要近些,若池子离用户较远,不但管理(如加水、加料等)不方便,输送沼气的管道也要很长,这样会影响沼气的压力,燃烧效果不好。此外,还要尽可能选择背风向阳处建池。

2. 设计池子应考虑荷载

确定荷载是沼气池设计中一项很重要的环节。如果荷载确定过大,设计的沼气池结构截面必然过大,结果用料过多,造成浪费;如果荷载确定过小,设计的强度不足,就容易造成池体破裂。

3. 设计池子应考虑拱盖的矢跨比和池墙的质量

建造沼气池,一般都用脆性材料,受压性能较好,抗拉性能较差。根据削球形拱盖的内力计算,当池盖矢跨比在 1：5.35 时,是池盖的环向内力变成拉力的分界线;大于这个分界线,若不配以钢筋,池盖则可能破裂,因此,在设计削球形池拱盖时矢跨比(即矢高与直径之比。矢高指拱脚至拱顶的垂直距离)一般在 1：4～1：6;在设计反削球形池底时矢跨比为 1：8 左右(具体的比例还应根据池子大小、拱盖跨度及施工条件等决定)。注意在砌拱盖前要砌好拱盖的蹬脚,蹬脚要牢固,使之能承受拱盖自重、覆土和其他荷载(如畜圈、厕所等)的水平推力(一般说来,一个直径为 5m,矢跨比为 1：5,厚度为 10cm 的混凝土拱盖,其边缘最大拉力约为 10t),以免出现裂缝和下塌的危险;其次,池墙质量必须牢固。池墙基础(环形基础)的宽度不得小于 40cm(这是工程构造上的最小尺寸),基础厚度不得小于 25cm。一般基础宽度与厚度

之比,应在 1 : (1.5 ~ 2)范围内为好。

(三)沼气池容积的计算

建造沼气池,事先要进行池子容积的计算,就是说计划建多大的池子为好。计算容积的大小原则上应根据用途和用量来确定。池子太小,产气就少,不能保证生产、生活的需要;池子太大,往往由于发酵原料不足或管理跟不上去等原因,造成产气率不高。目前,我国农村沼气池产气率普遍不够稳定,夏天一昼夜每立方米池容约可产气 $0.15m^3$,冬季约可产气 $0.1m^3$ 左右,一般农村五口人的家庭,每天煮饭、烧水约需用气 $1.5m^3$(每人每天生活所需的实际耗气量约为 $0.2m^3$,最多不超过 $0.3m^3$)。同时,应考虑生产用肥。因此,农村建池,每人平均按 1.5 ~ $2m^3$ 的有效容积计算较为适宜(有效容积一般指发酵间和贮气箱的总容积)。沼气池容积与家庭人口数量的关系如表7-2 所示,沼气池容积与畜禽饲养数量的关系如表7-3 所示。

表7-2 沼气池容积与家庭人口数量的关系

池容积(m^3)	6	8	10
每天可产沼气量(m^3)	1.2	1.6	2.0
可满足家庭人口数(人)	3	4 ~ 5	5 ~ 6

表7-3 沼气池容积与畜禽饲养数量的关系

项　　目		成　猪	成　鸡	成　牛
日排粪量	(kg)	4.0	0.1	20.0
粪便总固体(T_a)	(%)	18.0	30.0	17.0
$6m^3$ 沼气池饲养量	(头或只)	5	167	2
$8m^3$ 沼气池饲养量	(头或只)	7	222	2.3
$10m^3$ 沼气池饲养量	(头或只)	8	278	3

三、沼气池场地规划及要求

沼气站位置应尽量靠近料源地,以便于原料的运输。沼气池的平面布置应分为生产区及辅助区(锅炉房、实验室、值班室)。由于沼气制气、储存均为低压,根据工程规模的大小,与民用房屋应有 12 ~ 20m 的距离。由于可能的气味,宜布置在小区的下风向。

对日产沼气 800 ~ $1000m^3$ 的沼气站来说,占地面积可采取 30m × 50m = $1500m^2$ 即可。

第三节　秸秆造气与利用

以农作物秸秆为原料的气化供气技术是近年来生物质能利用技术中发展最快的一种,由于秸秆气化技术具有原料多、可再生、低污染、分布广等特点,操作技术容易掌握,不需特殊条件,比较适合中国的农村实际,在我国广大农村推广应用前景广阔。秸秆造气可以较充分地利用农村分散的秸秆资源,变废为宝,是实现农村生活燃料现代化的一种重要手段。

一、秸秆气化技术

秸秆作为燃料除直接燃烧和生产沼气利用外,还有多种加工利用技术。秸秆气化就是其中重要的一种,也叫秸秆热解气化工程技术,这是一种热化学处理技术,是将玉米芯、棉柴、玉米秸、麦秸等干秸秆粉碎后作为原料,经过气化设备(气化炉)热解、氧化和还原反应转换成可燃气体,经净化、除尘、冷却、储存加压,再通过输配系统送往一家一户,用作燃料或生产动力,是农作物秸秆综合利用的又一实用技术。

秸秆气化的过程是秸秆在气化炉进行不完全燃烧,实际上是缺氧的状态下加热反应的过程,其中的碳、氢元素就会变成含一氧化碳、氢气、甲烷等可燃气,秸秆中所含有的能量也就转移到可燃气里,秸秆气像天然气一样,燃烧后无尘无烟无污染,在广大农村更具有优势。经过气化,每公斤秸秆能产 $2 \sim 2.3m^3$ 可燃气,一户 4 口之家每天需燃气约 $5 \sim 6m^3$。秸秆气化技术不仅可以使秸秆利用更加方便、清洁,而且能量转换效率比直接燃烧有较大提高,加之秸秆具有可再生性、资源丰富性等特点,受到广泛重视。随着气化装置类型、工艺流程、反应条件、气化剂类型、原料性质等条件的不同,其反应过程也不相同。推广秸秆气化技术,不仅能解决随地焚烧秸秆造成环境污染的问题,还可以为农户提供优质、洁净的能源。秸秆气化技术在我国的应用主要有两种方式:一种是秸秆气化集中供气技术;另一种是户用型秸秆气化炉。

二、秸秆气化技术要点

(一)设备

目前我国已有多种类型成型设备在市场上销售。秸秆气化集中供气设备系统由燃气发生炉机组、贮气柜、输气管网及用户燃气设备四部分组成;户用型秸秆气化设备系统主要包括净化造气炉、燃气过滤器和燃气灶(炉)具三部分。

(二)秸秆气化集中供气系统工艺流程

用铡草机将秸秆铡成小段,用上料机把秸秆送入气化炉中,秸秆在气化炉内经过热解气化反应转化成可燃气体,在净化器中去除燃气中含有的灰尘和焦油等杂质,由风机送至贮气柜中,从贮气柜出来的燃气通过铺设在地下的管网输送到系统中的每一用户。

(三)户用型气化炉工艺流程

主要工序是钢板材料通过冲压氧割、卷压成型,再焊接而成气化炉主体,添加秸秆等生物质到气化炉中进行气化反应,去除可燃气体中的灰分、焦油等杂质后,即可供燃气灶具使用。

第四节 建筑体型节能设计

建筑物的耗热量主要与以下几个因素有关:体型系数、围护结构的传热系数、窗墙面积比、楼梯间开敞与否、换气次数、朝向、建筑物入口处是否设置门斗或采取其他避风措施。建筑体型的设计对建筑的节能有很大的影响。

一、体型系数

体型系数是指建筑物围合室内所需与大气接触外包表面积(F_0)与其体积(V_0)的比值,即围合单位室内体积所需的外包面积,用 $S = F_0/V_0$ 表示。由于建筑物内部的热量是通过围护结构散发出去的,所以传热量就与外表面传热面积相关。体型系数越小,表示单位体积的外包表面积越小,即散失热量的途径越少,越具有节能意义。

二、体型系数对节能节地的影响

我国《民用建筑节能设计标准(采暖居住部分)》(JGJ 26—95)对寒冷和严寒地区以体型系数 0.3 为界,对集中供暖居住建筑的围护结构的传热系数给予限定,通过限制围护结构的传热系数来弥补由于体型系数过大而造成的能源浪费,但对农村住宅没有给出明确的规定。大量研究证明,在其他条件相同的情况下,建筑物的采暖耗热量随体型系数的增大而呈正比例升高。根据节能标准规定,当体型系数达到 0.32 时,耗热量指标将上升 5% 左右;当体系功能系数达到 0.34 时,耗热量指标将上升 10% 左右;当体型系数上升到 0.36 时,耗热量指标将上升 20% 左右。如果体型系数进一步增大,则耗热量指标将增加得更快。农村的平房住宅体型系数偏大,对节能节地极其不利。所以,在设计村镇住宅时,要逐步改变延续传统的住宅规划及住宅设计思想,应对这些住宅进行整体规划,合理控制建筑的体型系数,达到节约能源、节约土地、保护环境的目的。

另外,从耗材方面考虑,体型系数的减小可以节约大量的建筑材料。同时,如果按建筑全寿命周期考虑,节约材料的同时减少了生产建筑材料所需的能耗,具有良好的经济效益。

为了保证日照的要求,保证交通、防火、施工等的要求,每栋建筑之间需要有足够的间距。单从日照考虑,把一幢五层住宅和五幢单层的平房相比,在日照间距相同的条件下,用地面积要增加 2 倍左右,道路和室外管线设施也都相应增加。在村镇规划时,由于每户附带一庭院,对于二层住宅很容易满足日照间距的要求,每栋住宅之间的距离保证交通、防火、施工等要求即可。珍惜和合理利用每寸土地,是我国的一项基本国策。可见,农村发展多层住宅(与平房相比体型系数减小)对节约用地是非常有利的。

住宅仅从体型设计方面就具有很大的节能、节地、节材潜力,具有良好的经济效益、社会效益和环境效益。在其他条件相同的情况下,建筑的能耗与建筑的体型系数有着直接的关系,为了分析不同体型系数的节能性,对两种体型系数的设计方案作一比较。对于三开间分别为 3300mm,3300mm,3900mm,总进深为 9000mm,层高 2.8m 的住宅来说,表 7-4 分析了两种方案体型系数及能耗比较。

表 7-4 两种方案体型系数及能耗比较

方　案	简　图	层　数	体型系数	四户外表面积(m^2)	能耗节约率(%)
方案 1		单　层	0.77	814.8	—
方案 2		二　层	0.49	525	36

从表 7-4 中的数据明显得出,由于体型系数的减小,住宅散失热量的外表面积明显减少,能耗大幅度降低,在其他条件相同的情况下,能耗降低达 36%。这样,每年势必会节约大量的燃煤,降低冬季采暖费用。同时,由于减少供暖燃煤,可相应减少由于燃煤释放的大量 CO_2、SO_2 等气体,减少对大气的污染,减少酸雨的形成,具有良好的环境效益。

另外,从耗材方面考虑,减小体型系数可以节约大量的建筑材料。以外墙 370mm 厚黏土空心砖,20mm 厚内外抹;内墙 240mm 厚黏土空心砖,20mm 厚内外抹灰考虑。按照所设计方案的户型考虑,每四户住宅可节约两户约 189m^2 的屋顶材料、约 4.9m^3 的墙体材料和约

0.52m³ 内外抹灰。同时,如果按建筑全寿命周期考虑,节约材料的同时减少了生产建筑材料所需的能耗,具有良好的经济效益。

因此,住宅建筑在平面布局上外形不宜凹凸太多,尽可能力求完整,以减少因凹凸太多形成外墙面积大而提高体型系数。组合上最好是两个以上单元组合。

三、体型对日辐射得热的影响

仅从冬季得热最多的角度考虑,应使南向墙面吸收的辐射热量尽可能地最大,且尽可能地大于其向外散失的热量,以将这部分热量用于补偿建筑的净负荷。

图 7-12 是将同体积的立方体建筑模型按不同的方式排列成为各种体型和朝向,从日辐射得热多少角度可以得出建筑体型对节能的影响。由图 7-12 可以看出,立方体 A 是冬季日辐射得热最少的建筑体型,D 是夏季日辐射得热最多的体型,E、C 两种体型的全年日辐射得热量较为均衡。长、宽、高比例较为适宜的 B 种体型,在冬季得热较多,在夏季得热为最少。

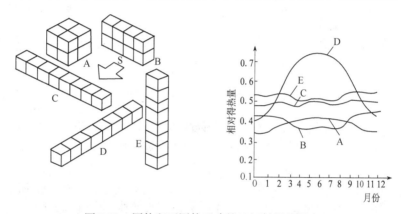

图 7-12　同体积不同体型建筑日辐射得热量

四、体型对风的影响

风吹向建筑物,风的方向和速度均会发生相应的改变,形成特有的风环境。单体建筑的三维尺寸对其周围的风环境影响很大。从节能的角度考虑,应创造有利的建筑形态,减少风流、降低风压,减少能耗损失。建筑物越长、越高、进深越小,其背面产生的涡流区越大,流场越紊乱,对减少风速、风压有利,如图 7-13 ～ 图 7-15 所示(图中 a 为建筑物长度,b 为建筑物宽度,h 为建筑物高度)。

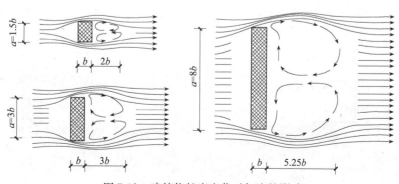

图 7-13　建筑物长度变化对气流的影响

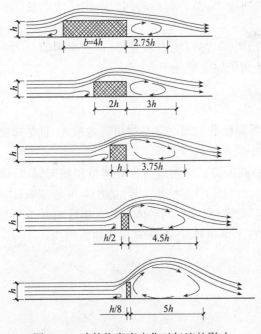

图 7-14　建筑物宽度变化对气流的影响

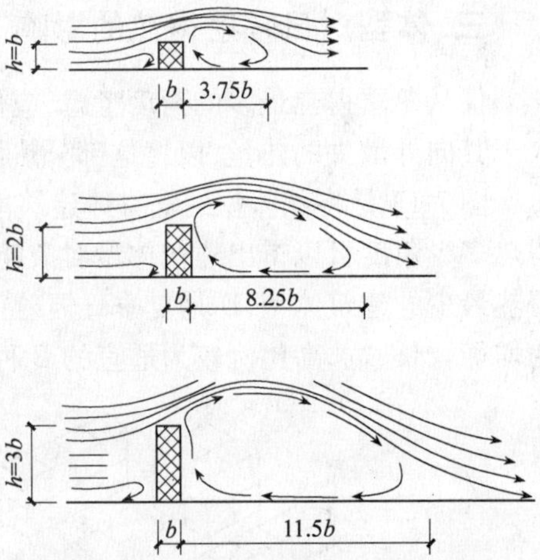

图 7-15　建筑物高度变化对气流的影响

　　从避免冬季季风对建筑物侵入来考虑,应减少风向与建筑物长边的入射角度,如图 7-16 所示。

　　建筑平面布局、风向与建筑物的相对位置不同,其周围的风环境有所不同,如图 7-16 ~ 图 7-18所示。由图 7-16 可以看出,风在条形建筑背面边缘形成涡流。风在 L 形建筑中,如图 7-17中的两个布局对防风有利。U 形建筑形成半封闭的院落空间,图 7-17 所示的布局对防寒风十分有利。全封闭建筑当有开口时,其开口不宜朝向冬季主导风向和冬季最不利风向,而且开口不宜过大,如图 7-19 所示。

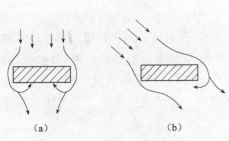

图 7-16　条形建筑风环境平面图

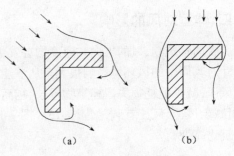

图 7-17　L 形建筑风环境平面图

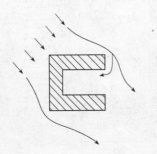

图 7-18　U 形建筑风环境平面图

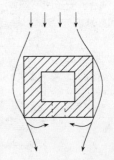

图 7-19　方形建筑风环境平面图

不同的平面形体在不同的日期内,建筑阴影位置和面积也不同,节能建筑应选择相互日照遮挡少的建筑形体,以利减少因日照遮挡影响太阳辐射得热,如图 7-20 所示。

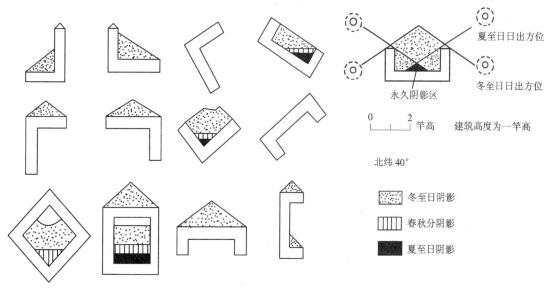

图 7-20　不同平面形体在不同日期的房屋阴影

总之,体型系数不只影响建筑物外围护结构的传热损失,它还与建筑造型、平面布局、采光通风等紧密相关。体型系数大小,将制约建筑师的创造性,使建筑造型呆板,平面布局困难,甚至损害建筑功能。因此,在进行住宅的平面和空间设计时,应全面考虑,综合平衡,兼顾不同类型的建筑造型,在保证良好的围护结构保温性能、良好的朝向及合适的窗墙面积比、合理利用可再生能源等情况下,使体型不要太复杂,凹凸面不要太多。

第五节　围护结构的节能设计

在建筑物的朝向、体型系数、楼梯间开敞与否及建筑物入口处处理一定的情况下,建筑物的耗热量与其围护结构有着密切的关系。围护结构的节能设计涉及建筑的外墙、屋顶、门窗、楼梯间隔墙、首层地面等部位。在相同的室内外温差条件下,建筑围护结构保温隔热性能的好坏,直接影响到流出或流入室内的热量的多少。建筑围护结构保温隔热性能好,流出或流入室内的热量就少,采暖、空调设备消耗的能量也就少;反之,建筑围护结构保温隔热性能差,流出或流入室内的热量就多,采暖、空调设备消耗的能量也就多。我们应特别注重围护结构的保温设计,采用高效保温隔热材料,加强围护结构的保温隔热性能。

一、围护结构的墙体设计

从传热耗热量的构成来看,外墙所占比例最大,约占总耗热量的 1/3 左右,必须要重视外墙的保温。影响墙体热工性能的因素主要包括两方面:一是墙体选用的材料性能,二是墙体构造做法。为提高住宅质量,住宅建设中强制淘汰不符合资源节约和环境保护要求与质量低劣的材料和产品,积极采用符合国家标准的资源节约型优质材料和产品。

（一）围护结构墙体构造方案设计

一般而言，单一材料的外墙，在合理的厚度之内，很少有能够满足节能标准要求的。因此，发展复合墙体才能大幅度提高墙体的保温隔热性能。复合墙体是把墙体承重材料和保温材料结合在一起。有外保温、内保温和夹芯保温三种结构形式，如图7-21所示。每种方式各有它的优缺点。

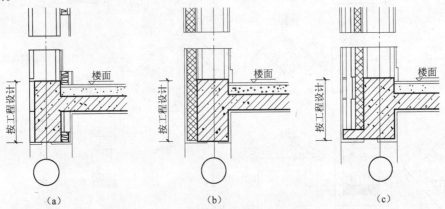

图 7-21 外墙保温层设置位置示意图
(a)外墙内保温层；(b)外墙外保温层；(c)外墙中保温层

1. 外保温复合墙体

外保温复合墙体做法是把保温材料复合在墙体外侧，并覆以保护层。这样，建筑物的整个外表面(除外门、窗洞口)都被保温层覆盖，有效抑制了外墙与室外的热交换。

（1）外墙外保温的特点

1)外保温可以避免产生热桥。过去，外墙既要承重又要起保温作用，外墙厚度必然较厚。采用高效保温材料后，墙厚得以减薄。但如果采用内保温，主墙体越薄，保温层越厚，热桥的问题就越趋于严重。在寒冷的冬天，热桥不仅会造成额外的热损失，还可能使外墙内表面潮湿、结露，甚至发霉和淌水，而外保温则可以不存在这种问题。由于外保温避免了热桥，在采用同样厚度的保温材料条件下，外保温要比内保温的热损失减少约1/5，从而节约了热能。

2)在进行外保温后，由于内部的实体墙热容量大，室内能蓄存更多的热量，使诸如太阳辐射或间歇采暖造成的室内温度变化减缓，室温较为稳定，生活较为舒适；太阳辐射得热、人体散热、家用电器及炊事散热等因素产生的"自由热"得到较好的利用，有利于节能。而在夏季，外保温层能减少太阳辐射热的进入和室外高气温的综合影响，使外墙内表面温度和室内空气温度得以降低。可见，外墙外保温有利于使建筑冬暖夏凉。

3)室内居民实际感受到的温度，既有室内温度又有围护结构内表面的影响。这就证明，通过外保温提高外墙内表面温度即使室内的空气温度有所降低，也能得到舒适的热环境，如图7-22所示。由此可见，在加强外保温、保持室内热环境质量的前提下，适当降低室温，可以减少采暖负荷，节约能源。

4)由于采用外保温，内部的砖墙或混凝土墙受到保护。室外气候不断变化引起墙体内部较大的温度变化发生在外保温层内，使内部的主体墙冬季温度提高、湿度降低，温度变化较为平缓,热应力减少,因而主体墙产生裂缝、变形、破损的危险大为减轻,寿命得以大大延长。

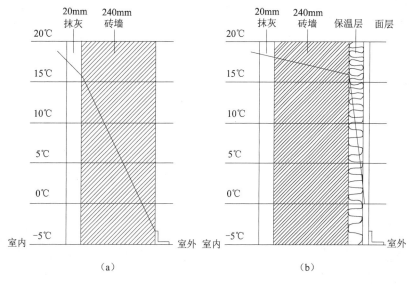

图 7-22　外墙内部温度变化情况
(a)未保温;(b)外保温

5)采用内保温的墙面上难以吊挂物件,甚至安设窗帘盒、散热器都相当困难。在旧房改造时,从内侧保温存在使住户增加搬动家具、施工扰民,甚至临时搬迁等诸多麻烦,产生不必要的纠纷,还会因此减少使用面积,外保温则可以避免这些问题发生。当外墙必须进行装修或抗震加固时,是加做外保温最经济、最有利的时机。

6)我国目前许多住户在住进新房时,大多先进行装修。在装修时,房屋内保温层往往遭到破坏。采用外保温则不存在这个问题。外保温有利于加快施工进度。如果采用内保温,房屋内部装修、安装暖气等作业,必须等待内保温做好后才能进行。但采用外保温,则可以与室内工程同时作业。

7)外保温可以使建筑更为美观,只要做好建筑立面设计,建筑外貌会十分出色。特别在旧房改造时,外保温能使房屋面貌大为改观。

8)外保温适用范围十分广泛。既适用于采暖建筑,又适用于空调建筑;既适用于民用建筑,又适用于工业建筑;既可用于新建建筑,又可用于既有建筑;既能在低层、多层建筑中应用,又能在中高层和高层建筑中应用。

9)外保温的综合经济效益很高。虽然外保温工程每平方米造价比内保温相对要高一些,但只要技术选择适当,单位面积造价高差并不多。特别是由于外保温比内保温增加了使用面积近2%,实际上是使单位使用面积造价得到降低。加上有节约能源、改善热环境等一系列好处,综合效益是十分显著的。

(2)外墙外保温体系的组成

外墙外保温,是指在垂直外墙的外表面上建造保温层,该外墙用砖石或混凝土建造。此种外保温,可用于新建墙体,也可以用于既有建筑外墙的改造。该保温层对于外墙的保温效能增加明显,其热阻值应超过$1m^2 \cdot K/W$。由于系从外侧保温,其构造必须能满足水密性、抗风压以及温湿度变化的要求,不致产生裂缝,并能抵抗外界可能产生的碰撞作用,还能与相邻部位

（如门窗洞口、穿墙管道等）之间以及在边角处、面层装饰等方面，均得到适当的处理。然而，必须注意，外保温层的功能，仅限于增加外墙保温效能以及由此带来的相关要求，而不应指望这层保温构造对主体墙的稳定性起到作用。其主体墙，即外保温层的基底，必须满足建筑物的力学稳定性的要求，能承受垂直荷载、风荷载，并能经受撞击而保证安全使用，还应能使被覆的保温层和装修层得以牢牢固定。

不同的外保温体系，其材料、构造和施工工艺各有一定的差别。两种有代表性的构造如图7-23 及图 7-24 所示。外墙外保温体系大体由如下部分组成：

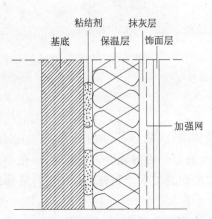

图 7-23　外墙外保温基本构造（一）

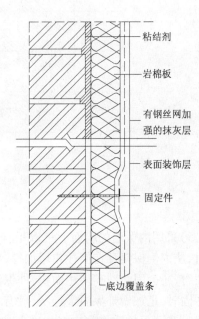

图 7-24　外墙外保温基本构造（二）

1）保温层

应采用热阻值高，即导热系数小的高效保温材料，其导热系数一般小于 $0.05W/(m \cdot K)$。根据设计计算，具有一定厚度，以满足节能标准对该地区墙体的保温要求。此外，保温材料的吸湿率要低，而粘结性能要好；为了使所用的粘结剂及其表面的应力尽可能减少，对于保温材料，一方面要用收缩率小的材料；另一方面，尺寸变动时产生的应力要小。为此，可采用的保温材料有：膨胀型聚苯乙烯（EPS）板、挤塑型聚苯乙烯（XPS）板、岩棉板、玻璃、棉毡以及超轻保温浆料等。其中以阻燃膨胀型聚苯乙烯板、挤塑型聚苯乙烯板应用得较为普遍。

2）保温板的固定

不同的外保温体系，采用的固定保温板的方法各有不同。有的系将保温板粘结或钉固在基底上，有的为两者结合，以粘结为主，或以钉固为主。将保温板粘结在基底上的粘结材料多种多样。

为保证保温板在粘结剂固化期间的稳定性，有的体系用机械方法做临时固定，一般用塑料钉钉固。

使保温层永久固定在基底上的机械件，一般采用膨胀螺栓或预埋筋之类的锚固件，国外往往用不锈蚀而耐久的材料，由不锈钢、尼龙或聚丙烯等制成，国内常用的钢制膨胀螺栓，应做好防锈处理。

对于用膨胀聚苯乙烯板作现浇钢筋混凝土墙体的外保温层,还可以用将保温板安设在模板内,通过浇灌混凝土加以固定的方法。即在绑扎墙体钢筋后,将侧面交叉分布有斜插钢丝的聚苯乙烯板,依次安置在钢筋层外侧,平整排列并绑扎牢固,在安装模板、浇灌混凝土后,此聚苯乙烯保温层即固定在钢筋混凝土墙面上。超轻保温浆料可直接涂抹在外墙外表面上,例如胶粉聚苯颗粒砂浆。

3)面层

保温板的表面覆盖层有不同的做法,薄面层一般为聚合物水泥胶浆抹面,厚面层则仍采用普通水泥砂浆抹面。有的则用在龙骨上吊挂薄板覆面。

薄型抹灰面层为在保温层的所有外表面上涂抹聚合物水泥胶浆。直接涂覆于保温层上的为底涂层,厚度较薄(一般为 4～7mm),内部包覆有加强材料。加强材料一般为玻璃纤维网格布,有的则为纤维或钢丝网,包含在抹灰面层内部,与抹灰面层结合为一体,其作用为改善抹灰层的机械强度,保证其连续性,分散面层的收缩应力和温度应力,避免应力集中,防止面层出现裂纹。网格布必须完全埋入底涂层内,从外部不能看见,以使不致与外界水分接触(因网格布受潮后,其极限强度会明显降低)。

不同的外保温体系,面层厚度有一定差别。但总体要求是,面层厚度必须适当,薄型的一般在 10mm 以内。如果面层厚度过薄,结实程度不够,就难以抵抗可能产生外力的撞击;但如果过厚,加强材料离外表面较远,又难以起到抗裂的作用。

厚型的抹灰面层,则为在保温层的外表面上涂抹水泥砂浆,厚度为 25～30mm。此做法一般用于钢丝网架聚苯板保温层上(也用于岩棉保温层上),其加强网为网孔 50mm×50mm、用 $\phi2$ 钢丝焊接的网片,并通过交叉斜插入聚苯乙烯板内的钢丝固定。抹灰前在聚苯板表面喷涂界面处理剂以加强粘结。所用水泥砂浆强度应适当,可用强度等级为 42.5 的普通硅酸盐水泥、中砂,1:3 配比。抹灰应分层进行,底层和中层抹灰厚度各约 10mm,中间层抹灰应正好覆盖住钢丝网片。面层砂浆宜用聚合物水泥砂浆,厚度 5～10mm,可分两次抹完,内部埋入耐碱玻璃纤维网格布,如前所述。各层抹灰后均应洒水养护,并保持湿润。

为便于在抹灰层表面上进行装修施工,加强相互之间的粘结,有时还要在抹灰面上喷涂界面剂,形成极薄的涂层,上面再做装修层。外表面喷涂耐候性、防水性和弹性良好的涂料,也能对面层和保温层起到保护作用。

有的工程采用硬质塑料、纤维增强水泥、纤维增强硅酸盐等板材作为覆面材料,用挂钩、插销或螺钉等固定在外墙龙骨上。龙骨可用金属型材制成,锚固在墙体外侧。

4)零配件与辅助材料

在外墙外保温体系中,在接缝处、边角部,还要使用一些零配件与辅助材料,如墙角、端头、角部使用的边角配件和螺栓、销钉等,以及密封膏如丁基橡胶、硅膏等,根据各个体系的不同做法选用。

2. 内保温复合墙体

内保温墙体是将保温材料复合在建筑物外墙的内侧,同时以石膏板、建筑人造板或其他饰面材料覆面作为保护层。

(1)外墙内保温的特点

1)施工方便,室内连续作业面不大,多为干作业施工,较为安全方便,有利于提高施工效率、减轻劳动强度。同时,保温层的施工可不受室外气候(如雨季、冬季)的影响。但施工中应注意避免保温层材料受潮,同时要待外墙结构层达到正常干燥时再安装保温隔热层,还应保证结构层内侧吊挂件预留位置的准确和牢固。

2)设计中不仅要注意采取措施(设置空气层、隔汽层),避免由于室内水蒸气向室外渗透,在墙体内产生结露而降低保温层的保温隔热性能,还要注意采取措施消除一些保温隔热层覆盖不到的部分产生"冷桥"而在室内产生结露现象,这些部位一般是内外墙交角、外窗过梁、窗台板、圈梁、构造柱等处。

3)内保温墙体的外侧结构层密度大、蓄热能力大,因此这种墙体室温波动较大,供暖时升温快,不供暖时降温也快。在冬季时,宜采取集中连续供暖方式以保证正常的室内热环境;在夏季时,由于绝热层在内侧,晚间墙内表面温度随空气温度的下降而迅速下降,减少闷热感。这对间歇供暖使用的房间如影剧院、体育馆和人工气候室比较合适。但对农村住宅来说,一般采用间歇供暖方式,所以采用此种方式对室内舒适的热环境不利。

4)内保温做法是把保温材料放置在墙体的内侧,占用住宅的使用面积和不便于居民二次装修等缺点。尤其随着住宅商品房逐步实施以使用面积记价的政策,住宅建筑不宜采用墙体内保温的构造做法。

(2)外墙内保温构造体系

1)结构层。结构层为外围护结构的承重受力墙体部分,它可以是现浇或预制混凝土外墙、内浇外砌或砖混结构外墙以及其他外墙(如多孔砖外墙)等。

2)空气层。其主要作用是切断液态水分的毛细渗透,防止保温材料受潮。而且设置空气层还可以增加一定的热阻,而且造价比专门设置隔汽层要低。空气层的设置对内部孔隙连通、易吸水的保温材料是十分必要的。

3)绝热材料层(保温层、隔热层)。是节能墙体的主要功能部分,可采用高效绝热材料(聚苯乙烯泡沫塑料板、挤塑型聚苯乙烯泡沫塑料板、水泥珍珠岩板、岩棉板、矿棉等轻质高效保温材料)。也可采用膨胀珍珠岩、加气混凝土块等。

4)覆面保护层。其主要作用是防止保温层受到破坏,同时在一定程度上阻止室内水蒸气浸入保温层,可选用纸面石膏板等。

3. 夹芯保温复合墙体

夹芯保温做法是把保温材料放置在结构中间。它的优点是对保温材料的强度要求不高,但施工过程极易使保温材料受潮而降低保温效果,同时由于内部的墙体较薄,冬季室内蒸汽渗透在保温层及夹芯墙体的交接面上,在复合墙体内部产生结露,增加湿积累,从而降低保温效果。

从传热的角度,采用外保温墙体从整体上是合理的;对包贴形式研究发现,外保温做法综合技术及经济效益要优越。同时,外保温墙体的设计、施工等技术都有比较成熟的经验,有许多国内外的经验可以借鉴。在砖混结构的住宅建筑中,一般设置圈梁、窗过梁,并在墙体拐角处、楼梯间四角、部分丁字墙和十字墙处设置构造柱的抗震做法。如果墙体采用外保温复合墙体的做法,可减少这些周边热桥的影响,降低建筑的耗热量。而且,对旧房的节能改造也迫在眉睫,采用外保温方式对旧房进行节能改造,其最大的优点就是无须临时搬迁,不影响居民的内部活动和正常生活。因此,住宅外墙优先选取外保温复合墙体的构造做法。图7-25所示为外墙保温砂浆外粉刷,图7-26所示为外墙硬质保温板外贴,图7-27所示为外墙热桥部位保温层加强处理做法。

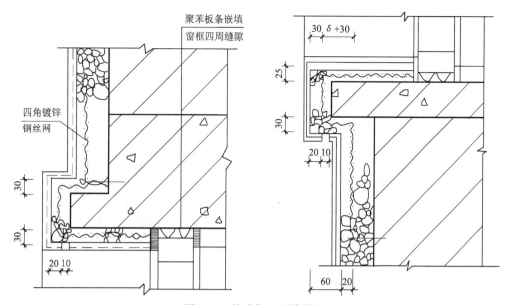

图 7-25　外墙保温砂浆外粉刷

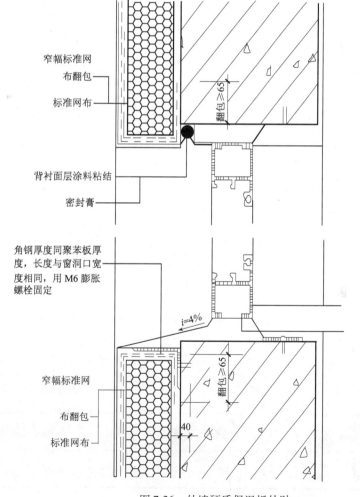

图 7-26　外墙硬质保温板外贴

(二) 围护结构墙体的热工性能

围护结构墙体增设保温层的厚度,可根据当地气候特点、墙体材料、节能要求等经计算来确定。

考虑施工方便,保温层自重不宜太大,墙体总厚度不能太大而使房间的使用面积减少,住宅建筑的外墙宜采用聚苯乙烯泡沫塑料板、挤塑型聚苯乙烯泡沫塑料板、水泥珍珠岩板、岩棉板、矿棉等轻质高效保温材料与当地承重材料组合的复合墙体。几种常用墙体构造方案的热工性能指标如表7-5 ~ 表7-9 所示。

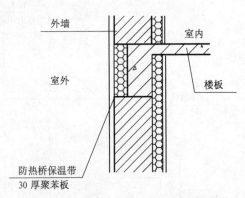

图 7-27　外墙热桥部位保温层加强处理做法

表 7-5　加气混凝土外墙热工性能指标

编号	外墙构造	保温层厚度 δ（mm）	外墙总厚度（mm）	主体部位			外墙平均传热系数 K_m [W/($m^2 \cdot$ K)]
				热惰性指标 D 值	热阻 R（$m^2 \cdot$ K/W）	传热系数 K_P [W/($m^2 \cdot$ K)]	
1	1—石灰砂浆 2—加气混凝土 3—水泥砂浆 热桥外侧 30 聚苯板	200	240	3.43	0.84	1.01	1.04
		250	290	4.18	1.04	0.84	0.92
2	外墙构造同 1 热桥外侧 50 聚苯板	200 250	240 290	3.43 4.18	0.84 1.04	1.01 0.84	0.94 0.82
3	外墙构造同 1 热桥外侧 100 加气混凝土	300	340	4.93	1.24	0.72	0.94
4	外墙构造同 1 热桥外侧 70 加气混凝土,30 聚苯板	300	340	4.93	1.24	0.72	0.75
5	外墙构造同 1 热桥外侧 150 加气混凝土	350	390	5.68	1.44	0.63	0.78
6	外墙构造同 1 热桥外侧 100 加气混凝土,50 聚苯板	350	390	5.68	1.44	0.63	0.62
7	外墙构造同 1 热桥外侧 200 加气混凝土	400	440	6.43	1064	0.56	0.67
8	外墙构造同 1 热桥外侧 150 加气混凝土,50 聚苯板	400	440	6.43	1064	0.56	0.55

续表

编号	外 墙 构 造	保温层厚度 δ（mm）	外墙总厚度（mm）	主体部位			外墙平均传热系数 K_m [W/(m²·K)]
				热惰性指标 D 值	热阻 R（m²·K/W）	传热系数 K_P [W/(m²·K)]	
9	外墙构造同1 热桥外侧225加气混凝土	425	465	6.81	1.74	0.53	0.62
10	外墙构造同1 热桥外侧175加气混凝土,50聚苯板	425	465	6.81	1.74	0.53	0.52
11	外墙构造同1 热桥外侧250加气混凝土	450	490	7.18	1.84	0.50	0.58
12	外墙构造同1 热桥外侧200加气混凝土,50聚苯板	450	490	7.18	1.84	0.50	0.49

表7-6 黏土空心砖外墙热工性能指标

编号	外 墙 构 造	保温层厚度 δ（mm）	外墙总厚度（mm）	主体部位			外墙平均传热系数 K_m [W/(m²·K)]
				热惰性指标 D 值	热阻 R（m²·K/W）	传热系数 K_P [W/(m²·K)]	
1	 1—石灰砂浆 2—黏土空心砖墙 3—水泥砂浆 热桥外侧70黏土砖,50聚苯板	370	410	5.50	0.68	1.20	1.04
2	外墙构造同1 热桥外侧120空心砖	370	410	5.50	0.68	1.20	1.40
3	外墙构造同1 热桥外侧190空心砖,50聚苯板	490	530	7.08	0.88	0.97	0.85
4	外墙构造同1 热桥外侧240空心砖	490	530	7.08	0.88	0.97	1.08
5	 1—石灰砂浆 2—高强珍珠岩板 3—空气层（$\rho_0=400$,$\lambda_c=0.14$） 4—黏土空心砖墙（26~36孔） 5—水泥砂浆 热桥外侧40聚苯板	50	340	4.56	0.95	0.91	0.90
		60	350	4.73	1.03	0.85	0.86
		70	360	4.90	1.08	0.81	0.83
		80	370	5.07	1.17	0.76	0.79
		90	380	5.24	1.24	0.72	0.77
		100	390	5.41	1.30	0.69	0.74

续表

编号	外 墙 构 造	保温层厚度 δ（mm）	外墙总厚度（mm）	主体部位			外墙平均传热系数 K_m [W/(m²·K)]
				热惰性指标 D 值	热阻 R（m²·K/W）	传热系数 K_P [W/(m²·K)]	
6	δ10 240 20 1—充气石膏板（$\rho_0=400$，$\lambda_c=0.17$） 2—空气层 3—黏土空心砖墙（26~36孔） 4—水泥砂浆 12 3 4 热桥外侧40聚苯板	50	320	4.23	0.86	0.99	0.97
		60	330	4.39	0.93	0.93	0.92
		70	340	4.55	0.99	0.88	0.88
		80	350	4.70	1.04	0.84	0.85
		90	360	4.83	1.08	0.81	0.83
		100	370	5.01	1.17	0.76	0.80
7	20 240 δ6 1—石灰砂浆 2—黏土空心砖墙（26~36孔） 3—聚苯板（$\rho_0=20$，$\lambda_c=0.05$） 4—纤维增强层 1 2 34	30	296	3.78	1.04	0.84	0.92
		40	306	3.86	1.24	0.72	0.78
		50	316	3.95	1.44	0.63	0.67
		60	326	4.04	1.64	0.56	0.59
		70	336	4.12	1.84	0.50	0.52
		80	346	4.21	2.04	0.46	0.48
8	20 240 δ5010 1—石灰砂浆 2—黏土空心砖墙 3—岩棉或玻璃棉板（$\rho_0=100$或30，$\lambda_c=0.054$） 4—空气层 5—GRC外挂板 1 2 34 5	50	370	4.40	1.53	0.60	0.63
		80	400	4.89	2.08	0.45	0.47
		100	420	5.23	2.45	0.38	0.40

表 7-7 黏土实心砖外墙热工性能指标

| 编号 | 外 墙 构 造 | 保温层厚度 δ（mm） | 外墙总厚度（mm） | 主体部位 | | | 外墙平均传热系数 K_m [W/(m²·K)] |
				热惰性指标 D 值	热阻 R（m²·K/W）	传热系数 K_P [W/(m²·K)]	
1	20 δ 1—石灰砂浆 2—黏土实心砖墙 热桥外侧130黏土砖	370	390	5.09	0.48	1.59	1.79
2	外墙构造同 1 热桥外侧 250 黏土砖	490	510	6.58	0.62	1.30	1.42
3	12δ10 240 20 1—石膏板 2—聚苯板（$\rho_0=20$，$\lambda_c=0.05$） 3—空气层 4—黏土砖墙 5—水泥砂浆	30	312	3.89	1.10	0.80	1.47
		40	322	3.97	1.30	0.69	1.39
		50	332	4.06	1.50	0.61	1.31
		60	342	4.15	1.70	0.54	1.26
		70	352	4.23	1.90	0.49	1.20
		80	362	4.32	2.10	0.44	1.15
4	12δ10 240 20 1—石膏板 2—聚苯板（$\rho_0=20$，$\lambda_c=0.05$） 3—空气层 4—黏土砖墙 5—水泥砂浆 热桥外侧40聚苯板	30	312	3.89	1.10	0.80	0.83
		40	322	3.97	1.30	0.69	0.76
		50	332	4.06	1.50	0.61	0.70
		60	342	4.15	1.70	0.54	0.65
		70	352	4.23	1.90	0.49	0.61
		80	362	4.32	2.10	0.44	0.58

编号	外墙构造	保温层厚度δ (mm)	外墙总厚度 (mm)	主体部位			外墙平均传热系数K_m [W/(m²·K)]
				热惰性指标D值	热阻R (m²·K/W)	传热系数K_P [W/(m²·K)]	
5	1—石灰砂浆 2—黏土砖墙 3—空气层 4—聚苯板 ($\rho_0=20$, $\lambda_c=0.05$) 5—纤维增强层	30	306	3.72	1.07	0.82	0.86
		40	316	3.80	1.28	0.70	0.73
		50	326	3.89	1.46	0.62	0.64
		60	336	3.98	1.67	0.55	0.57
		70	346	4.06	1.85	0.50	0.51
		80	356	4.15	2.07	0.45	0.46
6	1—石灰砂浆 2—黏土砖墙 3—岩棉板 ($\rho_0=100$, $\lambda_c=0.054$) 4—空气层 5—GRC外挂板	50	370	4.34	1.42	0.64	0.66
		80	400	4.83	1.97	0.47	0.48
		100	420	5.17	2.34	0.40	0.41

表7-8 混凝土砌块外墙热工性能指标

编号	外墙构造	保温层厚度δ (mm)	外墙总厚度 (mm)	主体部位			外墙平均传热系数K_m [W/(m²·K)]
				热惰性指标D值	热阻R (m²·K/W)	传热系数K_P [W/(m²·K)]	
1	1—充气石膏板 ($\rho_0=400$, $\lambda_c=0.17$) 2—空气层 3—混凝土砌块 4—水泥砂浆	50	270	2.12	0.64	1.27	1.51
		60	280	2.28	0.70	1.18	1.43
		70	290	2.44	0.76	1.10	1.35
		80	300	2.59	0.82	1.03	1.29
		90	310	2.75	0.88	0.97	1.23
		100	320	2.90	0.94	0.92	1.19

编号	外墙构造	保温层厚度δ(mm)	外墙总厚度(mm)	主体部位			外墙平均传热系数K_m [W/(m²·K)]
				热惰性指标D值	热阻R (m²·K/W)	传热系数K_P [W/(m²·K)]	
2	δ10 190 20 1—充气石膏板 (ρ_0=400, λ_c=0.17) 2—空气层 3—混凝土砌块 4—水泥砂浆 12 3 4 热桥外侧30聚苯板	50	270	2.12	0.64	1.27	1.22
		60	280	2.28	0.70	1.18	1.16
		70	290	2.44	0.76	1.10	1.10
		80	300	2.59	0.82	1.03	1.05
		90	310	2.75	0.88	0.97	1.01
		100	320	2.90	0.94	0.92	0.97
3	12 δ20 190 20 1—石膏板 2—岩棉板 (ρ_0=100, λ_c=0.054) 3—空气层 4—混凝土砌块 5—水泥砂浆 123 4 5	30	270	2.07	0.93	0.93	1.24
		40	282	2.24	1.12	0.79	1.11
		50	292	2.41	1.30	0.69	1.02
		60	302	2.58	1.49	0.61	0.95
		70	312	2.75	1.67	0.55	0.89
		80	322	2.92	1.85	0.50	0.84
4	12 δ20 190 20 1—石膏板 2—岩棉板 (ρ_0=100, λ_c=0.054) 3—空气层 4—混凝土砌块 5—水泥砂浆 123 4 5 热桥外侧30聚苯板	30	270	2.07	0.93	0.93	0.99
		40	282	2.24	1.12	0.79	0.89
		50	292	2.41	1.30	0.69	0.82
		60	302	2.58	1.49	0.61	0.76
		70	312	2.75	1.67	0.55	0.72
		80	322	2.92	1.85	0.50	0.68

编号	外 墙 构 造	保温层厚度δ（mm）	外墙总厚度（mm）	主体部位			外墙平均传热系数 K_m [W/(m²·K)]
				热惰性指标 D 值	热阻 R（m²·K/W）	传热系数 K_P [W/(m²·K)]	
5	20　190　10δ6 1—石灰砂浆 2—混凝土砌块 3—空气层 4—聚苯板 （$\rho_0=20$，$\lambda_c=0.05$） 5—纤维增强层	30	256	2.10	0.98	0.88	0.89
		40	266	2.18	1.18	0.75	0.77
		50	276	2.27	1.38	0.65	0.67
		60	286	2.36	1.58	0.58	0.59
		70	296	2.44	1.78	0.52	0.53
		80	306	2.53	1.98	0.47	0.48
6	20　190　10 δ 6 1—石灰砂浆； 2—混凝土砌块 3—空气层 4—聚苯板 （$\rho_0=300$，$\lambda_c=0.12$） 5—纤维增强层	50	276	2.68	0.80	1.05	1.09
		60	286	2.84	0.88	0.97	1.01
		70	296	3.01	0.96	0.90	0.93
		80	306	3.17	1.05	0.83	0.86
		90	316	3.34	1.13	0.78	0.80
		100	326	3.51	1.21	0.74	0.76
7	20　190　δ 20 1—石灰砂浆 2—混凝土砌块 3—加气混凝土 （$\rho_0=600$，$\lambda_c=0.25$） 4—水泥砂浆	125	355	3.88	0.75	1.11	1.16
		150	380	4.25	0.85	1.00	1.04
		175	405	4.63	0.95	0.91	0.94
		200	430	5.00	1.05	0.83	0.86

续表

编号	外墙构造	保温层厚度δ(mm)	外墙总厚度(mm)	主体部位			外墙平均传热系数K_m [W/(m²·K)]
				热惰性指标D值	热阻R(m²·K/W)	传热系数K_P [W/(m²·K)]	
8	1—石灰砂浆 2—混凝土砌块 3—岩棉或玻璃棉板(ρ_0=100或30, λ_c=0.054) 4—空气层 5—GRC外挂板	50	320	2.72	1.33	0.68	0.70
		80	350	3.21	1.88	0.49	0.50
		100	370	3.55	2.25	0.42	0.46
9	1—石灰砂浆 2—混凝土砌块 3—岩棉(ρ_0=100, λ_c=0.054) 4—空气层 5—混凝土砌块 6—水泥砂浆	30　70	420	4.00	1.19	0.75	0.91
		40　60	420	4.17	1.37	0.66	0.83
		50　50	420	4.34	1.56	0.58	0.75
		60　40	420	4.50	1.74	0.53	0.70
		70　30	420	4.67	1.92	0.48	0.66
		80　20	420	4.83	2.09	0.45	0.63
		100　0	420	5.17	2.30	0.41	0.59

表 7-9　钢筋混凝土外墙热工性能指标

编号	外墙构造简图	保温层厚度δ(mm)	外墙总厚度(mm)	主体部位		
				热惰性指标D值	热阻R_0(m²·K/W)	传热系数K [W/(m²·K)]
1	—20厚混合砂浆抹灰 —加气混凝土板 —200厚钢筋混凝土墙体 —20厚水泥砂浆抹灰	80	320	3.86	0.72	1.39
		100	340	4.02	0.81	1.23
		120	360	4.18	0.90	1.10

续表

编号	外墙构造简图	保温层厚度δ(mm)	外墙总厚度(mm)	主体部位		
				热惰性指标 D 值	热阻 R_0 (m²·K/W)	传热系数 K [W/(m²·K)]
2	石膏板 聚苯板隔热保温材料（挤塑型） 空气层 200厚钢筋混凝土墙体 20厚水泥砂浆抹灰 室内 室外 12 δ 20 200 20	20	272	2.49	0.80	1.25
		30	282	2.58	0.96	1.04
		40	292	2.66	1.11	0.90
		50	302	2.75	1.27	0.79
3	面板 200厚钢筋混凝土墙体 粘贴层 聚苯板隔热保温材料 20厚钢丝网水泥砂浆抹灰 室内 室外 20 200 6 δ 20	20	266	2.63	0.63	1.59
		30	276	2.72	0.79	1.27
		40	286	2.80	0.94	1.06
		50	296	2.89	1.10	0.91
4	石膏板 岩棉板或玻璃棉板 空气层 200厚钢筋混凝土墙体 20厚水泥砂浆抹灰 室内 室外 12 δ 20 200 20	20	272	2.65	0.85	1.18
		30	282	2.82	1.04	0.96
		40	292	2.99	1.22	0.82
		50	302	3.16	1.41	0.71

二、围护结构的屋顶设计

对多层住宅而言,屋顶在整个外围护结构中,所占比例较小,约为8%,因此通过它的热量损失也较小,但是对顶层住户而言,屋顶的保温性能对室内的舒适度影响最显著,必须对屋顶进行保温和隔热设计。而村镇住宅以平房和低层住宅为主,通过屋顶的耗热比例会明显提高,因此,对村镇住宅屋顶的保温和隔热应给予更多的重视。对于严寒和寒冷地区,主要措施就是采用保温材料作为保温层,增大屋顶的热阻。综合各种保温材料的节能效果和经济性分析评价,住宅屋顶的保温材料宜选用聚苯乙烯泡沫塑料板、挤塑型聚苯乙烯泡沫塑料板、水泥聚苯板、岩棉等轻质高效保温隔热材料。对于炎热地区,屋顶注意隔热,降低夏季空调耗能量。

(一)平屋顶的保温隔热

平屋顶的保温隔热构造形式分为实体材料保温隔热、通风保温隔热屋面、植被屋面和蓄水屋面等。具体构造做法参见第四章村镇建筑构造。

平屋顶的实体保温层可放在结构层的外侧(外保温),也可放在结构层的内侧(内保温)。屋顶内外保温与墙体内外保温的优缺点类似。但屋顶受太阳辐射的影响较大,夏季室内气温易高于室外气温。尤其夏季,屋顶采用内、外保温做法,屋顶构造的各层次温度变化明显不同。内保温做法的屋顶,盛夏时,钢筋混凝土屋顶板的温度变化值在一天之内可高达30℃,而采用外保温做法,温度的变化值仅为4℃左右。为了减少钢筋混凝土板产生热应力,减少"烘烤"现象,当采用平屋顶时,保温层要设在结构层的外侧。为防止室外潮气以及雨水对保温材料的影响,不宜选择倒铺屋面的做法,宜把防水层设置在保温层的外侧,再设保护层。为防止保温层内部出现冷凝,甚至冻胀,破坏防水层引起屋顶渗漏,导致保温材料保温性能下降,屋顶要设置排气装置。常规做法是在屋顶每隔3~5m设一根PVC排气管,排气管由保温层伸出屋面,管的周围要做好泛水处理。图7-28所示为平屋顶保温构造。

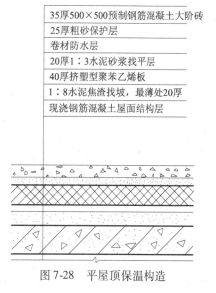

35厚500×500预制钢筋混凝土大阶砖
25厚粗砂保护层
卷材防水层
20厚1:3水泥砂浆找平层
40厚挤塑型聚苯乙烯板
1:8水泥焦渣找坡,最薄处20厚
现浇钢筋混凝土屋面结构层

图7-28 平屋顶保温构造

(二)坡屋顶的保温隔热

考虑坡屋顶排水顺畅,容易解决屋顶防水问题;尤其采用彩色压型钢板,提高了工业化程度,加快了施工速度;坡屋顶在造型上较美观;改善了顶层的热工条件,避免了夏天热辐射之苦等,城市住宅大量采用坡屋顶。至于大量农村住宅同样采用坡屋顶的形式较多。坡屋顶住宅节能需要注意坡屋顶的保温与隔热及坡屋顶通风换气等问题。

1. 坡屋顶保温层的位置

目前,坡屋顶结构设计一般有以下几种做法:钢筋混凝土屋面板水平布置加彩色压型钢板形成斜坡、斜的钢筋混凝土屋面板外挂平瓦加吊顶、斜的钢筋混凝土屋面板外挂瓦加水平钢筋混凝土顶棚板。

从冬季屋顶传热耗热的角度考虑,同样厚度同种保温材料放置在屋顶和顶棚处相比,设在屋顶处的传热耗热量相对小些,影响不是太大。但两种做法对阁楼内的空气温度影响较大,当保温材料设在屋顶处,阁楼内空气温度接近室内温度;当设在顶棚处时,阁楼内的温度接近室外温度。当坡屋顶的顶部空间仅仅用于通风、保温和隔热,对居民影响较小。但是,对于坡屋顶空间利用的情况来说,因为阁楼内的温湿度影响着阁楼内的舒适度和阁楼的能耗,所以保温材料的位置问题就不可忽视。

当把保温层设在顶棚处时,冬季阁楼内温度太低,夏季阁楼内温度太高,一方面使阁楼内冬季结露的几率增大;另一方面当阁楼使用时,为保证阁楼内的舒适度要消耗大量能源,造成能源浪费,尤其对于彩色压型钢板的斜屋顶阁楼基本无法使用。因此,建议把保温层设置在屋顶处。但保温层的具体位置还与屋顶的具体构造做法有关。

保温层设在屋顶处有内保温和外保温两种做法。对于钢筋混凝土斜坡屋顶,当采用内保温做法时,混凝土两表面的温度变化很大,导致产生大的热应力而使混凝土发生龟裂,建议把保温层设在钢筋混凝土斜坡顶的上侧,即采用外保温的做法。对于压型钢板斜坡顶下设钢筋混凝土水平顶棚板做法,采用钢板下粘贴保温材料的做法不利于施工,建议采用夹芯保温钢板做斜坡顶或把保温层设在顶棚处。

2. 坡屋顶阁楼的换气

从冬季坡屋顶传热耗热角度考虑,阁楼不进行换气比进行换气的耗热量少。但阁楼不进行换气,水蒸气会充满阁楼,造成大量结露,影响保温材料的保温性能。住宅宜采用阁楼进行换气的构造做法,阁楼的换气可以在檐口和山墙处设置换气口或设老虎窗,但对于严寒和寒冷地区,特别对于风速较大的寒冷地区,为了减少换气耗热量,换气口的面积不宜太大,而且要防止雨雪的飘入。如果不设换气口,就要在屋顶的构造层次中增加一道隔汽层(干铺一层改性沥青油毡),阻止水蒸气渗入保温层,使保温材料的保温性能下降。屋顶保温的几种构造做法如图 7-29 ~ 图 7-32 所示。部分屋顶构造的热工性能指标如表 7-10 ~ 表 7-18 所示。

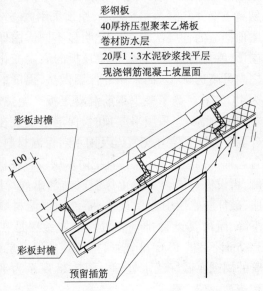

图 7-29 现浇钢筋混凝土坡屋面保温构造(一)

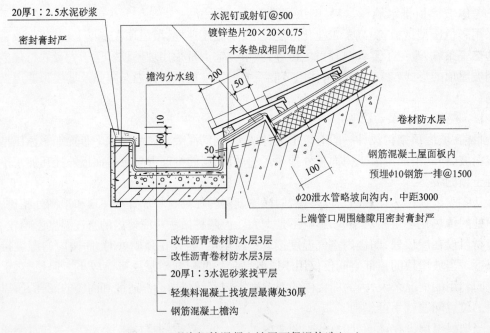

图 7-30 现浇钢筋混凝土坡屋面保温构造(二)

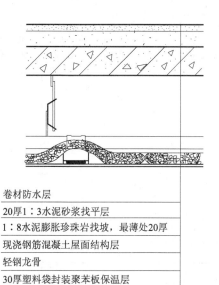

卷材防水层

20厚1:3水泥砂浆找平层

1:8水泥膨胀珍珠岩找坡，最薄处20厚

现浇钢筋混凝土屋面结构层

轻钢龙骨

30厚塑料袋封装聚苯板保温层

1.2厚纸面石膏板

图7-31　在吊顶上铺设保温层

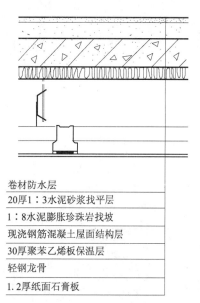

卷材防水层

20厚1:3水泥砂浆找平层

1:8水泥膨胀珍珠岩找坡

现浇钢筋混凝土屋面结构层

30厚聚苯乙烯板保温层

轻钢龙骨

1.2厚纸面石膏板

图7-32　在屋面结构板底粘贴保温层

表 7-10　加气混凝土保温屋面热工性能指标

编号	屋　面　构　造	保温层厚度 δ(mm)	屋面总厚度（mm）	热惰性指标 D 值	热阻 R（m² · K/W）	传热系数 K[W/(m² · K)]
1	卷材防水层 水泥砂浆找平层 水泥加气混凝土找平层 加气混凝土条板 （$\rho_0=500$，$\lambda_c=0.24$）	200	280	4.15	1.02	0.85
		250	330	4.89	1.23	0.72
		300	380	5.63	1.44	0.63
		350	430	6.36	1.65	0.56
2	卷材防水层 水泥砂浆找平层 加气混凝土 （$\rho_0=500$，$\lambda_c=0.24$） 水泥焦渣找坡层 钢筋混凝土圆孔板	100	360	4.61	0.77	1.09
		150	410	5.35	0.98	0.88
		200	460	6.05	1.18	0.75

编号	屋 面 构 造	保温层厚度 δ(mm)	屋面总厚度（mm）	热惰性指标 D 值	热阻 R（m²·K/W）	传热系数 K［W/(m²·K)］
3	屋面构造同 2 加气混凝土（$\rho_0=600,\lambda_c=0.25$）	100	360	4.64	0.75	1.11
		150	410	5.39	0.95	0.91
		200	460	6.14	1.15	0.77
4	屋面构造同 2 屋面板为 110mm 厚钢筋混凝土圆孔板	100	340	4.48	0.72	1.15
		150	390	5.22	0.93	0.93
		20	440	5.92	1.13	0.78
5	卷材防水层 水泥砂浆找平层 加气混凝土（$\rho_0=500,\lambda_c=0.24$） 水泥焦渣找坡层 现浇钢筋混凝土板	100	350	3.43	0.73	1.14
		150	400	4.17	0.94	0.92
		200	450	4.87	1.14	0.78

表 7-11　乳化沥青珍珠岩保温屋面热工性能指标

编号	屋 面 构 造	保温层厚度 δ(mm)	屋面总厚度（mm）	热惰性指标 D 值	热阻 R（m²·K/W）	传热系数 K［W/(m²·K)］
1	卷材防水层 水泥砂浆找平层 乳化沥青珍珠岩板（$\rho_0=400,\lambda_c=0.14$） 水泥焦渣找坡层 钢筋混凝土圆孔板	100	360	5.09	1.06	0.83
		120	380	5.50	1.21	0.74
		140	400	5.88	1.35	0.67
		160	420	6.26	1.49	0.61
		180	440	6.67	1.64	0.56
		200	480	7.06	1.78	0.52
2	屋面构造同 1 屋面板为 110mm 厚钢筋混凝土圆孔板	100	340	4.96	1.01	0.86
		120	360	5.37	1.16	0.76
		140	380	5.75	1.30	0.69
		160	400	6.13	1.44	0.63
		180	420	6.54	1.59	0.57
		200	440	6.93	1.73	0.53

续表

编号	屋 面 构 造	保温层厚度 δ(mm)	屋面总厚度 (mm)	热惰性指标 D 值	热阻 R (m²·K/W)	传热系数 K [W/(m²·K)]
3	卷材防水层 水泥砂浆找平层 乳化沥青珍珠岩板 ($\rho_0=400$, $\lambda_c=0.14$) 水泥焦渣找坡层 现浇钢筋混凝土板	150	380	5.73	1.50	0.67
		200	430	6.04	1.61	0.62
		250	480	6.33	1.71	0.58

表 7-12　憎水型珍珠岩保温屋面热工性能指标

编号	屋 面 构 造	保温层厚度 δ(mm)	屋面总厚度 (mm)	热惰性指标 D 值	热阻 R (m²·K/W)	传热系数 K [W/(m²·K)]
1	卷材防水层 水泥砂浆找平层 憎水型珍珠岩板 ($\rho_0=250$, $\lambda_c=0.10$) 水泥焦渣找坡层 钢筋混凝土圆孔板	60	320	4.16	0.95	0.91
		80	340	4.50	1.15	0.77
		100	360	4.84	1.35	0.67
		120	380	5.18	1.55	0.59
		140	400	5.52	1.75	0.53
		160	420	5.86	1.95	0.48
2	屋面构造同 1 屋面板为 180mm 厚 钢筋混凝土圆孔板	60	370	4.17	1.07	0.82
		80	390	4.48	1.29	0.69
		100	410	4.80	1.51	0.60
		120	430	5.11	1.73	0.53
		140	450	5.44	1.96	0.47
		160	470	5.76	2.18	0.43
3	屋面构造同 1 屋面板为 110mm 厚 钢筋混凝土圆孔板	60	300	3.97	0.97	0.89
		80	320	4.28	1.19	0.75
		100	340	4.60	1.41	0.64
		120	360	4.91	1.63	0.56
		140	380	5.24	1.86	0.50
		160	400	5.56	2.08	0.45

编号	屋 面 构 造	保温层厚度 δ(mm)	屋面总厚度 (mm)	热惰性 指标 D 值	热阻 R ($m^2 \cdot K/W$)	传热系数 K [$W/(m^2 \cdot K)$]
4	— 卷材防水层 — 水泥砂浆找平层 — 憎水型珍珠岩板 ($\rho_0=250$, $\lambda_c=0.10$) — 水泥焦渣找坡层 — 现浇钢筋混凝土板	60	310	2.98	0.91	0.94
		80	330	3.32	1.11	0.79
		100	350	3.66	1.31	0.68
		120	370	4.00	1.41	0.60
		140	390	4.34	1.71	0.54
		160	410	4.68	1.91	0.49

表 7-13　聚苯板保温屋面热工性能指标

编号	屋 面 构 造	保温层厚度 δ(mm)	屋面总厚度 (mm)	热惰性 指标 D 值	热阻 R ($m^2 \cdot K/W$)	传热系数 K [$W/(m^2 \cdot K)$]
1	— 卷材防水层 — 水泥砂浆找平层 — 水泥焦渣找坡层 — 聚苯板 ($\rho_0=40$, $\lambda_c=0.063$) — 钢筋混凝土圆孔板	50	310	3.57	1.14	0.76
		60	320	3.65	1.30	0.69
		70	330	3.74	1.46	0.62
		80	340	3.83	1.62	0.56
		90	350	3.91	1.78	0.52
		100	360	4.00	1.94	0.48
2	屋面构造同 1 屋面板为 110mm 厚 钢筋混凝土圆孔板	50	290	3.44	1.09	0.81
		60	300	3.52	1.25	0.71
		70	310	3.61	1.41	0.64
		80	320	3.70	1.57	0.58
		90	330	3.78	1.73	0.53
		100	340	3.87	1.89	0.49

续表

编号	屋 面 构 造	保温层厚度 δ(mm)	屋面总厚度 （mm）	热惰性指标 D 值	热阻 R （m²·K/W）	传热系数 K ［W/(m²·K)]
3	— 卷材防水层 — 水泥砂浆找平层 — 聚苯板 （$\rho_0=30$, $\lambda_c=0.054$） — 水泥焦渣找坡层 — 现浇钢筋混凝土板	60	290	3.33	1.43	0.70
		70	300	3.42	1.59	0.63
		80	310	3.51	1.76	0.57

表 7-14 挤塑型聚苯板保温屋面热工性能指标

编号	屋 面 构 造	保温层厚度 δ(mm)	屋面总厚度 （mm）	热惰性指标 D 值	热阻 R （m²·K/W）	传热系数 K ［W/(m²·k)]
1	— 混凝土板 — 砂垫层 — 挤塑型聚苯板 （$\rho_0=35$, $\lambda_c=0.04$） — 卷材防水层 — 水泥砂浆找平层 — 水泥焦渣找平层 — 钢筋混凝土圆孔板	30	340	4.05	1.15	0.77
		40	350	4.17	1.40	0.65
		50	360	4.29	1.65	0.56
		60	370	4.41	1.90	0.49
		70	380	4.52	2.15	0.43
		80	390	4.64	2.40	0.39
2	屋面构造同 1 屋面板为 110mm 厚 钢筋混凝土圆孔板	30	320	3.92	1.10	0.80
		40	330	4.04	1.35	0.67
		50	340	4.16	1.60	0.57
		60	350	4.28	1.85	0.50
		70	360	4.39	2.10	0.44
		80	370	4.51	2.35	0.40

编号	屋 面 构 造	保温层厚度 δ(mm)	屋面总厚度 (mm)	热惰性指标 D 值	热阻 R ($m^2 \cdot K/W$)	传热系数 K [$W/(m^2 \cdot K)$]
3	混凝土板 砂垫层 挤塑型聚苯板 ($\rho_0=35$, $\lambda_c=0.04$) 卷材防水层 水泥砂浆找平层 水泥焦渣找平层 现浇钢筋混凝土板	30	330	2.87	1.11	0.79
		40	340	2.99	1.36	0.66
		50	350	3.11	1.61	0.57
		60	360	3.23	1.86	0.50
		70	370	3.34	2.11	0.44
		80	380	3.46	2.36	0.40

表 7-15　水泥聚苯板保温屋面热工性能指标

编号	屋 面 构 造	保温层厚度 δ(mm)	屋面总厚度 (mm)	热惰性指标 D 值	热阻 R ($m^2 \cdot K/W$)	传热系数 K [$W/(m^2 \cdot K)$]
1	卷材防水层 水泥砂浆找平层 水泥聚苯乙烯泡沫板 泡沫塑料板 ($\rho_0=300$, $\lambda_c=0.14$) 水泥焦渣找坡层 钢筋混凝土圆孔板	100	360	4.78	1.06	0.83
		120	380	5.13	1.21	0.74
		140	400	5.45	1.35	0.67
		160	420	5.77	1.49	0.61
		180	440	6.12	1.64	0.56
		200	460	6.44	1.78	0.52
2	卷材防水层 水泥砂浆找平层 水泥聚苯乙烯泡沫板 泡沫塑料板 ($\rho_0=300$, $\lambda_c=0.14$) 水泥焦渣找坡层 现浇钢筋混凝土板	140	370	5.10	1.43	0.70
		150	380	5.27	1.50	0.67
		160	390	5.43	1.57	0.64

表 7-16　彩色钢板聚苯乙烯泡沫夹芯保温屋面热工性能指标

屋 面 构 造	保温层厚度 δ(mm)	屋面总厚度 (mm)	热惰性指标 D 值	热阻 R (m²·K/W)	传热系数 K [W/(m²·K)]
彩色钢板 聚苯乙烯泡沫板 (ρ_0=20~30, λ_c=0.039) 彩色钢板	40	40	0.37	1.03	0.85
	60	60	0.55	1.54	0.59
	80	80	0.74	2.05	0.45

表 7-17　岩棉、玻璃棉板保温屋面热工性能指标

编号	屋 面 构 造	保温层厚度 δ(mm)	屋面总厚度 (mm)	热惰性指标 D 值	热阻 R (m²·K/W)	传热系数 K [W/(m²·K)]
1	卷材防水层 水泥砂浆找平层 混凝土板,砖墩架空 空气层 岩棉板或玻璃棉板 水泥焦渣找平层 钢筋混凝土圆孔板	50	390	4.28	1.12	0.79
		60	400	4.45	1.24	0.72
		70	410	4.61	1.35	0.67
		80	420	4.78	1.47	0.62
		90	430	4.95	1.59	0.57
		100	440	5.11	1.70	0.54
2	屋面构造同 1 屋面板为 110mm 厚 钢筋混凝土圆孔板	50	370	4.15	1.07	0.82
		60	380	4.32	1.19	0.75
		70	390	4.48	1.30	0.69
		80	400	4.65	1.42	0.64
		90	410	4.82	1.54	0.59
		100	420	4.98	1.65	0.56

表 7-18　彩色钢板聚氨酯硬泡夹芯保温屋面热工性能指标

屋 面 构 造	保温层厚度 δ(mm)	屋面总厚度 (mm)	热惰性指标 D 值	热阻 R (m²·K/W)	传热系数 K [W/(m²·K)]
彩色钢板 聚氨酯硬质泡沫板 (ρ_0=30~45, λ_c=0.029) 彩色钢板	40	40	0.50	1.38	0.65
	60	60	0.75	2.07	0.45
	80	80	0.99	2.76	0.34

三、围护结构的门窗设计

窗户是除墙体之外,围护结构中热量损失的另一个大户。一般而言,窗户的传热系数远大于墙体的传热系数,所以尽管窗户在外围护结构表面中占的比例不如墙面大,但通过窗户的传热损失却有可能接近甚至超过墙体。因此,对窗户的节能必须给予足够的重视。

窗户的热损失主要包括通过窗户传热耗热和通过窗户的空气渗透耗热。窗户的节能应从改善窗户保温性能、减少窗户冷风渗透和控制窗墙面积比三方面着手来提高。

(一)窗户的保温性能

窗户的保温性能主要可以从窗用型材和玻璃的保温性能来考虑。

1. 窗用型材

目前,我国常用的窗用型材有木材、钢材、铝合金、塑料。表7-19 中列出了上述四种窗框材料的导热系数值。从表中可以看出,木材和塑料的保温隔热性能优于钢材和铝合金材料。但钢材和铝合金经断热处理后,热工性能明显改善。与 PVC 塑料复合,也可显著降低其导热系数。

表7-19　几种材料的导热系数值(λ)

品　种	松、杉木	塑　料	钢　材	铝　合　金
$\lambda[W/(m \cdot K)]$	0.14 ~ 0.29	0.10 ~ 0.25	58.2 ~ 203	174.4

窗户型材的保温性能决定着窗户热损失的大小,金属窗框的导热系数$[58 \sim 203 W/(m \cdot K)]$远大于木材$[0.14 \sim 0.29 W/(m \cdot K)]$和 PVC 板$[0.10 \sim 0.25 W/(m \cdot K)]$,在对窗户型材进行选择时,应予以充分的考虑。

2. 窗用玻璃

玻璃按其性能不同可分为平板玻璃、中空玻璃、镀膜玻璃和彩色玻璃(吸热玻璃)四类,另外,还有一些新型镀膜玻璃(如低辐射玻璃)。表7-20 列出几种玻璃的传热系数。

玻璃的导热系数很大,薄薄的一层玻璃,其两表面的温差只有 0.4℃,热量很容易流出或流入。而具有空气间层的双层玻璃窗,内外表面温度差接近于 10℃,使玻璃窗的内表面温度升高,减少了人体遭受冷辐射的程度,所以采用双层玻璃窗,不仅可以减少供暖房间的热损失以达到节约能源的目的,而且可以提高人体的舒适感。另外,中空玻璃、低辐射玻璃(Low-E 玻璃)的保温性能很好,国外已较普遍地使用。由于其技术性要求高,价格昂贵,目前国内已在一些大型建筑中使用,随着经济的发展和技术的进步,这些玻璃可逐渐推广使用。

表7-20　几种玻璃的传热系数(K)

材料名称	构造、厚度(mm)	传热系数 $K[W/(m^2 \cdot K)]$
平板玻璃	3	7.1
平板玻璃	5	6.0
双层中空玻璃	3 + 6 + 3	3.4
双层中空玻璃	3 + 12 + 3	3.1
双层中空玻璃	5 + 12 + 5	3.0

3. 常用门窗的性能

表 7-21 ~ 表 7-25 列出几种材料门窗的传热系数值。

表 7-21　钢窗的传热系数(K)

窗框材料	窗户类型	空气层厚度(mm)	窗框窗洞面积比(%)	传热系数 $K[\text{W}/(\text{m}^2 \cdot \text{K})]$
普通钢窗	单框双玻窗	6 ~ 12	12 ~ 30	3.9 ~ 4.5
		16 ~ 20		3.6 ~ 3.8
	双层窗	100 ~ 140		2.9 ~ 3.0
	单框中空玻璃窗	6		3.6 ~ 3.7
		9 ~ 12		3.4 ~ 3.5
	单框单玻窗 + 单框双玻窗	100 ~ 140		2.4 ~ 2.6
彩板钢窗	单框双玻窗	16 ~ 12		3.4 ~ 4.0
		16 ~ 20		3.3 ~ 3.6
	双层窗	100 ~ 140		2.5 ~ 2.7
	单框中空玻璃窗	6		3.1 ~ 3.3
		9 ~ 12		2.9 ~ 3.0
	单框单玻窗 + 单框双玻窗	100 ~ 140		2.3 ~ 2.4

表 7-22　金属门的传热系数(K)

门框材料	类　型	玻璃比例(%)	传热系数 $K[\text{W}/(\text{m}^2 \cdot \text{K})]$
金　属	单层板门	—	6.5
	单层玻璃门	不限制	6.5
	单框双玻门	<30	5.0
	单框双玻门	30 ~ 70	4.5
无　框	单层玻璃门	100	6.5

表 7-23　铝合金窗的传热系数(K)

窗框材料	窗户类型	空气层厚度(mm)	窗框窗洞面积比(%)	传热系数 $K[\text{W}/(\text{m}^2 \cdot \text{K})]$
普通铝合金	单框双玻窗	6 ~ 12	20 ~ 30	3.9 ~ 4.5
		16 ~ 20		3.6 ~ 3.8
	双层窗	100 ~ 140		2.9 ~ 3.0
	单框中空玻璃窗	6		3.6 ~ 3.7
		9 ~ 12		3.4 ~ 3.5
	单框单玻窗 + 单框双玻窗	100 ~ 140		2.4 ~ 2.6
中空断热	单框双玻窗	6 ~ 12		3.1 ~ 3.3
		16 ~ 20		2.7 ~ 3.1
	单框中空玻璃窗	6		2.7 ~ 2.9
		9 ~ 12		2.5 ~ 2.6

表 7-24 塑料窗的传热系数(K)

窗户类型	空气层厚度(mm)	窗框窗洞面积比(%)	传热系数 K[W/(m²·K)]
单框单玻窗	—		4.7
单框双玻窗	6~12		2.7~3.1
	16~20		2.6~2.9
双层窗	100~140		2.2~2.4
单框中空玻璃窗	6	30~40	2.5~2.6
	9~12		2.3~2.5
单框单玻窗+单框双玻窗	100~140		1.9~2.1
单框低辐射玻璃窗	12		1.7~2.0

表 7-25 塑料门的传热系数(K)

门框材料	类 型	玻璃比例(%)	传热系数 K[W/(m²·K)]
塑料(木)	单层板门	—	3.5
	夹板门、夹芯门	—	2.5
	双层双玻门	不限制	2.0
	单层玻璃门	<30	4.5
	单层玻璃门	30~60	5.0

《建筑外窗保温性能分级及其检测方法》(GB 8484—2002)中外窗保温性能按其传热系数(K)分级情况如表 7-26 所示。

表 7-26 窗户保温性能按其传热系数(K)分级

分 级	5	6	7	8	9	10
指标值 K[W/(m²·K)]	4.0>K≥3.5	3.5>K≥3.0	3.0>K≥2.5	2.5>K≥2.0	2.0>K≥1.5	1.5>K≥1.0

PVC 和木制单框双层玻璃窗的 K 可达 2.6~3.1W/(m²·K),保温性能级别相当于 7 级,但木制门窗有防火性能差、工业化程度低、木材翘曲变形严重、缝隙大等缺点,不宜采用木制窗。铝合金窗框温差大,当房间湿度大、室温较低时,北向、东北向、西北向的门窗部位易结露,K 只能达 4.0W/(m²·K)左右,相当于 5 级;而断热铝合金保温效果较好;钢窗的密封性能普遍低于铝合金窗,由于窗户两侧漏风大,其结露的情况较铝合金窗少,但其保温性能会更低。从保温性能来考虑,住宅建筑的窗户应优先选用 PVC 窗,禁止使用钢窗,特别是实腹式钢窗。

(二) 窗户的气密性

建筑物通过窗户的冷风渗透损失大量的热量,约占总换热量的 20% 多,窗户的气密性好坏对节能有很大的影响。窗户的气密性差时,通过窗户的缝隙渗透入室内的冷空气量加大,采暖耗热量随之增加。提高门窗的气密性对建筑物的节能非常有利,换气次数由 0.81/h 降到 0.51/h,耗热量指标降低 10% 左右。因此,改善窗的气密性是十分必要的。当然,窗户的气密性首先要保证室内人员生理、卫生的需要。

窗户的气密性可用单位时间、单位长度窗缝隙所渗透的空气体积表示。《建筑外窗空气渗透性能分级及其检测方法》(GB 7107—2002)中,把窗户按空气渗透性能分级,如表 7-27 所示。

表 7-27　外窗按其空气渗透性分级 (压差 = 10Pa 的条件下)

分　级	2	3	4	5
单位缝长指标值 q_1 [m³/(m·h)]	4.0≥q_1>2.5	2.5≥q_1>1.5	1.5≥q_1>0.5	q_1≤0.5
单位面积指标值 q_2 [m³/(m·h)]	12≥q_2>7.5	7.5≥q_2>4.5	4.5≥q_2>1.5	q_2≤1.5

加强窗户的气密性,要从以下几个方面着手:①合理选用窗户所用型材,提高窗户所用型材的规格尺寸、准确度、尺寸稳定性和组装的精确度,减少开启缝的宽度,达到减少空气渗透的目的;②采用密封条、密封胶或其他密封材料、挡风设施,提高外窗的气密水平,减少渗透能耗,图7-33表达了采用密封加强窗户气密性的做法;③合理设计窗户的形式,减少窗缝的总长度。另外,可采用节能换气装置,把欲排到室外的热空气与进入室内的新鲜空气进行不接触换热,提高进气温度,减少换气能耗(50%左右)。

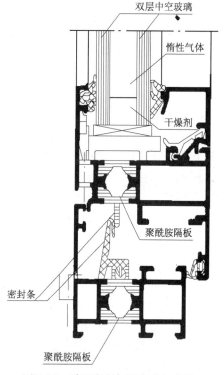

图 7-33　采用密封加强窗户气密性

在钢窗中,只有制作和安装质量良好的标准型气密窗、国标气密条密封窗以及类似的带气密条的窗户,才能达到规定要求,但这几类窗户价格昂贵,技术水平要求高。平开铝合金窗 [q_1≤0.5m³/(m·h)]、塑料窗 [q_1<1.0m³/(m·h)]、塑钢复合窗 [q_1≤1.5m³/(m·h)] 等能达到4、5级,推拉铝合金 [q_0≤2.5m³/(m·h)] 和塑料窗 [q_0≤1.5m³/(m·h)] 能达到3、4级。

(三)窗墙面积比的设计

窗户的主要目的是采光、通风、眺望、丰富建筑立面等。窗户数量过少或尺寸过小,会使人们产生禁闭和不快感。同时,室内显得昏暗,甚至白天也需要照明,这样反而会增加能耗。另外,外窗面积、形状的设计影响着建筑立面效果。总之,窗户面积大小的设计,不能单纯只求绝热,必须全面综合地加以考虑。

关于窗墙面积比确定的基本原则,是依据这一地区不同朝向墙面冬、夏日照情况(日照时间长短、太阳总辐射强度、阳光入射角大小),冬、夏室内外空气温度、室内采光设计标准以及开窗面积与建筑能耗所占比率等因素综合考虑确定的。

住宅的窗户不管哪个方向的窗户要优先选用单框双玻窗和双层窗,尤其在北向不宜选用单层窗。一般普通窗户(包括阳台门的透明部分)的保温隔热性能比外墙差得多,冬季通过窗户的耗热比外墙大得多,增大窗墙面积比对节能不利。从节能角度出发,必须限制窗墙面积比,尤其对于北向窗,寒冷地区村镇住宅北向不开或开小的换气窗。

一般南向窗的透明玻璃窗在冬季是有利的,尤其是采用双层窗,与其热损失相比,太阳辐射所起的辅助作用更大些。利用双层玻璃窗或双层窗,对太阳能的摄取超过了它本身的热损失,这样南向窗本身就变成太阳能利用的部位。同时,随着人们物质文化水平的提高,对住宅的舒适性要求也在不断地提高,住户越来越偏爱大面积的窗户。农村住宅南向窗面积增大,冬季获得大量的太阳能,有利于减少住宅建筑的能耗;夏季晚上室外气温下降,打开窗使热量尽快散出。

在住宅北向设窗,是为了利用天空的散射光来进行采光,而且在夏季,北窗有利于与其他门窗组织穿堂风进行通风。对于东、西向窗,尤其是西向窗,要注意设置遮阳设施,避免西晒。

四、围护结构的其他部位及朝向设计

(一)楼梯间隔墙、首层地面、阳台门、户门

从传热耗热量的构成来看,外墙所占比例最大,占总耗热量的 1/3;其次是窗户,传热耗热约占总能耗的 1/4、空气渗透约 20% 多;接着是屋顶和楼梯间隔墙(在有不采暖楼梯间情况下),地面、户门和阳台门下部所占比例较小,但这些部位的保温是不可忽视的,否则,建筑物的热舒适性能、建筑物的节能效益以及经济效益都受到影响。由对围护结构进行能耗分析和外保温节能量计算的结果可知,随着外墙保温层厚度的不断增加,节能效果的增加不再显著;当达到一定厚度以后,节能效果将趋于不变。

根据《民用建筑节能设计标准(采暖居住建筑部分)》(JGJ 26—95),建筑物的耗热量不仅与其围护结构的外墙、屋顶和门窗的构造做法有关,而且与其楼梯间隔墙、首层地面等部位的构造做法有关。而且,当围护结构各部位的 K 值相差较大时,使他们表面之间的温差加大,而且 K 值小的表面温度更低,增强了对流和辐射换热,从而导致其传热损失更大。例如当楼梯间隔墙不采取保温措施时,尽管围护结构的其他部位都满足节能标准的要求,但此时住宅的耗热量指标比节能标准规定值高。因此,我们不仅对围护结构的主体外墙、窗户和屋面进行保温设计,而且必须对建筑物其他部位的构造做法对建筑节能的影响引起足够的重视。

同样,户门、阳台门和首层地面的保温性能必须给予重视,保证住宅围护结构整体的保温性能,提高人体的热舒适性。户门、阳台门要增加其保温隔热性能,加强门的气密性,图 7-34 所示为首层地面构造做法大样。

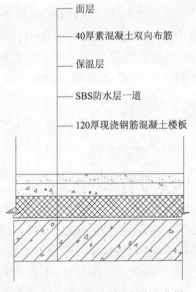

面层

40厚素混凝土双向布筋

保温层

SBS防水层一道

120厚现浇钢筋混凝土楼板

图 7-34　首层地面构造做法大样

(二)建筑的朝向

建筑物的朝向对于建筑节能亦有很大的影响。同是长方形建筑物,南向太阳辐射量最大,当其为南北向时,耗热量较少。而且,在面积相同的情况下,主朝向面积越大,这种倾向越明显。因此,从节能角度出发,如果总平面布置允许自由考虑建筑物的朝向和形状,则应首先选择长方形体型,采用南北朝向。由于地形、地势、规划等因素的影响,朝向不能成为南北向;在居住小区总体规划中,要考虑当地主导风向组织小区的自然通风,减少建筑物的风影区,或组织单体建筑的自然通风时,要尽量使建筑物朝向南偏西或南偏东,不超过45°。

附录　住宅方案例图和太阳能利用建筑设计实例

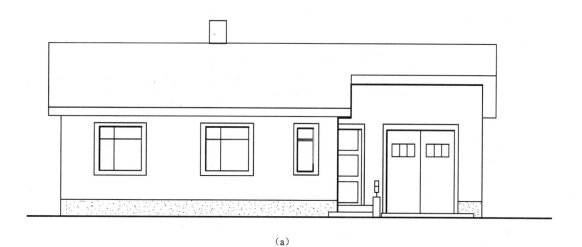

（a）

（b）

附图 1　小康示范住宅方案（一）
（a）立面图；（b）平面图

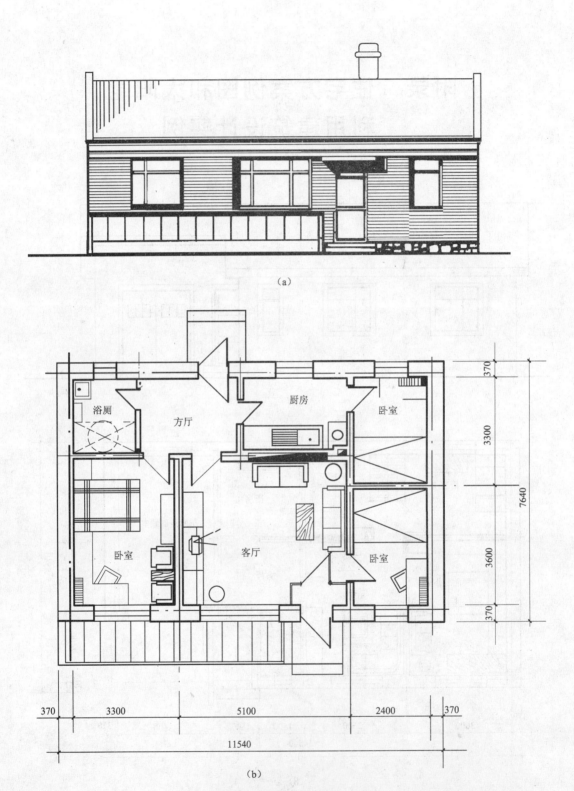

(a)

(b)

附图 2 小康示范住宅方案（二）
(a)立面图；(b)平面图

（a）

卧室

厨房

卧室

车库兼储藏室

客厅

卧室

370

5400

7040

900

370

370 4800 1500 3300 3600 370

13940

（b）

附图3　小康示范住宅方案（三）
（a）立面图；（b）平面图

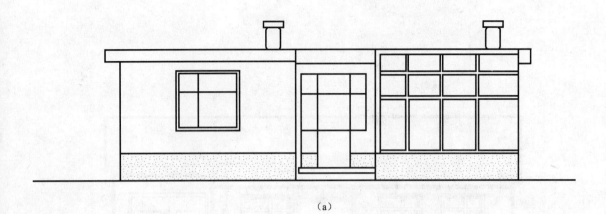

（a）

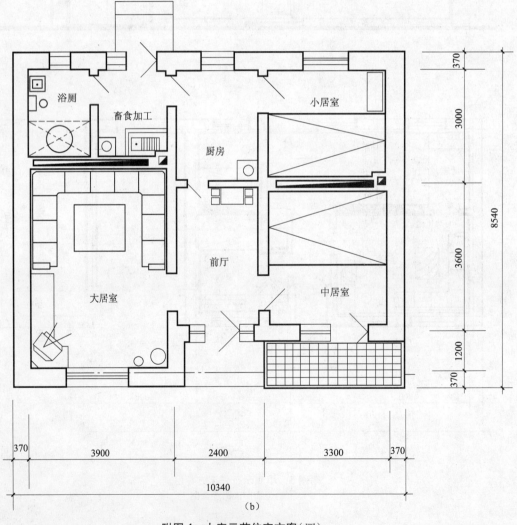

（b）

附图4 小康示范住宅方案（四）

（a）立面图；（b）平面图

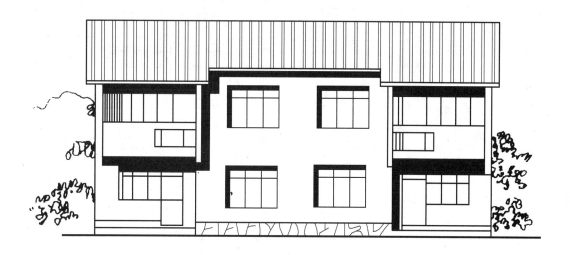

（a）

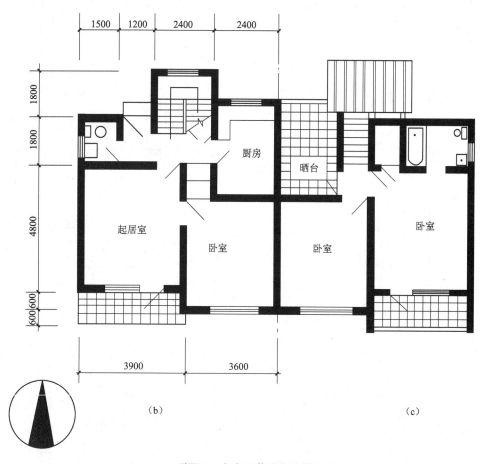

（b）

（c）

附图5 小康示范住宅方案（五）
（a）组合南立面；（b）底层平面；（c）二层平面

(a)

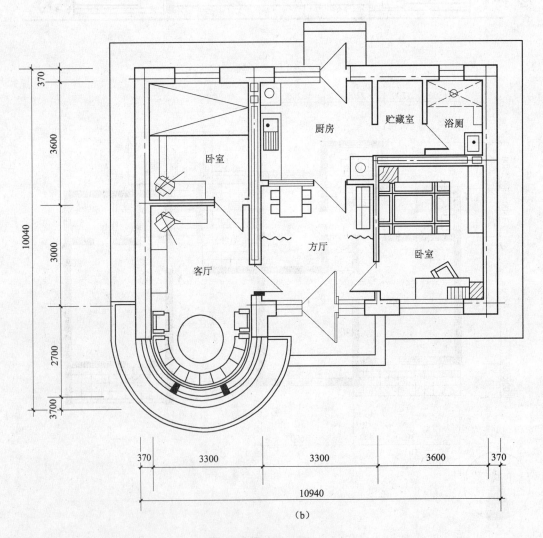

(b)

附图 6　小康示范住宅方案(六)
(a)立面图;(b)平面图

（a）

（b）

浴厕

厨房

卧室

起居室

（c）

浴厕

卧室

卧室

（d）

附图7 小康示范住宅方案（七）
（a）正立面图；（b）侧立面图；（c）一层平面图；（d）二层平面图

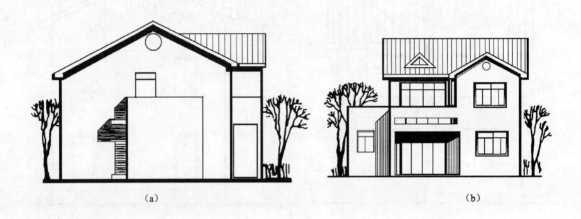

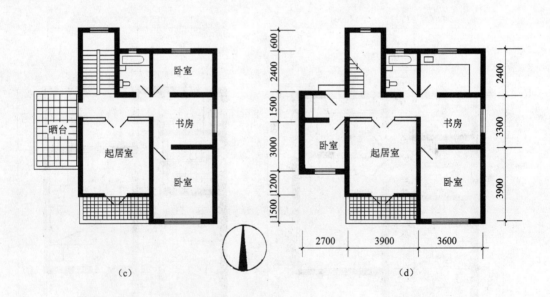

附图 8 小康示范住宅方案(八)
(a)西立面图;(b)南立面图;(c)二层平面图;(d)一层平面图

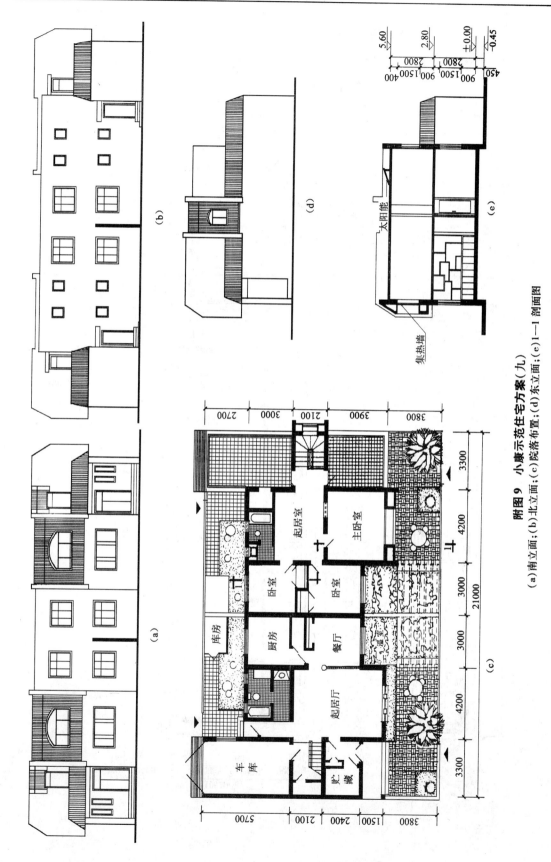

附图9 小康示范住宅方案（九）

（a）南立面；（b）北立面；（c）院落布置；（d）东立面；（e）1—1 剖面图

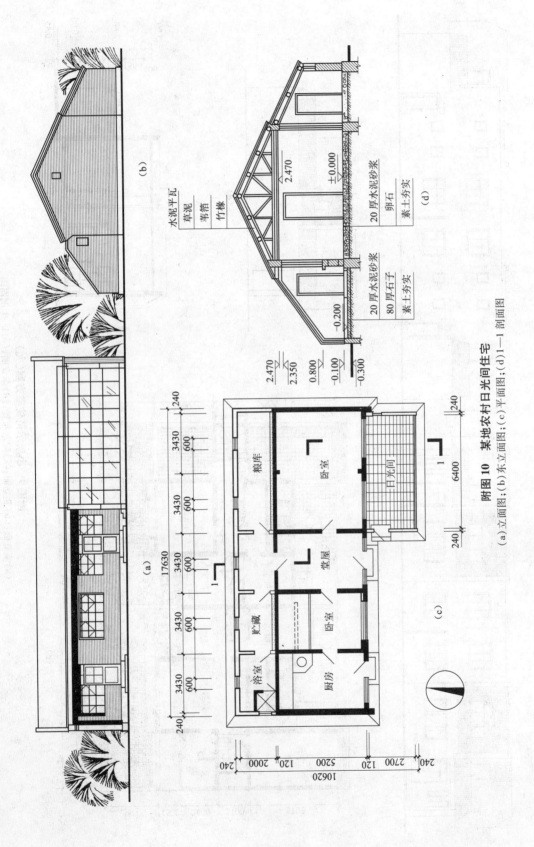

水泥平瓦
草泥
苇箔
竹椽

2.470

±0.000

20 厚水泥砂浆
卵石
素土夯实

(d)

20 厚水泥砂浆
80 厚石子
素土夯实

−0.200

2.470
2.350
0.800
−0.100
−0.300

粮库

卧室

日光间

1

6400

堂屋

贮藏

卧室

浴室

厨房

240

3430　600　3430　600　3430　600　3430　600　3430
17630

(a)

240

(b)

240

240

240
2000　2000　5200　2700　240
120　120
10620

(c)

附图 10　某地农村日光间住宅

(a)立面图;(b)东立面图;(c)平面图;(d)1—1 剖面图

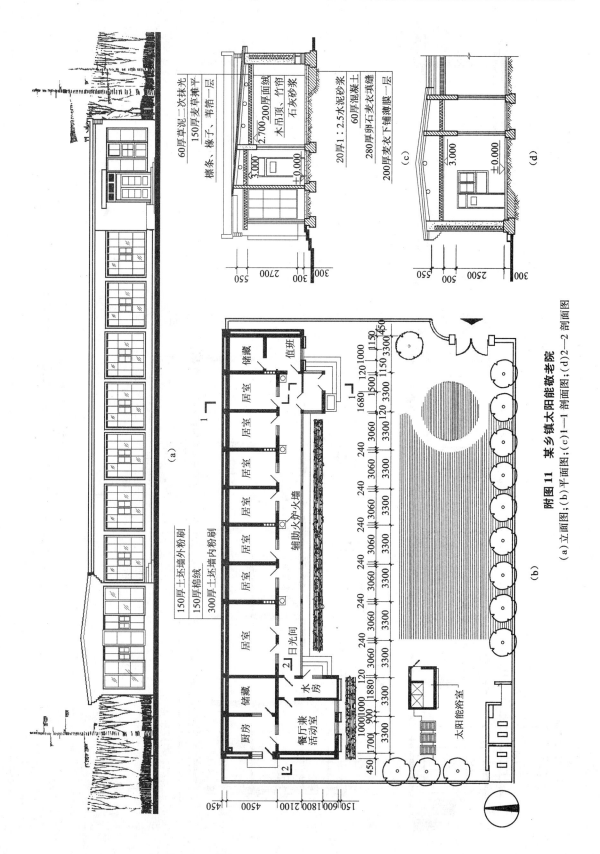

20厚1：2.5水泥砂浆
60厚混凝土
280厚卵石麦衣填缝
200厚麦衣下铺薄膜一层

(c)

3.000

±0.000

(d)

60厚草泥二次抹光
150厚麦草摊平
檩条、椽子、苇箔一层

木吊顶、竹笆
2.700-200厚面绒
石灰砂浆

3.000

±0.000

(a)

150厚土坯墙外粉刷
150厚棉绒
300厚土坯墙内粉刷

储藏

值班

居室
居室
居室
居室
居室
居室
居室

辅助火炉火墙

储藏

厨房

餐厅兼
活动室

水房

日光间

太阳能浴室

附图11　某乡镇太阳能敬老院

(a)立面图；(b)平面图；(c)1—1剖面图；(d)2—2剖面图

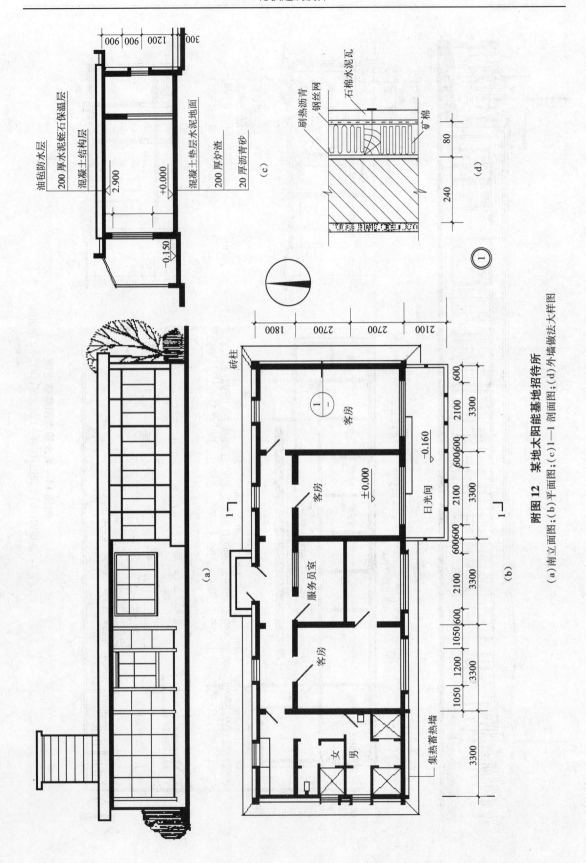

附图 12 某地太阳能基地招待所

(a) 南立面图；(b) 平面图；(c) 1—1 剖面图；(d) 外墙做法大样图

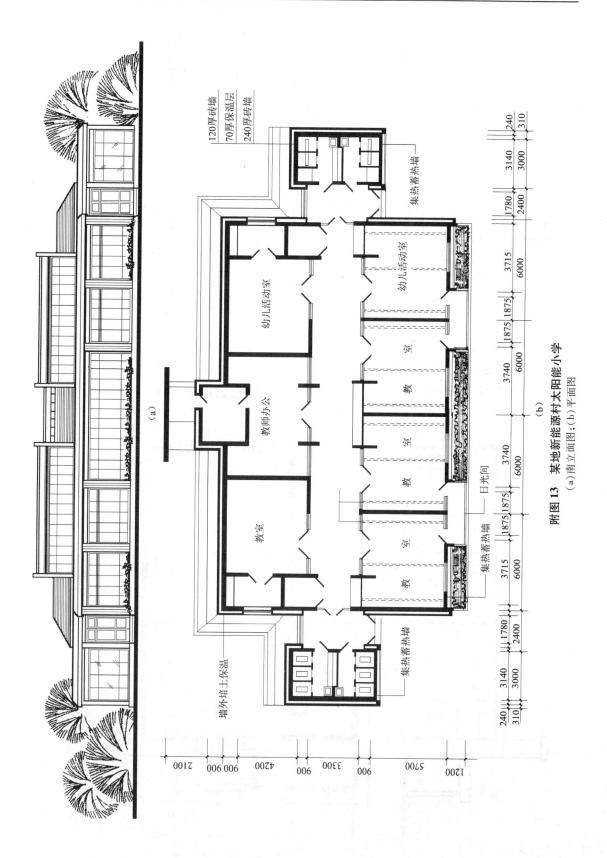

附图 13 某地新能源村太阳能小学

(a)南立面图；(b)平面图

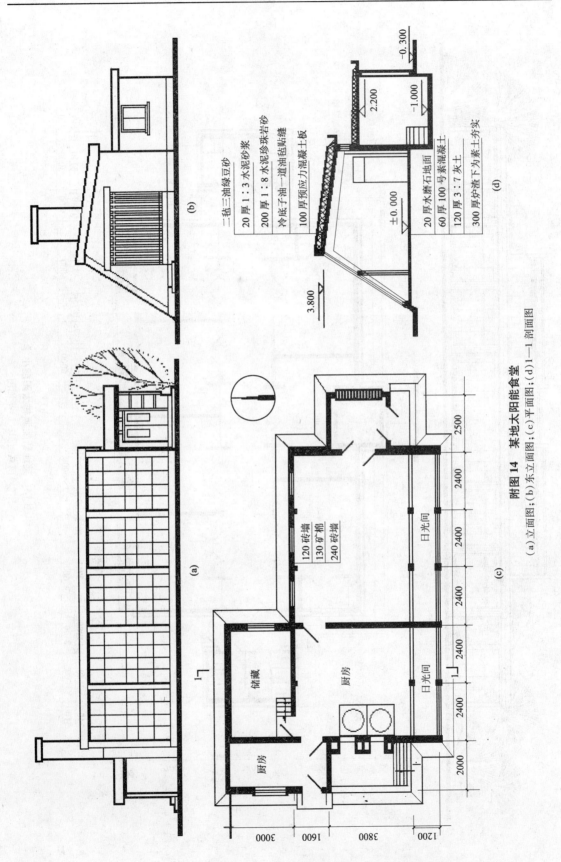

二毡三油绿豆砂
20厚1:3水泥砂浆
200厚1:8水泥珍珠岩砂
冷底子油一道油毡贴缝
100厚预应力混凝土板

20厚水磨石地面
60厚100号素混凝土
120厚3:7灰土
300厚炉渣下为素土夯实

120砖墙
130矿棉
240砖墙

日光间

日光间

储藏

厨房

厨房

2500
2400
2400
2400
2400
2400
2000

3000 1600 3800 1200

3.800

−0.300
2.200
−1.000
±0.000

(a) (b) (c) (d)

附图14 某地太阳能食堂

(a)立面图;(b)东立面图;(c)平面图;(d)1—1剖面图

参考文献

［1］ 刘宏成,黄兴梅．城镇住宅设计与装修［M］．哈尔滨:黑龙江科学技术出版社，1997.

［2］ 刘建荣．房屋建筑学［M］．武汉:武汉大学出版社,2005.

［3］ 鲁一平．建筑设计［M］．北京:中国建筑工业出版社,1995.

［4］ 同济大学,东南大学等．房屋建筑学［M］．北京:中国建筑工业出版社,2005.

［5］ 本书编委会．建筑设计资料集(3、4、5、6)［M］.2版．北京:中国建筑工业出版社,1994.

［6］ 建筑制图标准 GB/T 50104—2001［S］．北京:中国计划出版社,2000.

［7］ 村镇建筑设计防火规范 GBJ 39—90［S］．北京:中国建筑工业出版社,1990.

［8］ 李必喻．建筑构造:上册［M］．北京:中国建筑工业出版社,2005.

［9］ 建设部乡村建设局．全国农村住宅设计竞赛优秀方案图集［M］．北京:中国建筑工业出版社,1986.

［10］ 中国建筑技术研究院村镇规划设计研究所．村镇小康住宅示范小区住宅与规划设计［M］．北京:中国建筑工业出版社,2000.

［11］ 村镇建设技术丛书编辑委员会．农村住宅设计［M］．天津:天津科学技术出版社,1989.

［12］ 林川等．小城镇住宅建筑节能设计与施工［M］．北京:中国建材工业出版社,2004.

［13］ 建设部乡村建设局．全国集镇文化中心设计竞赛优秀方案图集［M］．北京:中国建筑工业出版社,1987.

［14］ 张泽蕙等．中小学建筑设计手册［M］．北京:中国建筑工业出版社,2001.

［15］ 刘仲宝．托儿所、幼儿园建筑设计［M］．北京:中国建筑工业出版社,1989.

［16］ 单德启．小城镇公共建筑与住区设计［M］．北京:中国建筑工业出版社,2004.

［17］ 张世诚．被动式太阳房施工图集［M］．北京:中国建筑工业出版社,1994.

［18］ 杨善勤．民用建筑节能设计手册［M］．北京:中国建筑工业出版社,1997.

［19］ 王玉生等．被动式太阳房建筑图集［M］．北京:中国建筑工业出版社,1987.

［20］ 西安建筑科技大学绿色建筑研究中心．绿色建筑［M］．中国计划出版社,2000.

［21］ 赵键．建筑节能工程设计手册［M］．北京:经济科学出版社,2005.

［22］ 付祥钊．夏热冬冷地区建筑节能技术［M］．北京:中国建筑工业出版社,2002.

［23］ 彰国社．国外建筑设计详图图集13——被动式太阳能建筑设计［M］．北京:中国建筑工业出版社,2004.

［24］ 宋德萱．节能建筑设计与技术［M］．上海:同济大学出版社,2003.

［25］ 胡吉士等．建筑节能与设计方法［M］．北京:中国计划出版社,2005.